高等学校规划教材

高等物理化学

郭 畅 王钧伟 主编

U0194422

化学工业出版社
·北京·

内容简介

为了明晰统计热力学及物理化学相关前沿领域如电化学、多相催化反应动力学和表面化学的基本原理，《高等物理化学》立足基本概念和基本公式，结合学科前沿进展，吸收国内外主流教材优点，在公式推导、思路点拨、内容安排等方面做了一定努力。教材从基本知识和理论应用出发，涵盖最新前沿研究，适用性广泛。

《高等物理化学》主要为化学、化学工程、材料化学、应用化学、冶金化学、生物化学、药物化学等专业高年级学生深入学习物理化学提供指导，同时可为化学及相关专业硕士研究生的教学和科研提供帮助。

图书在版编目（CIP）数据

高等物理化学 / 郭畅，王钧伟主编. —北京：化学工业出版社，2021.12（2025.2 重印）

ISBN 978-7-122-40160-1

Ⅰ. ①高… Ⅱ. ①郭… ②王… Ⅲ. ①物理化学-高等学校-教材 Ⅳ. ①O64

中国版本图书馆 CIP 数据核字（2021）第 218232 号

责任编辑：李 琰 宋林青　　文字编辑：朱 允

责任校对：宋 玮　　装帧设计：刘丽华

出版发行：化学工业出版社（北京市东城区青年湖南街 13 号 邮政编码 100011）

印 装：北京盛通数码印刷有限公司

787mm×1092mm 1/16 印张 13½ 字数 330 千字 2025 年 2 月北京第 1 版第 4 次印刷

购书咨询：010-64518888　　售后服务：010-64518899

网 址：http://www.cip.com.cn

凡购买本书，如有缺损质量问题，本社销售中心负责调换。

定 价：49.80 元

前 言

为了贯彻全国教育大会和新时代全国高等学校本科教育工作会议精神，我们组织编写了本教材。《高等物理化学》是高等学校规划教材，主要内容包括统计热力学、电化学、多相催化反应动力学和表面化学等部分的基本原理和学科前沿。本书主要面对化学、化学工程、材料化学、应用化学、冶金化学、生物化学、药物化学等专业的高年级本科生和硕士研究生。

本教材立足于基本概念和公式，结合最新科技进展，致力于培养学生解决复杂问题的综合能力，在逻辑推导、思路点拨、内容广度和深度等方面做了一定努力。本次编写，参阅了兄弟院校已出版的相关著作，从中借鉴和吸取了一些有益的内容，在此致以诚挚的感谢。

本教材主编为郭畅、王钧伟，副主编为赵英国、方晖、吴腊霞。本书统计热力学部分由郭畅编写，电化学部分由吴腊霞编写，多相催化动力学部分由赵英国编写，表面化学部分由方晖编写。王钧伟、白国梁、宋小威、王春花、汪谢和武琳参与了电化学、多相催化动力学和表面化学部分的审阅工作。本书由郭畅统稿。

由于编者水平有限，教材中疏漏与不足之处在所难免，恳请广大读者批评指正。

编者

2021 年于安庆师范大学

目　录

0　绪论/1

第一篇　统计热力学

第1章　统计热力学基础知识/7

第2章　系统的微观状态/16

第3章　最概然分布/29

第 4 章 玻尔兹曼分布定律/42

第 5 章 用配分函数表达宏观热力学函数/50

第 6 章 理想气体分子的配分函数/56

第 7 章 热力学函数的统计计算/63

第 8 章 热力学基本定律的本质/73

第 9 章　理想气体反应的化学平衡常数/76

第二篇　电化学基本原理与应用

第 10 章　电极过程导论/83

第 11 章　电势和电池热力学/88

第 12 章　电极反应动力学/98

第 13 章　电势扫描法/109

第三篇 多相催化反应动力学

第14章 化学反应动力学基础/119

第15章 固体表面的吸附/125

第16章 表面催化模型与反应动力学方程/133

第17章 多相催化中的传质过程/140

第四篇　表面化学

第18章　基本概念/149

第19章　液体表面张力及其测定/155

第20章　弯曲界面的蒸气压——开尔文方程/165

第21章　溶液的表面吸附——Gibbs 等温吸附方程/174

第 22 章　液体与固体的界面/180

第 23 章　固体表面上的吸附作用/186

习题/197

习题参考答案/199

参考文献/206

0 绪论

物理化学主要从宏观和微观两个层面来研究有关化学组成和物质结构的物理基础。物理化学的理论和定律将原子和分子的性质与物质的宏观特性以及现象联系在一起，为原子和分子世界提供了丰富而全面的视图。

0.1 物理化学简介

物理化学（也称化学物理学）是分子科学的一个领域，其边界随科学发展仍在不断扩大。它对分子结构和化学现象之间的关系进行了详细研究，被看作化学学科的核心之一。物理化学的内容包括分子结构，如电子、核以及化学键的性质；分子系统或化学反应随时间变化的动力学；原子和分子的组装特性；气体、液体和固体的特性和现象。显然，物理化学是一门在分子科学的各个领域都有应用的学科，要对化学有基本了解，必须掌握物理化学。物理化学是根据基本物理定律发展而来的，可用数学方法定量处理大多数问题，甚至包括一些定性概念。通常，物理化学中的理论都以数学表达式的简洁形式呈现，由此派生的理论和定律成为科学研究中最为强大的预测工具。

现代的原子理论迄今已有近两个世纪的历史。早在19世纪初期，道尔顿（John Dalton，1766—1844）就指出物质不能被无限细分，存在某种基本类型的粒子，即原子。20世纪初，实验指出了亚原子粒子的存在，原子理论开始迈出重要一步。接下来的几十年中，人们发现了更小的微粒。即使在今天，我们仍在寻找更小的亚原子粒子。随着技术手段的提高，最终确定所有物质都是由离散的粒子所组成。

1905年，爱因斯坦（Albert Einstein，1879—1955）根据狭义相对论提出著名的质能方程：$E=mc^2$，揭示了物质的质量与能量之间的关系。20世纪初，科学家发现，如果能量是离散或量子化的，就可以解释许多实验现象。换句话说，在微小的原子和分子世界中，离散粒子不仅表现出质量，同时也是能量。能量量子化假说解释了氢原子光谱、光电效应、固体热容的温度依赖性等现象，并最终发展成为我们现在所说的量子力学。在熟悉了量子力学及其化学含义之后，回顾其早期发展令人惊叹不已，量子力学标志着一场重大科学革命的开始。

今天我们知道原子和分子的组成是电子、中子和质子。这些成分就是粒子，是非常小的具有质量的实体。它们是如此的小而轻，以至于超越了我们感官和经验的极限——我们无法用手握住一个原子并看到它。同样，此类粒子系统的力学原理也超越日常经验。即使这样，宏观世界和亚原子世界之间仍然存在对应关系，我们将对这两个不同世界中的粒子系统进行分析和研究。用图片类比，宏观世界的描述可称为经典图片，是通过人类的感知和观察而建立的。而对粒子的描述可称为量子图片，能量的量子化（将能量划分为离散部分）是其与宏观世界的区别。因为量子往往具有如此微小的能量，一个包含众多量子的宏观系统似乎表现为能量是连续的。然而，某些量子特征可直接通过宏观仪器探测，而且极易辨认。在量子理论发展之前，人们已经了解到物质的许多特性，如气体压力和温度的关系等。而借助量子力学分析获得的详细分子视图，宏观化学现象的根本原理和变化方向越来越被人们所认识和理解。

0.2 物理化学理论与实验

大多数科学领域中都要进行观察和分析。在物理化学中，用实验来进行观察，也就是说，数据分析可采取不同手段，但检测和测量的手段只有实验。基于实验数据，根据普遍接受的理论推导得出无法直接测量的有用物理量。例如，键长不是用宏观世界衡量物体长度的方式直接测量，而是通过分子的能量变化来确定的。利用这种方式，通过已建立的物理理论，可利用实验数据对分子系统进行研究。为检验一个概念、模型、假说或理论，或者鉴别几种竞争理论，都要设计实验，分析数据。如果数据结果与某些特定理论预期不一致，则需要有效性存疑。进而提出一个新概念或理论来更好地解释数据，同时在进一步的实验中进行测试、分析、验证。

物理化学中，为提供更清晰的物理图像或降低数据分析的复杂性，大多进行了假设或理想化处理。而来自实验的数据及其分析能验证这种近似处理的科学性。

科学领域中，观察、测量与实验理论之间存在着至关重要的相互作用。而在物理化学中，这种相互作用尤为重要。物理化学是用物理的方法来研究化学，也就是根据熟悉的物理定律来研究分子及其反应。本教材介绍的物理化学理论，都来源于实验总结和提炼。不知道观察的手段——实验，就不能正确给出对化学和分子行为的最佳物理描述。虽然本书没有详细讨论相关实验技术的具体原理，但物理化学是与观察和测量相结合的理论，对理论最有效的验证手段就是理论结合实验。

0.3 原子和分子能

宏观世界中，能量可在机械系统中连续存储。一个孩子在秋千上来回晃动是一个可任意调整推动力，连续设置能量的机械能系统。棒球速度取决于投掷力，可具有任意大小的动能。在日常生活中，任何运动物体被赋予的动能都可大可小，是连续的。而在非常小的粒子世界，如原子和分子中，情况大为不同。随时间推移而被束缚在一起的系统，其能量只能以一个最小数值的能量（量子能量）为单位而逐步变化，或者说能量是一份份地变化，能量是量子化的。

能量的量子化是微观世界的重要特征，量子力学涉及微观系统的力学行为，比我们研究宏观系统的经典力学（如牛顿定律）更能完整描述宇宙。牛顿力学可看作量子力学中的极限近似，能对大质量粒子和宏观系统进行高度精确的近似描述。在理解原子和分子行为时，这两种力学都非常有用。

现在，我们重点讨论能量变化。能量量子化意味着系统只能以一定的固定数量逐步改变能量。以谐波振荡器为例，谐振子系统由小球附着在弹簧上，弹簧另一端连接到一个无限重的壁上。如宏观世界中的一个网球附着在悬挂于天花板上的轻质弹簧上，微观世界中的一个通过化学键连接到金属表面的原子，都可近似视为谐振子系统。当我们拉伸网球和弹簧，就是在机械系统中增加势能。拉伸可根据需要随时停止，这意味着能量可以任意数量增加。但对附着在金属表面上的原子而言，只能接受某些特定能量增量。量子力学表明，不能向微观世界中的谐振子系统连续增加能量。这其实与我们的日常经验并不矛盾。在宏观系统中，能量被量化为如此小的碎片，以至于我们无法区分是无数小碎片能量的逐份递增还是连续的能量变化。经典力学只适用于宏观系统而不能用来描述微观的原子系统。

直接应用量子力学的一个结论就能理解这点。谐振子系统中的量子能量大小等于普朗克常数 h 乘以振荡频率 ν：

$$E_{\text{quanta}}=h\nu \tag{0-1}$$

普朗克常数是一个非常小的基本常数，其数值为 $6.626\times10^{-34}\ \text{J}\cdot\text{s}$，所以量子能量数值极小。例如被弹簧悬挂的网球，当其频率大约为 1s^{-1}（1Hz）时，若初始位移为 0.01m，则相对于接近 1J 的总机械能而言，量子能量数量级约为 10^{-33}J。这个能量如此之小，远低于我们的感知，就好像能量在连续变化。相反，在金属表面上振动的原子，其频率可能约为 10^{13}s^{-1}。则可从振动运动中增减的能量，数量级大约为 10^{-20}J，这远大于网球系统中的量子能量，相较宏观世界仍然很小，而在原子和分子的微观世界中，却已经不可忽略。例如，若原子具有 $300\text{kJ}\cdot\text{mol}^{-1}$ 的键解离能，则将其除以阿伏伽德罗常数（$L=6.022\times10^{23}$），得到破坏一个键所需的能量数量级为 10^{-19}J。这意味着原子系统的振动量子能量约为化学键断裂能的 1%。

用量子力学研究有多个粒子的原子和分子系统，结果表明，系统可以存在多种状态，每种状态都具有一定的能量。量子力学系统中可以存在的不同状态称为量子态。总有一个最低的能量状态，称为系统的基态。基态不一定是能量为零的状态，它仅对应于系统可能的最低允许能量。

系统基态以外的量子态称为激发态，可能有无限多个激发态。量子数是用于区分或标记不同量子态的数值。量子态中的每种量子数都是量子化的非连续数值，其取值只能是“某个最小量”的整数倍或半奇数倍，这个最小量就是量子。量子力学中求解微分方程，变量分离之后得到的不同波函数解的个数就是量子数（自旋量子数除外）。

两个或多个量子态可能具有相同的能量，这时，这种量子状态被称为简并状态。可能的不同能量称为系统的能级。就像可以有无数个量子态一样，也可以有无数个能级。

0.4 统计热力学的任务

物理化学是根据基本物理定律对原子和分子世界的探索，是化学世界的物理学。物理化学涵盖了宏观系统的热力学和动力学特性，并且力图建立宏观和微观两个领域之间的联系。

首先对“微观”和“宏观”的重要概念进行定义。若系统尺寸为原子级别或更小（$\leqslant 10^{-10}$ m），则称为微观系统，如单个原子和分子等；若系统用普通显微镜（$\geqslant 10^{-6}$ m）即可观察，就称为宏观系统，宏观系统由大量粒子组成。在描述宏观系统时，我们不关心构成系统的每个单独粒子的详细行为，而是研究系统的宏观性质，如体积、压力、温度等。如果一个孤立系统的宏观量不随时间改变，系统就处于平衡状态。若孤立系统处于非平衡状态，则描述该系统的宏观量将随时间而变化，直至达到平衡。

而微观的原子和分子是如此之小，以致其机械行为（即振动、旋转、电子轨道运动等）受量子力学支配。原子、分子等微观粒子以不同的状态存在，具有不同的能量。讨论涉及许多粒子的常见系统，如气体，其中的微观粒子（如原子或分子）只能占据某些离散的能级，运动受量子力学定律支配。原子核是这些粒子的一部分，通常不受其运动影响，其能量在变化过程中可近似认为不变。同样，粒子在重力场下的相互作用也可忽略不计。因此，气体系统中的粒子间的主要作用力是电磁相互作用，如静电力等。

目前，基于这些微观粒子的基本物理定律已比较明确。然而，大量粒子组成的系统由于存在天文数字级别的自由度（如所有粒子位置），因此使用经典力学和量子力学的常规方法在分析和计算上都难以描述大量粒子组成的宏观系统。宏观性质的确定通常只涉及少量数据，例如温度、压力、密度等，而温度其实来自于多粒子系统的复杂性，是大量分子或原子热运动平均平动动能的量度。统计热力学的主要目标就是将这种微观粒子的定量复杂性与宏观性质的简单明确性联系起来。

将统计热力学应用于由大量粒子组成的系统，可以通过标准数学方法深入了解宏观系统的微观本质。通过对单个原子和分子的量子力学处理，建立与宏观性质和现象之间的联系，沟通原子和分子的微观世界与日常中的宏观世界这两个完全不同的领域，这就是统计热力学要解决的问题。统计热力学是计算大量原子和分子对宏观系统性质和能量贡献的方法。

第一篇

统计热力学

统计热力学（statistical thermodynamics）是非常强大的数学工具，可从单个分子的性质出发来研究平衡态宏观系统的热力学性质。

原子或分子的性质大部分只能间接推断，如根据介电常数，维里系数（偏离理想气体程度），光谱、核磁共振（NMR）等数据，进行数学处理才能得出。而物质的宏观性质，如热容、蒸发热等，是可以直接测量的。

统计热力学，顾名思义，是将统计方法应用于大量微观颗粒以获得平均值，这些平均值就是表述物质宏观性质的热力学量。统计热力学不仅可以计算热力学量的数值，更能从微观角度帮助我们理解许多独特现象。例如液态水的热容是非常重要的参变量，用统计热力学方法可以从分子角度进行研究。再例如利用统计热力学方法可直接计算氧气与血红蛋白的结合等温线，从而研究协同作用导致形成独特形状曲线的深层原因。

统计热力学作为宏观世界与微观粒子之间的桥梁，因为其理论性强，数学处理非常烦琐，一直被视为一门难度极高的课程。但是，不掌握统计热力学知识，就不能准确理解大量微观粒子的统计平均如何表现为宏观系统的整体性质，也无法去深入了解当前化学发展的前沿领域——计算化学。

计算化学包括基于量子力学原理的量子化学以及基于牛顿力学和统计热力学的分子力学。近些年来，随着理论物理（特别是量子力学和统计力学）的快速发展，计算机科学和计算能力的突飞猛进，对化合物和化学反应的研究已深入到电子水平。虽然基于量子力学的从头计算非常精确，但计算效率很低，所计算的系统通常不超过 100 个原子。因此，量子力学的方法只适用于简单分子或电子数量较少的体系。而对于生物大分子、聚合物等含大量原子及电子的系统，量子力学方法很难求解。为此，科学家们发展了分子模拟方法。

结合量子力学和分子力学，将研究体系分为两个区域，用量子力学方法计算化学键的形成和断裂，用分子力学方法计算远离反应中心的部分，从而大大简化计算，这就是分子模拟。

分子模拟（molecular simulation）作为统计热力学最主要、最直接的应用，在新材料、新药物的设计，基因、病毒等生物大分子的分析研究，以及化工反应的控制等方面都已成为极其重要的研究工具，可以模拟分子系统中原子的运动，从而观察和研究原子水平的微观结构变化、分子间相互作用以及化学反应机理。其中的分子动力学（molecular dynamics）是一种成熟的计算技术，在研究涉及蛋白质、核酸、膜、细胞等结构单元的生物学重要过程中应用广泛，为捕获生物大分子在较长时间尺度上发生的复杂动力学，当前已从基于对上千原子模拟几个纳秒扩大延伸到对百万个原子模拟几个毫秒。可见，基于统计热力学的研究正蓬勃发展。

第1章 统计热力学基础知识

1.1 概述

1.1.1 统计热力学的研究方法

统计热力学的研究方法是微观的方法，根据组成系统的微观粒子的力学性质（如速率、动量、位置、振动、转动等），用统计平均的方法来推求系统的热力学性质（如压力、热容、熵、自由能等热力学函数）。

1.1.2 统计热力学的发展历史与最新进展

统计热力学产生于经典分子运动论。麦克斯韦（James Clerk Maxwell，1831—1879）被认为是统计热力学理论的奠基人。他率先开始寻找热力学系统的微观处理方法（表征为统计力学特性）和唯象处理方法（表征为热力学特性）之间的联系。1860年麦克斯韦在题为《对气体运动论的解释》的论文中第一次提出了统计热力学的基本思想。1867年麦克斯韦引入了“统计力学”这个术语。1898年玻耳兹曼（Ludwig Edward Boltzmann，1844—1906）完成的《气体理论讲义》，为20世纪近代统计热力学的发展奠定了基础。1902年吉布斯（Josiah Willard Gibbs，1839—1903）发表《统计力学》一书，建立了“统计系综”（statistical ensemble）概念，提出了一种全新的研究视点，给统计热力学的研究开辟了一个新的天地。1924年量子力学出现，所用的统计方法也随之有了新的发展，产生了如玻色-爱因斯坦（Bose-Einstein）统计、费米-狄拉克（Femi-Dirac）统计等新方法。

在本章中，由于Bose-Einstein统计和Fermi-Dirac统计在一定条件下均可以近似为Boltzmann统计，重点讨论引入量子力学某些基本要点之后修正的Boltzmann统计。

近几年计算机科学的快速发展极大地促进了统计热力学的发展，出现的很多新的统计方法，完善了统计热力学知识体系。

例如用于研究物质体系的微观结构和热力学性质的分子模拟技术。它包括一系列的模拟方法如蒙特卡罗法、布朗动力学法、分子动力学法等。这一系列方法并不要求做某些概念方面的近似，只需输入一组粒子的质量和粒子间势，就可精确计算其宏观性质。因此，宏观物理化学性质的计算机模拟计算可以看作粒子相互作用的数学模型的“实验”。

用统计热力学方法，在计算机上建立合适的模型，便可以由“微观性质”快速、准确地得到一些“宏观性质”。随着人们对分子间作用力的认识不断深入，以及基于统计热力学的分子理论的日益完善，统计热力学的处理对象早已不再局限于像惰性气体或者氢这样的简单分子，而是涉及电解质溶液、离子液体、长链高分子溶液、胶体溶液、生物大分子溶液、聚电解质溶液、亲水亲油分子流体、多分散体系以及多孔材料中的受限空间流体等。研究这些复杂流体的物性和相行为，仅通过宏观热力学方法难以实现。而建立在统计热力学和分子科学基础之上，又有实验数据支撑的分子热力学已成为研究复杂流体结构和热力学性质的有力工具。人们仅从流体的微观分子势能函数出发，运用统计力学方法，即可预测流体的热力学性质和相行为。随着近年来高速电子计算机的普及，构筑于统计热力学基础之上的模拟技术已在多个研究领域得到广泛的应用。

1.1.3 统计热力学的基本任务

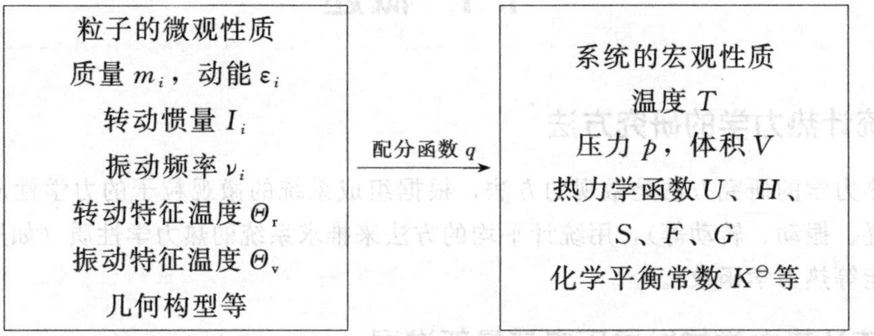

依据对物质结构的某些基本假定和实验所得光谱数据，求得物质结构的一些基本常数，如核间距、键角、振动频率等，计算出分子配分函数，从而进一步求出物质的热力学性质。这就是统计热力学的基本任务。

1.1.4 统计热力学方法的优点和缺点

统计热力学将系统的微观性质与宏观性质联系起来，对于简单分子的计算结果令人满意。测量熵需要进行复杂的低温量热实验，而用统计热力学方法就可以直接计算出相当准确的统计熵值。

但是统计热力学也有很大的局限性。计算时必须假定结构的模型，而人们对物质结构的认识在不断深化，这势必要求引入一定的近似。另外，对于大的复杂分子以及凝聚系统，计算尚有很大困难。

1.2 统计系统及分类

统计热力学研究的对象是由大量微粒（数量级约 10^{23}）组成的热力学平衡系统。组成系统的分子、原子、离子、电子及光子等微粒都称作粒子（particle），或简称子。热力学按照系统与环境之间的不同相互关系来进行分类，而统计热力学要从物质的微观结构出发来研究宏观性质，显然不能使用这种分类。统计热力学需要将宏观系统看作一个力学的粒子系统来进行处理，由此引入了不同的系统分类方法（表 1-1）。

根据系统中粒子之间有无相互作用可将统计系统分为独立粒子系统（assembly of independent particles）和非独立粒子系统（assembly of interacting particles）。

各粒子间除了弹性碰撞外没有其他相互作用的系统称为独立粒子系统。事实上，完全没有相互作用的系统是不存在的，但当粒子间的相互作用非常微弱，因而可以忽略不计时，即可称为独立粒子系统，或称近独立粒子系统。

例如，理想气体就属于独立粒子系统；对于温度不太低、压力不太高的实际气体，也可近似地作为独立粒子系统处理。对由 N 个粒子组成的独立粒子系统，在不考虑外场作用的情况下，系统的总能量（即热力学能）U 是所有粒子能量之和：

$$U=\sum_{i=1}^{N} n_i \varepsilon_i \tag{1-1}$$

式中，N 是系统的粒子总数；n_i 是能量为 ε_i 的粒子数。

若粒子间存在不可忽视的相互作用，这样的系统就称为非独立粒子系统或相依粒子系统，其总能量为：

$$U=\sum_{i=1}^{N} n_i \varepsilon_i + U_{\mathrm{P}} \tag{1-2}$$

式中，U_{P} 是系统中粒子间相互作用的总势能，它与所有粒子的位置坐标有关，准确给出其表达式几乎不可能。实际气体和溶液就属于非独立粒子系统。

根据系统中粒子之间是否可以区分，统计系统可分为定位系统（system of localized particles）和非定位系统（system of non-localized particles）。

若系统中的粒子是等同的、彼此不可分辨，这种系统称为非定位系统，也称为不可别粒子系统、离域子系统或全同粒子系统。如果系统中的粒子彼此可以区分，就称该系统为定位系统，又称可别粒子系统或定域子系统。

彼此可以区分有两种含义：一是指粒子本身属性不同，可以区分；二是粒子本身属性无差异，但空间位置可以区分。例如，原子晶体，由于每个原子只能在晶格位置的点阵点附近振动，尽管原子之间属性并无差异，但是可用点阵点的位置坐标对各原子加以区分，所以原子晶体属于典型的定位系统。

而非定位系统粒子不能区分，粒子本身属性无差异，位置也不可区分。例如，气体，由于气体分子运动的波粒二象性，我们无法确定某时刻下各个气体分子的空间位置，粒子自由运动的范围是系统所包含的整个空间，粒子和粒子位置都无法进行区别，所以气体是非定位系统。

作为对统计热力学的初步了解，我们只针对独立粒子系统这样一类最为简单、最为典型的情况展开讨论，这将更有利于了解并初步掌握统计热力学原理及方法。在相应章节会对普遍适用的更严密的系综方法做简要介绍。

表 1-1　常见统计系统分类

理想气体	独立不可别粒子系统
实际气体、理想液体混合物	非独立不可别粒子系统
晶体	非独立可别粒子系统

1.3 系统的状态

统计热力学中研究微观粒子，根据宏观系统内包含的所有微观粒子最可能出现的状态总和，确定宏观系统的各项性质，从而最终确定系统的状态。在不同层面上，“状态”一词含义完全不同，在具体描述时应加上定语以准确表达其具体内涵。

1.3.1 系统的宏观状态（macroscopic state）

系统的宏观状态是用宏观性质描述的状态，例如由一组宏观性质（n、T、p、V 等）所确定的热力学平衡系统的状态。在经典热力学中，我们只研究宏观系统的热力学平衡态，即必须同时满足热平衡、力平衡、化学平衡和相平衡的宏观状态。

1.3.2 粒子状态（particle state）

粒子是组成宏观物质系统的基本单元。粒子的状态就是单个微观粒子的力学运动状态。不考虑粒子的内部结构时，可用经典力学的运动规律，以粒子的空间位置（三维坐标）和表示能量的动量（三维动量）来描述粒子整体的运动状况。而在量子力学中，微观粒子的运动状态是由波函数 ψ、能级 ε 及简并度 g 来描述的，粒子状态就是由一组量子数来指定的量子态。

1.3.3 系统的微观状态（microscopic state）

用微观性质描述的系统状态叫系统的微观状态，是由各个微观粒子的状态所确定的。

处于确定不变宏观状态的系统，从微观角度考虑，它仍然处于不断的运动变化之中，系统在某一瞬间的微观状态是对此时系统内每一个微观粒子运动状态的确定。实际上对 10^{24} 个粒子微观运动状态的具体描述是不可能实现的，但可以这样考虑。只要给出了此时系统中每个粒子的状态，则整个系统的微观状态也就确定了，我们把系统在这种微观意义上的状态叫系统的微观状态。

对于单原子理想气体的孤立系统，可由 N（原子个数）、U（系统的热力学能）及 V（系统的体积）三个宏观性质指定该系统的状态。即使把每个原子视为无内部结构的刚性小球，描述粒子状态也需要指定平动运动的波函数与能级（即平动量子态）。系统中 N（$\approx 10^{24}$）个原子都处于不停的运动、碰撞之中，粒子状态时刻都在改变。在某一时刻，对 N 个粒子各自状态的指定就构成一个系统微观状态，而其中任何一个粒子运动状态改变，就会出现一个不同的系统微观状态。从以上分析可知系统的微观状态是系统内所有粒子的粒子状态的总和，每一个微观状态都对应着系统的一个宏观状态，而系统的一个宏观状态却对应着极其大量的微观状态。系统微观状态的总数目称为系统的微观状态数，用 Ω 表示。

1.4 统计热力学基本假定

基本假定不能用其他理论证明，是从实践中归纳抽象而来，且其推论已经或可以从实践中得到验证。统计热力学有三个基本假定。

1.4.1 一定的宏观状态对应着巨大数目的微观状态

统计热力学研究的对象是由大量分子所构成的系统，而其中任意一个分子的量子态的变化，都意味着微观状态发生改变。因此可以想象，微观状态的数目极其巨大，但是在众多微观状态之中，只有那些符合宏观状态条件限制的才有可能出现。所以虽然 Ω 很大，却是有限数值。而且，微观状态的变化具有统计规律性。在一定条件下，一定的微观状态，其出现有一定的概率。

1.4.2 宏观力学量是各相应微观量的统计平均值

系统宏观性质分为两类。一类是能在分子水平上找到相应微观量的性质，如能量、密度、压力等，称为力学量。另一类性质没有明显对应的微观量，如温度、熵、吉布斯自由能、化学势等，称为非力学量。我们可以给出个别分子的能量、很小范围的局部密度、碰撞器壁时施加的力等，但却无法定义单个分子的温度或者熵。

这条基本假定说明，如果有一个力学量 B，对某一微观状态 i，其相应微观量为 B_i，则有：

$$B=\langle B\rangle=\sum_{i=1}^{N}P_iB_i \tag{1-3}$$

式中，〈 〉表示统计平均；P_i 是该微观状态 i 出现的概率，显然所有微观状态出现的概率和为 1。式(1-3) 表示对所有各种可能出现的微观状态求和。

该假定将宏观性质和微观性质联系起来，由各微观状态相应微观量的统计平均值求出宏观力学量。而宏观的非力学量，可在力学量计算基础上，通过与热力学结果对比而得。

宏观量都可以测量，而微观量一般是无法直接测量的，在进行宏观量的测量时由于使用宏观仪器，所以测量过程总是在一定的空间范围和一定的时间间隔内进行的。在宏观的尺度上足够小的空间和足够短的时间间隔，从微观的尺度来看，却是足够大和足够长的。在 273.15K 下 $1.0\times10^{-9}\,m^3$ 气体内有约 2.7×10^{16} 个分子，考虑对宏观尺度来说足够小的体积 $1.0\times10^{-15}\,m^3$ 内仍然有 2.7×10^{10} 个分子，因此对微观而言，$10^{-15}\,m^3$ 仍然是一个相当庞大的空间。而从时间的角度来看，$10^{-6}\,s$ 可以说是极其短暂的一瞬间，在此时间间隔内，$1.0\times10^{-15}\,m^3$ 体积内的分子之间会发生 10^{24} 次以上的碰撞。可见，这一时间间隔对于微观来说已是足够漫长。

在空间与时间这两个方面，宏观与微观尺度的巨大差异正是统计规律性的基础。所观测的宏观量对微观而言都是巨大的空间和漫长的时间内，微粒作用平均结果的体现（测不准原理）。

当我们对一个系统进行宏观测量时，总是需要一定的时间。由于系统的微观运动状态瞬息万变，即使在相当短的观测时间内，系统的所有可能的微观状态都可能全部出现。因此对系统进行宏观测量得到的物理量，应该等于相应的微观量对所有微观运动状态的统计平均值，即系统的宏观性质是其微观性质的统计平均。

1.4.3 等概率假定

对于给定宏观条件下的某个热力学系统，一个微观状态对应于一个宏观状态，一个宏观状态则对应多个微观状态。在某一时刻，这些大量的微观状态中到底会出现哪一个呢？

对于满足一定宏观条件并处于平衡态的热力学系统而言，粒子间的碰撞、离子与容器的碰撞以及其他扰动等变异因素使系统在某时刻处于何种微观状态完全是偶然的。但在平衡态时，没有理由认为哪一个微观状态比任何别的微观状态具有更大的出现优势。

对此，玻尔兹曼在19世纪70年代提出了著名的等概率假定：对于处在平衡状态的孤立系统，系统各个可能的微观状态出现的概率是相等的。

在同一宏观条件下，不同的宏观状态所对应的微观状态的数目是不同的。根据等概率原理可知，任一宏观状态出现的概率正比于这一宏观状态所对应的微观状态数 Ω，因此 Ω 也称为这一宏观状态的热力学概率。

孤立系统的特征是粒子数 N、热力学能 U 和体积 V 保持恒定。对于 N、U、V 一定的系统，微观状态数为 Ω，每一个微观状态出现的概率应为 $1/\Omega$。

对应微观状态数越多的宏观状态，热力学概率越大，出现的机会越多。对应微观状态数最多的宏观状态，热力学概率最大，出现的机会最多，该宏观状态称为最概然宏观状态，该宏观状态对应的分布称为最概然分布。

显然无论是近独立粒子系统还是相依粒子系统，等概率假定都成立。

上述三个基本假定，其正确性因其种种推论均符合客观实际而充分验证。第一个假定是前提，说明应使用统计方法研究系统的微观状态；第二个假定提示需要根据微观状态出现概率确定宏观性质；第三个等概率假定最为重要，它指出如何估算这一概率。据此，我们得到了统计热力学的完整框架。

1.5 补充数学知识

1.5.1 数学概率

1.5.1.1 随机事件

随机事件（偶然事件）：在一定条件下可能发生，也可能不发生。必然事件：在一定条件下必然发生。不可能事件：在一定条件下必然不发生。

例如向桌面投掷一枚骰子，一枚骰子有不同点数的6个面，每投掷一次可能有6种不同的结果。出现六点这一现象就是随机事件。

对于随机事件，虽然不能肯定它一定发生或一定不发生，但任何随机事件的发生都有一定的可能性，用随机事件的概率（probability）表征。

以掷骰子为例，一粒骰子的6个面均匀，质心居中，投掷一次落到桌面后，可出现从一点到六点的任意点数，这个结果是随机的。但是将一枚骰子投掷一万次或更多，统计结果会发现每个点数出现的次数随投掷次数的增加越来越接近全部投掷次数的1/6，同样将一万枚或更多骰子同时投掷也可得到相同结果。这两种做法是等价的，都表示此随机事件发生的可能性（概率）为一确定的值——1/6。

1.5.1.2 数学概率的定义

统计规律告诉我们：一个随机事件的概率是一个确定的量，可以通过大量试验来确定某一随机事件的概率。

如果在一定条件下，随机事件（A）共进行了 N 次试验，事件 A 出现的次数为 N_A，那么 N_A/N 就是 A 事件出现的频率，随着 N 的增加，频率会趋于一个稳定的值，即

$$P(\mathrm{A})=\lim_{N\to\infty}\frac{N_A}{N}\ (0\leqslant N_A\leqslant N) \tag{1-4}$$

式中，$P(\mathrm{A})$ 叫作该指定条件下事件 A 的概率。

从以上关于概率的定义可以看出它具有以下几条性质：

① $P(\mathrm{A})=1$，事件 A 是必然事件；$P(\mathrm{A})=0$，事件 A 是不可能事件。

② 不相容事件分别出现的概率等于单独出现的概率之和。

③ 互相独立事件同时发生的概率等于各独立事件概率的乘积。

投掷一枚骰子，出现两点与出现三点这两个事件不可能同时出现，为不相容事件。则投掷一枚骰子时出现两点或三点的概率为：$(1/6)+(1/6)=1/3$。如果同时投掷两枚骰子 A、B，出现 A 两点、B 三点，这是可以同时发生的，彼此没有关联，为互相独立事件。其概率为 $(1/6)\times(1/6)=1/36$。若同时投掷两枚骰子 A、B，求出现一个两点、一个三点的概率，既可能 A 两点、B 三点，又有可能是其不相容事件 A 三点、B 两点。所以概率为 $(1/36)+(1/36)=1/18$。

1.5.1.3 热力学概率与数学概率

热力学概率 Ω 是确定状态下宏观系统对应的微观状态数。热力学概率一般是个非常巨大的数字。而数学概率 P 一定有 $0\leqslant P\leqslant 1$。两者定义不同，含义不同。但热力学概率符合概率性质，互相独立事件同时发生的热力学概率是各独立事件热力学概率的乘积，不相容事件的热力学概率是对各独立事件热力学概率进行求和。

1.5.2 统计平均值

在上面掷骰子的试验中，如果以 X 代表朝上的点数，因在一次试验中出现几点是偶然事件，所以把 X 称作随机变量。随机变量 X 出现某一个值的概率记作 $P(X)$，例如出现两点 $X=2$ 的概率为 $P(2)$。

如果进行 N 次投掷，随机变量 X 可能的取值为 $X_1=1$，$X_2=2$，…，$X_6=6$，对应每一个取值出现的次数为 N_1，N_2，…，N_6，其中 $N_1+N_2+\cdots+N_6=N$，那么 N 次投掷朝上点数的平均值 $\overline{X}$ 应该为

$$\overline{X}=\frac{X_1N_1+X_2N_2+\cdots+X_6N_6}{N}=\frac{1}{N}\sum_{i=1}^{6}X_iN_i$$

当投掷次数 N 足够大时，$\overline{X}=\lim\limits_{N\to\infty}\sum\limits_{i=1}^{6}X_i\dfrac{N_i}{N}=\sum\limits_{i=1}^{6}X_iP(X_i)$

因为其中 $P(X_1)=P(X_2)=\cdots=P(X_6)=1/6$，所以 $\overline{X}=\dfrac{1}{6}\times(1+2+3+4+5+6)=3.5$。

一般而言，随机变量 X 的每一个值 X_i 都对应着一个出现此值的概率 $P(X_i)$，那么随机变量对于概率的算术平均值叫作随机变量的统计平均值，记作

$$\overline{X}=\sum_{i=1}^{n}X_iP(X_i) \tag{1-5}$$

式中，n 是随机变量的取值个数。如果随机变量是连续的，可用积分代替求和。

1.5.3 排列与组合问题

在统计热力学中讨论粒子在能级上分配的微观状态数（Ω），就相当于数学上的排列组合问题。下面简要回顾一下相关内容。

1.5.3.1 排列

在 N 个不同物体中，任取 r（$r\leqslant N$）个物体，按照一定顺序进行排列。第一个物体可从 N 个中任选一个填上，第二个物体从剩下的（$N-1$）个任选，依次可供选择的物体个数逐一减少，直到最后一位的第 r 个物体，只能在前面剩下物体 $N-(r-1)$ 个中任选一个。由此，根据互相独立事件概率，总的排列的方式数为：

$$A_N^r=N(N-1)(N-2)\cdots(N-r+1)=\frac{N!}{(N-r)!} \tag{1-6}$$

（1）全排列

若 $r=N$，上述排列称为全排列。

$A_N^N=\frac{N!}{(N-N)!}=N!$，其中规定 $0!=1$。

也可以根据上面推导排列公式时一样的思路，最开始放置第一个物体有 N 种可能性，第二个物体有（$N-1$）种可能性，依次排列，直到最后放置第 N 个物体只有一种选择，则总排列的方式数为：

$$A_N^N=N\times(N-1)\times(N-2)\times\cdots\times3\times2\times1=N! \tag{1-7}$$

（2）有相同物体时的排列

若在 N 个物体中，有 s 个物体彼此相同，另有 t 个物体也彼此相同，而其余物体各不相同。因为 N 个物体全排列时，排列数中也包含 s 个物体的全排列和 t 个物体的全排列，而 s 个物体彼此不能区分，无论如何排列都只出现一种可能性，t 个物体之间的排列也只有一个可能性。所以此时排列方式数为：$\frac{N!}{s!\ t!}$。

（3）将 N 个相同物体放入 M 个相同容器中（每个容器容量不限）

此时可以假想为 M 个相同容器中由（$M-1$）个隔板隔开。而 N 个物体就和这（$M-1$）个隔板一起进行排列。因为 N 个物体都相同，彼此不可区分，（$M-1$）个隔板之间也不可区分。所以最后的放置方式数就是：$\frac{(N+M-1)!}{N!\ (M-1)!}$。

（4）将 N 个不同物体放入 M 个相同容器中（每个容器容量不限，$M\gg N$）

第一个物体放入容器有 M 种可能性，因为容器容量不限，所以第二个物体放入容器仍然有 M 种可能性。依此类推，放置最后一个物体也会出现 M 种可能性。所以花样数为：M^N。

1.5.3.2 组合

从 N 个不同物体中，每次取 m 个，不管排列次序编为一组（无序），称为从 N 个不同物体中每次取出 m 个的组合，其组合方式数为：

$$C_N^m=\frac{A_N^m}{m!}=\frac{N(N-1)(N-2)\cdots(N-m+1)}{m!}=\frac{N!}{m!\ (N-m)!} \tag{1-8}$$

如果将 N 个不同物体进行分堆，第一堆为 N_1 个，第二堆为 N_2 个，…，第 k 堆为 N_k

个，则分堆的总数为：

$$
\begin{aligned}
& C_N^{N_1} \cdot C_{N-N_1}^{N_2} \cdot C_{N-N_1-N_2}^{N_3} \cdots C_{N-N_1-N_2-\cdots-(N_k-1)}^{N_k} \\
= & \frac{N!}{N_1!\,(N-N_1)!} \times \frac{(N-N_1)!}{N_2!\,(N-N_1-N_2)!} \times \frac{(N-N_1-N_2)!}{N_3!\,(N-N_1-N_2-N_3)!} \times \cdots \\
& \times \frac{[N-N_1-N_2-\cdots-(N_k-1)]!}{N_k!\ 0!} = \frac{N!}{\prod\limits_i N_i!}
\end{aligned} \tag{1-9}
$$

1.5.4 斯特林（Stirling）公式

在统计热力学中，常常要计算 $N!$。当 N 足够大时，$N!$ 计算起来十分困难，虽然有很多关于 $N!$ 的等式，但并不能很好地对阶乘结果进行估计。尤其是 N 很大时，误差也会非常大。利用 Stirling 公式可以将阶乘转化成幂函数，使得阶乘的结果得以更好地估计。而且 N 越大，估计得越准确。当 N 很大时，有：

$$
N! = \sqrt{2\pi N}\left(\frac{N}{e}\right)^N \quad (N \geqslant 20) \tag{1-10}
$$

或

$$
\ln N! = N\ln N - N \quad (N \geqslant 100) \tag{1-11}
$$

以上二式称为斯特林（Stirling）公式。N 越大，所得结果越精确。

本章提示

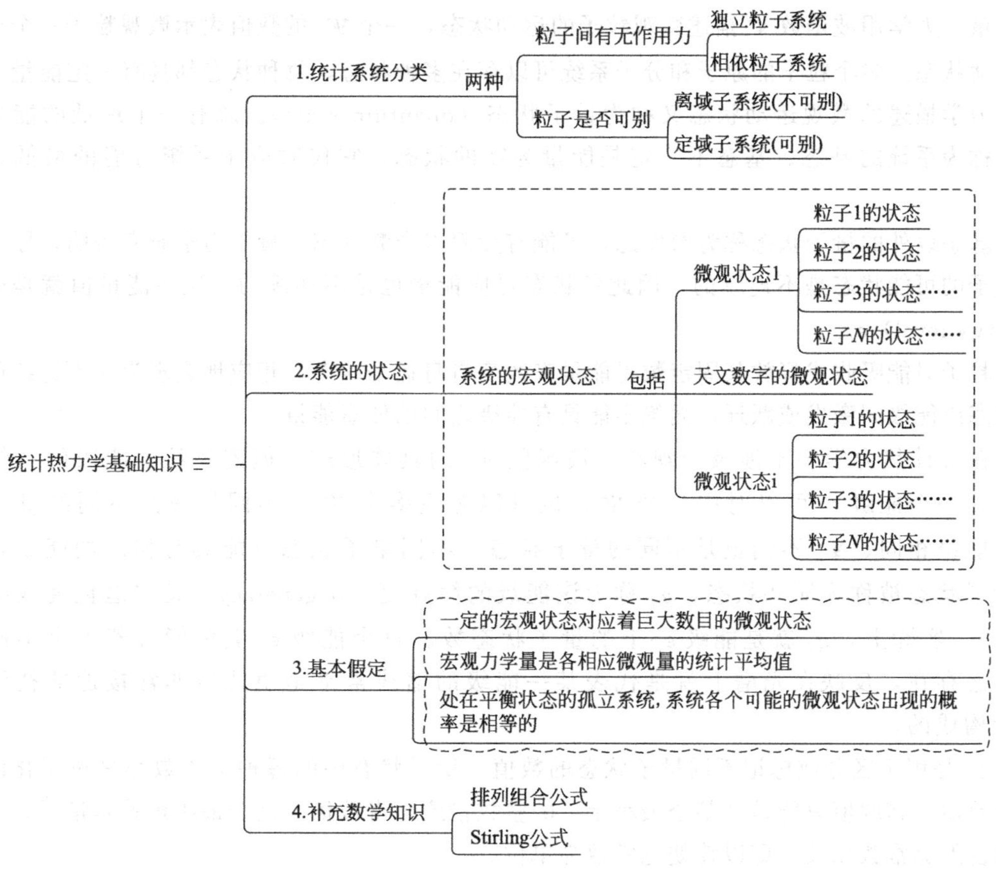

第2章 系统的微观状态

用微观性质描述的系统状态叫系统的微观状态，宏观状态确定的系统其微观状态仍然处于不断变化之中，而每个微观状态又由各个粒子的微观状态确定。为实现对系统微观量的统计平均，统计热力学必须首先从描述粒子和系统的微观状态开始。

2.1 微观粒子的运动状态

2.1.1 量子状态

量子力学用波函数 Ψ 描述微观粒子的运动状态，一个 Ψ_i 的数值表示微观粒子一个可能的运动状态。多个粒子的原子和分子系统可以存在多种状态，每种状态都具有一定能量。用量子力学描述的微观运动状态又称为量子状态（quantum state）。总有一个最低的能量状态，称为系统的基态。基态不一定是能量为零的状态，它仅对应于系统可能的最低允许能量。

基态以外的量子状态称为激发态，可能有无限多个激发态。量子力学研究表明，原子核外电子的可能状态是不连续的，因此各状态对应能量也是不连续的。这些能量值就是能级（energy level）ε_i。

粒子只能吸收或释放某固定数量能量来改变自身运动状态，相应地表现为在不连续的量子状态或能级间激发或跃迁，而绝不能具有能级之间的任意能量。

在统计热力学中不涉及微观粒子波函数 Ψ_i 的具体形式，但需要粒子能级的具体表达式。一个能级 ε_i 可以对应一个 Ψ_i，也可以对应多个 Ψ_i。不同能级是不同的量子状态，能级相同、Ψ_i 不同也是不同的量子状态。不同量子状态可能具有相同的能量，这种量子状态被称为简并状态，g_i 称为该能级的简并度（degeneracy，又称退化度或统计权重）。实际上，g_i 就是能级 ε_i 上的量子状态数。每个能级 ε_i 上可能有若干个不同量子状态存在，反映在光谱上就是代表某一能级的谱线常常是由几条非常接近的精细谱线所构成的。

g_i 是用于区分或标记不同量子状态的数值。量子状态中的每种量子数都是量子化的非连续数值，其取值只能是“某个最小量”的整数倍或半奇数倍。这个最小量就是量子，其数值与普朗克常数相关，即以普朗克常数为单位。

2.1.2 分子的运动形式和能级公式

在一个由大量微观粒子构成的宏观系统中，每个微观粒子都在不停地运动着。例如气体分子不仅能作为整体在容器中自由运动（外部运动），而且分子内部也在不停运动。平动是分子的外部运动，是分子质量中心在空间的位移。分子内部运动包括分子的转动、振动、电子运动和核运动等。转动是分子绕着质量中心的旋转；振动是分子中的原子偏离其平衡点的相对位移；电子运动是电子绕原子核的运动；核运动包括核自旋等。

单原子分子的热运动只有平动，而没有转动和振动；固体中的粒子没有平动，主要是振动、电子运动和核运动；而液体与固体相比，又增加了转动；气体又比液体增加了平动。

按照这些运动形式随温度变化的特征，可将它们分为两类：一类是分子的平动（t）、转动（r）和振动（v），这类运动的能量随温度的升降而增减，称为热运动；另一类是原子内的电子运动（e）和核自旋运动（n），在一般温度范围内，能量不随温度升降而改变，称为非热运动。但这样的分类并非绝对，例如 NO，其电子易受热激发，以致在常温下电子运动的能量即可随温度升降而增减。因此 NO 的电子运动应属于热运动。物质的热力学性质主要取决于分子的热运动。

严格说，分子的各种运动形式是彼此相关的，特别是转动和振动之间。在玻恩-奥本海默近似及忽略分子振动和转动偶合的情况下，简便起见，我们将这些运动近似看作是相互独立的，分子运动就可分解为独立的平动、转动、振动、电子运动及核运动。所以一个分子的热运动能 ε_h 可表示为：

$$\varepsilon_h = \varepsilon_t + \varepsilon_r + \varepsilon_v$$

式中，ε_t、ε_r、ε_v 分别表示分子的平动能、转动能和振动能。量子力学中，对应于分子这样的微观粒子，每一种能量都有一套独特的能级和简并度相对应。这些能级和简并度均由量子数来表征，它们之间的关系可用量子力学原理导出，本书不涉及具体方程及求解，在此仅作简要介绍。

2.1.2.1 平动（translational motion）

分子的平动是最简单的热运动。金属的自由电子、共轭分子的 π 离域电子，也可近似按受势垒限制的平动来处理。

由量子力学可知，一个质量为 m 的粒子被限制在长度为 a 的直线区间内自由运动，此区间内势能为零，而区间之外的任何位置处，势能均为无穷大。求解对应的 Schrödinger 方程，得到一维平动子的能量为：

$$\varepsilon_t = \frac{h^2}{8ma^2}n^2 \tag{2-1}$$

式中，h 为普朗克常数，$6.626\times10^{-34}\,\mathrm{J\cdot s}$；$m$ 为分子质量；n 为平动量子数，可取 1、2、3 等正整数。一维势箱中粒子模型可近似用于描述有机共轭分子。

例 2.1 β-胡萝卜素是重要的生物辅因子，参与从光合作用中的太阳能吸收到防止有害生物氧化的多种过程。β-胡萝卜素是一种线性多烯，其中 22 个碳原子之间的 21 个键——10 个单键和 11 个双键沿碳链交替排列，这种键合模式形成共轭，即 p 电子在链中的所有碳原子之间共享。因此要讨论 p 电子在共轭多烯中的分布，可用一维势阱箱中的粒子作为简单模型。已知电子质量为 $9.109\times10^{-31}\,\mathrm{kg}$，设每个 C—C 键长约 140pm，请近似计算电子从基态跃迁到第一激发态所需的吸收光波长。

解：p 电子在 21 个键之间共享，则 β-胡萝卜素中分子势阱箱长度 a 为：

$$a=21\times(1.40\times10^{-10})=2.94\times10^{-9}(\text{m})$$

假设每个碳原子仅允许一个电子在势阱箱内自由移动，并且在分子的最低能态（称为基态）下，每个能级被两个电子占据。因此，最多占用 $n=11$ 的能级。这样，将一个电子从 $n=11$ 激发到 $n=12$ 能级所需能量为：

$$\Delta\varepsilon_t=\frac{h^2}{8ma^2}\times[(n+1)^2-n^2]=\frac{(6.626\times10^{-34})^2}{8\times(9.109\times10^{-31})\times(2.94\times10^{-9})^2}\times(12^2-11^2)=1.60\times10^{-19}(\text{J})$$

要进行对应跃迁，电子需要吸收光的波长为：

$$\lambda=\frac{hc}{\Delta\varepsilon_t}=\frac{(6.626\times10^{-34})\times(2.998\times10^8)}{1.60\times10^{-19}}=1.24\times10^{-6}(\text{m})=1240(\text{nm})$$

实际实验值为 497 nm，说明这种模型非常粗糙，与实验的一致性不好。但计算值和实验值数量级相同，表明该模型有一定的合理性。这帮助我们对共轭体系中量子能级的起源有一定了解。可以预测，随着共轭链中碳原子数的增加，相邻能级之间的距离会减小。换言之，随共轭多烯链长的增加，吸收光的波长也随之增加。

而分子的平动可以看作是一个质量为 m 的三维平动子在长、宽、高分别为 a、b、c 的长方体势阱箱中的自由运动。分子的势能在势阱箱内为零，箱壁（势垒）及箱外任何位置处的势能均为无穷大。运用变数分离的方法求解对应的 Schrödinger 方程，得到如下结果：

$$\varepsilon_t=\frac{h^2}{8m}\left(\frac{n_x^2}{a^2}+\frac{n_y^2}{b^2}+\frac{n_z^2}{c^2}\right) \tag{2-2}$$

式中，h 为普朗克常数，$6.626\times10^{-34}\,\text{J}\cdot\text{s}$；$m$ 为分子质量；n_x，n_y，n_z 分别代表在 x，y，z 三个坐标方向的平动量子数，它们均可取 1、2、3 等正整数。

如果分子的运动空间是一个体积为 V 的正方体，即 $a=b=c=V^{1/3}$，则式(2-2) 变为

$$\varepsilon_t=\frac{h^2}{8mV^{2/3}}(n_x^2+n_y^2+n_z^2) \tag{2-3}$$

这就是分子平动的能级公式，其中 ε_t 的下标“t”表示平动，V 是系统的体积。

回顾量子力学中的公式求解（感兴趣的同学可参阅量子化学或结构化学等相关教材），可以发现，能量取值的不连续性即能量量子化，来源于边界条件：箱壁对分子平动的约束。为满足该边界条件，平动量子数都必须为非零正整数。

日常经验中，大尺度下宏观粒子的平动能可以连续取值，即宏观粒子的平动能可以改变任意小的数值而不违背经典力学。但是，对于处于微小限域空间的微观粒子，如势阱箱中的分子，其平动能量不能连续变化，只能取一些孤立数值。这种分立而不连续的能量取值，就自然引出了“能级”的概念。分子的平动能形成一个个不连续的梯级。自下而上，一般称为基态（即最低能级）、第一激发态、第二激发态等。

各能级的能量值是相对的，只有指定了基态的能量值才能确定其他能级的能量值。基态的能量称为零点能。显然，若选择不同零点能，则所有其他能级的能量值将随之改变。

对于微观势阱箱中的分子，其平动能是量子化的，每个量子能级由一组量子数（n_x，n_y，n_z）表示。随着量子数取值的增加，分子的平动能呈非连续增加。对于一个在给定尺寸势阱箱中的分子，边界条件要求其平动能只能在这些量子能级中取值。

分子的平动能与分子质量 m 和分子运动所占据的空间体积 V 有关，质量或体积愈大，

平动能愈小，相邻两个能级的能量差也愈小。当 m 或 V 趋于无穷大时，分子平动能的量子化消失，从而回归经典力学。所以说经典力学对平动能变化的连续处理，是量子力学的一个极限近似。

平动能是简并的。第一激发态实际上有三种可能性。简并度就是具有同一能量值的不同平动量子数的组合方式数，每一组量子数（n_x，n_y，n_z）的数值对应一个平动量子状态。表 2-1 中列出了能量较低的几个平动能级的量子态。

表 2-1　平动能级的量子态 [$\beta=h^2/(8mV^{2/3})$]

能级	ε_t	n_x	n_y	n_z	g_t
基态	3β	1	1	1	1
第一激发态	6β	2	1	1	3
		1	1	2	
		1	2	1	
第二激发态	9β	2	2	1	3
		1	2	2	
		2	1	2	
第三激发态	11β	3	1	1	3
		1	3	1	
		1	1	3	
第四激发态	12β	2	2	2	1
第五激发态	14β	1	2	3	6
		1	3	2	
		2	1	3	
		2	3	1	
		3	1	2	
		3	2	1	

可以看出，基态能级上只有一个量子态，简并度 $g_t=1$；而在最初三个激发态能级上均存在三个量子态，$g_t=3$。

当使用"势阱箱中的粒子"模型处理分子时，分子被作为质点考虑，忽略了分子的内部结构和几何形貌。而除单原子分子外，分子是由多个原子核通过共享电子键合而成的。随着原子核间距的变化，核与核之间的相互作用能会发生明显变化。我们平时讨论的键长，只是常温常压下的平均键合核间距，而键能则是一个化学键结合能的平均值。处于键合的分子可看作是被一个势阱束缚的原子团，在不打破化学键的条件下，分子内所有原子核的运动都会受限。因此，除单原子分子外，一个分子内部还存在振动和转动的机械运动。

不同于平动，分子本身的转动和振动是相对于分子质心的运动，因此与容器大小无关，即数学上与分子边界条件无关。

2.1.2.2　转动（rotational motion）

对于分子转动能级的求解，最简单的量子力学模型是刚性转子模型。如果一个转动体在绕某一个给定轴转动时，不改变转动体的构型和尺寸，那么，该转动体就称为刚性转子。将分子近似为刚性转子，即假设核的相对位置与核间距不变。

非线性分子的转动比较复杂，仅考虑最简单的线性双原子分子。将双原子分子的转动近似为刚性转子绕质心转动。若构成分子的两个原子间的平衡间距为 r，原子质量分别为 m_1 和 m_2，则分子的折合质量 $\mu=\dfrac{m_1m_2}{m_1+m_2}$，转动惯量 $I=\mu r^2$。

求解相应的波动方程，得到其转动能为

$$\varepsilon_r=\frac{J(J+1)h^2}{8\pi^2 I} \tag{2-4}$$

此式即为转动能级公式，其中 ε_r 的下标"r"表示转动；J 为转动量子数，它只能取 0、1、2 等非负整数。不同的 J 值对应着不同的转动能级，例如 $J=0$ 时 $\varepsilon_r=0$，即基态的转动能为零。

根据量子力学，一个量子数为 J 的转动能级，转动角动量在空间可以有 $(2J+1)$ 个取向，代表 $(2J+1)$ 个不同的转动量子态。因此，转动能级是简并的，相应 J 能级的简并度为

$$g_r=2J+1 \tag{2-5}$$

可见，除基态 $(J=0)$ 外，转动能级都是简并的。表 2-2 中列出了能量较低的几个转动能级的量子态。

表 2-2　转动能级的量子态 $[\beta=h^2/(8\pi^2 I)]$

能级	ε_r	J	$g_r=2J+1$
基态	0	0	1
第一激发态	2β	1	3
第二激发态	6β	2	5
第三激发态	12β	3	7
第四激发态	20β	4	9
第五激发态	30β	5	11

2.1.2.3　振动（vibrational motion）

分子中各个原子核是由核间电子键合在一起的。通过红外和拉曼光谱，可以观测分子内的核-核振动。

在双原子分子中，质量为 m_1 和 m_2 的两个原子以其质心为定点在平衡位置的伸缩振动相当于质量为 $\mu=\dfrac{m_1m_2}{m_1+m_2}$ 的单粒子的简谐振动。求解一维谐振子相应波动方程，得到振动的能级公式如下：

$$\varepsilon_v=\left(v+\frac{1}{2}\right)h\nu \tag{2-6}$$

式中，ε_v 为量子化的振动能；ν 是简谐振动频率；v 是振动量子数，只能取 0、1、2 等整数。

不同的 v 值对应着不同的振动能级。当 $v=0$ 时，$\varepsilon_v=h\nu/2$，称之为零点振动能，说明在基态时分子仍有振动，即分子每时每刻都在振动，而不可能处于停止振动的状态。

不同于平动和转动，振动既有动能也有势能。在一个给定的振动能级，随着振动位置的

变化，势能和动能之间在不断转化。当处于平衡核间距，势能为 0，全部振动能表现为动能；当核间距达到极值时，所有振动能表现为势能。

对于给定的简谐振动模式，相邻能级之间的能量间隔等于量子能量 $h\nu$。在求解一维谐振子的波动方程过程中可以证明，振动能级是非简并的，即 $g_v=1$。表 2-3 中列出了能量较低的几个振动能级的量子态。

表 2-3 振动能级的量子态 ($\beta=h\nu/2$)

能级	ε_v	υ	g_v
基态	β	0	1
第一激发态	3β	1	1
第二激发态	5β	2	1
第三激发态	7β	3	1
第四激发态	9β	4	1
第五激发态	11β	5	1

2.1.2.4 电子运动和核运动

分子中电子所处的能级状态（包括能量、轨道对称性、电子空间分布情况等），决定了分子的主要性质。但是，按照目前的数学理论，对于三个或更多粒子的微分方程无法精确求解。就是最简单的常见分子 H_2，也包括两个核和两个电子。实际上，真正能精确求解的分子，也就是单个 H 原子。H 原子是最简单的单原子，但在常温常压下不能稳定存在。

所以电子运动的薛定谔方程（Schrödinger 方程）基本不能精确求解，也没有可遵循的电子运动能级公式，但可通过分子光谱数据确定能级间距。光谱实验结果表明：

① 电子运动相邻能级的能量间隔相当大，一般$\Delta\varepsilon_e=10^2kT$。其中 k 是玻尔兹曼常数，其值为 $1.3806\times10^{-23}\text{J}\cdot\text{K}^{-1}$。因此，常温下原子内的电子通常处于基态。

② 除少数特殊情况外，一般分子和稳定离子的电子最低能级几乎都是非简并的，即 $g_{e,0}=1$。但原子和自由基的最低电子能级则常常是简并的，简并度取决于未配对电子的数目。表 2-4 列出了部分原子和双原子分子的电子最低能级简并度。

表 2-4 一些原子和双原子分子的电子最低能级简并度

原子或分子	Ti	O	Cl	F	P	S	H	B	N	Na	Li	O_2	NO
$g_{e,0}$	2	5	4	4	4	5	2	2	4	2	2	3	2

原子核的能级间隔极大，在一般的物理及化学过程中它总是处于基态能级。

核能级的简并度来源于原子核的自旋作用。核在外加磁场中，有不同的取向，但核自旋的磁矩很小，所以自旋方向不同的各量子态之间能量差别并不显著，只有在超精细结构中，才能反映出这一点微小的差别。若核自旋量子数为 s_n，则原子核基态的简并度为：

$$g_{n,0}=2s_n+1 \tag{2-7}$$

2.1.2.5 各种运动形式的能级间隔

在统计热力学中，经常需要将分子各种运动形式的能级间隔与 kT 数量相比较，k 是玻尔兹曼常数，T 是热力学温度。与 kT 比较的目的是区分哪些运动形式的能级是紧密的，可作为能量连续变化的经典情况处理；哪些运动形式的能量量子化特征特别显著，不能作为经典情况处理。

例 2.2 N_2 分子中两原子间的平衡距离为 1.093×10^{-10}m，振动频率为 $7.075\times10^{13}\text{s}^{-1}$，若室温下 N_2 在边长为 0.1m 的立方容器中运动，试估算平动、转动和振动基态与第一激发态能级间隔的数量级（以 kT 表示）。

解：已知 $V=10^{-3}\text{m}^3$；$r=1.093\times10^{-10}\text{m}$；$\nu=7.075\times10^{13}\text{s}^{-1}$；

$m=(14.00\times2\times10^{-3})/(6.023\times10^{23})=4.65\times10^{-26}$ (kg)；$kT=1.3806\times10^{-23}\times298\approx10^{-21}$(J)

折合质量 $\mu=m/2=2.32\times10^{-26}$kg

转动惯量 $I=\mu r^2=2.32\times10^{-26}\times(1.093\times10^{-10})^2=2.77\times10^{-46}(\text{kg}\cdot\text{m}^2)$

$$\text{对于平动：}\Delta\varepsilon_t=\frac{h^2}{8mV^{2/3}}\approx\frac{(6.626\times10^{-34})^2}{8\times4.65\times10^{-26}\times(10^{-3})^{2/3}}\approx10^{-40}(\text{J})$$

所以 $\Delta\varepsilon_t\approx10^{-19}kT$

$$\text{对于转动：}\Delta\varepsilon_r\approx\frac{h^2}{8\pi^2I}\approx\frac{(6.626\times10^{-34})^2}{8\times3.14^2\times2.77\times10^{-46}}\approx10^{-23}(\text{J})$$

所以 $\Delta\varepsilon_r\approx10^{-2}kT$

对于振动：$\Delta\varepsilon_v=h\nu=6.626\times10^{-34}\times7.075\times10^{13}\approx10^{-20}$(J)

所以：$\Delta\varepsilon_v\approx10kT$

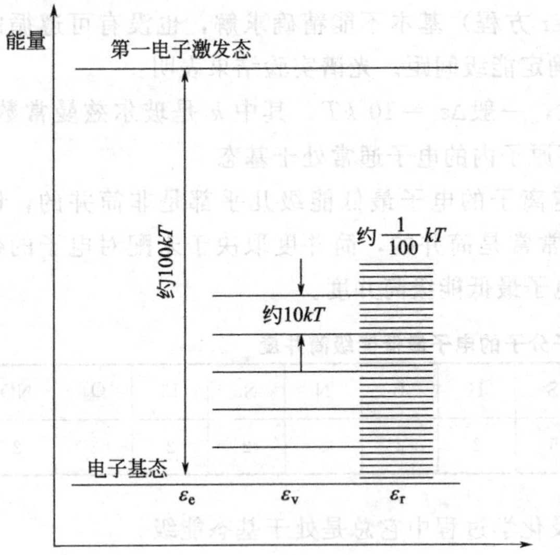

图 2-1　能级示意图

根据前面的结果，用图 2-1 的能级示意图将分子各种运动的能量情况表示出来。实际上，分子的运动既处于某种平动状态之中，同时也有急速的转动、振动和电子运动。这些运动都有各自的状态，所以分子的能量应由其在能级图中所处的位置来衡量。以上讨论和计算结果表明各种运动相邻能级的间隔遵循如下关系：$\Delta\varepsilon_n>\Delta\varepsilon_e>\Delta\varepsilon_v>\Delta\varepsilon_r>\Delta\varepsilon_t$。$\Delta\varepsilon_n$ 数值太大，$\Delta\varepsilon_t$ 数值太小，都无法在图 2-1 中标出。由于平动的能级稠密，间隔 $\Delta\varepsilon_t$ 极小，平动可作为能量连续变化的经典情况处理；转动能级间隔稍大，仍可近似作为连续变化处理；而对于振动、电子和核运动，能量是量子化的。

实际上，分子内各种形式的不同能量，彼此之间是可以相互转化的。

例如，将一个物体置于可见光激光照射下，一段时间后，激光照射的物体将变得很热。实际上，物体吸收了高能激光的可见光光子之后，电子态被激发，再逐渐转变为低能级间隔的振动、转动和平动能量，该过程是自发的。

而从平动能到转动能，再到振动能，然后到电子能的转化虽然概率很小，但并非完全不可能。实际上，很多化学反应的发生都需要这样的能量“累积”过程，这就是化学动力学中

"活化能"的分子基础。

例如，当一个水分子被另一个快速运动的粒子撞击时，如果入射粒子动能较低，水分子将只能获得一定平动能。当撞击粒子动能更高一点，而且带有一定相对角动量，就有可能让水分子转动起来，实现平动能到转动能的转化。如果能量足够高，而且撞击发生在某一个原子上，受撞击后水分子开始振动。如果能量进一步提高，再激发电子跃迁也是可能的。事实上，用高能粒子轰击物质诱导化学变化是一种常用手段。

2.1.2.6 波谱及分类

波谱是物质吸收或放出电磁辐射的实验记录，是研究物质结构的重要手段。其主要分为分子光谱、光电子能谱、磁共振和晶体衍射等。通过波谱分析，可以得到分子结构相关的大量信息，如核间距（键长）、电偶极矩、磁矩、转动惯量、解离能、键能、能级和晶体结构等，这也为统计热力学研究宏观系统提供了具体的微观数据，以此预测物质宏观特性如 pVT 关系、热性质、反应性质等。

各种谱区的能量范围和对应的运动形式见表 2-5。

表 2-5 各种谱区的能量范围和对应的运动形式

谱区	频率/Hz	波数/m^{-1}	能量/($kJ \cdot mol^{-1}$)	运动形式
射频	$10^5 \sim 10^9$	$3\times10^{-4} \sim 3$	$4\times10^{-8} \sim 4\times10^{-4}$	核自旋、电子自旋
微波	$10^9 \sim 10^{11}$	$3 \sim 300$	$4\times10^{-4} \sim 4\times10^{-2}$	重分子转动
远红外	$10^{11} \sim 10^{13}$	$300 \sim 3\times10^4$	$4\times10^{-2} \sim 4$	轻、重分子转动
近红外	$10^{13} \sim 10^{14}$	$3\times10^4 \sim 3\times10^5$	$4 \sim 40$	轻分子转动或振动
拉曼	$10^{11} \sim 10^{14}$	$300 \sim 3\times10^5$	$4\times10^{-2} \sim 40$	纯转动或振动
可见，紫外	$10^{14} \sim 10^{16}$	$3\times10^5 \sim 3\times10^7$	$40 \sim 4000$	电子跃迁
远紫外	$10^{16} \sim 10^{18}$	$3\times10^7 \sim 3\times10^9$	$4\times10^3 \sim 4\times10^5$	电子发射
X 射线	$10^{18} \sim 10^{20}$	$3\times10^9 \sim 3\times10^{11}$	$4\times10^5 \sim 4\times10^7$	电子发射，散射，衍射

2.2 系统的微观状态数

实际的化学系统，很少有真正的单分子。直到 21 世纪，单分子反应才能在实验室中大规模实现，但相应实验结果也大多是统计平均值。在实际生活和生产实践中，面对的往往是大量分子组成的复杂系统。量子力学中，描述宏观系统在某一时刻的微观状态需要求解大量的 Schrödinger 方程，从而确定每个粒子的微观运动状态。例如 1mol 气体有 6.023×10^{23} 个分子，就要解 6.023×10^{23} 个 Schrödinger 方程，但因为气体分子不可别，数学上也根本无法建立这么多方程，更不用说解出确定结果了。因此必须借助统计力学。

按照统计力学，只要利用量子力学求出一个粒子的可能全部能级 ε_i，以及每个能级上的量子状态数 g_i（即 2.1 中所讨论的能级公式及简并度），同时知道某时刻 N 个粒子在这些能级上的分布数目，即可了解粒子在每个能级上出现的概率，从而确定由 N 个粒子组成的系统在这一时刻的微观运动状态。

2.2.1 三粒子系统微观状态的描述

下面以一个假想的、理想化的三粒子系统为例，说明统计力学描述系统微观状态的方法。

例 2.3 一个由三个可别粒子（标记为 a，b，c）组成的独立粒子系统，粒子的许可能级 ε_0，ε_1，ε_2，ε_3，…的能量分别为 0，ω，2ω，3ω，…。系统总能量 $U=3\omega$。除最低能级为非简并外，其余能级均为二重简并。

解：(1) 在满足粒子数守恒 $\sum n_i=N$ 和能量守恒 $\sum n_i\varepsilon_i=U$ 的宏观条件下，找出所有的粒子能级分布类型 $D\{N_0, N_1, N_2, N_3, \cdots\}$。其中 N_0，N_1，N_2，N_3，…是相应能级 ε_0，ε_1，ε_2，ε_3，…上粒子的数目。三粒子系统的能级分布见表 2-6。

表 2-6 三粒子系统的能级分布

能级分布类型	$\sum n_i$	$\sum n_i\varepsilon_i$
$D_1\{0,3,0,0\}$	3	$3\times\omega=3\omega$
$D_2\{2,0,0,1\}$	3	$2\times0+1\times3\omega=3\omega$
$D_3\{1,1,1,0\}$	3	$1\times0+1\times\omega+1\times2\omega=3\omega$

(2) 再来确定属于同一分布类型的微观状态的数目 t_D。

$D_1\{0, 3, 0, 0\}$ 分布对应的微观状态数计算：

三个粒子都选择 ε_1 能级，则排布方式数为 C_3^3。而 ε_1 能级有两个量子态（简并度 2），每个量子态容纳的粒子是无限的。每一个粒子可以在 2 个量子态中任选一个，分布方式为 2^3。则独立事件的排布方式有：$t_1=C_3^3\times2^3=1\times8=8$。

$D_2\{2, 0, 0, 1\}$ 分布对应的微观状态数计算：

三个粒子中有两个粒子填充 ε_0 能级，剩下一个填充 ε_3 能级，排布方式为 $C_3^2\times C_1^1$。

考虑 ε_3 能级简并度，则排布方式为：$t_2=C_3^2\times C_1^1\times2^1=3\times2=6$。

$D_3\{1, 1, 1, 0\}$ 分布对应的微观状态数计算：

三个粒子中有一个粒子填充 ε_0 能级，一个在 ε_1 能级，剩下一个在 ε_2 能级，排布方式为 $C_3^1\times C_2^1\times C_1^1$。考虑 ε_1 和 ε_2 能级简并度，则排布方式为：

$t_3=C_3^1\times C_2^1\times2^1\times C_1^1\times2^1=3\times2\times2\times1\times2=24$。

(3) 最后求出总微观状态数 Ω：$\Omega=t_1+t_2+t_3=8+6+24=38$

则三种能级分布的概率为：$P(D_1)=t_1/\Omega=8/38$，$P(D_2)=t_2/\Omega=6/38$，$P(D_3)=t_3/\Omega=24/38$。可见，$D_3\{1, 1, 1, 0\}$ 分布的概率最大。

下面对 U，V，N 确定的独立粒子系统微观状态数 Ω 进行讨论。

2.2.2 独立粒子系统的分布

2.2.2.1 按能级分布

指粒子在编号 (i) 为 0，1，2，…的各能级上的分布。

能级：	ε_0	ε_1	ε_2	ε_3	……
能级简并度：	g_0	g_1	g_2	g_3	……
粒子分布数：	N_0	N_1	N_2	N_3	……

该分布表明：处于能量为 ε_i，简并度为 g_i 的第 i 个能级上的分子数为 N_i。在后面讨论中多采用这种分布。

由于粒子在运动中不断彼此发生碰撞，并随时相互交换能量，所以在不同的时刻 N 个粒子可以有不同的分布。例如在某一确定的时刻，粒子分布数可能成为 N_0'，N_1'，N_2'，…。因此，虽然一种分布可以对应系统的一种宏观状态，但 N，U，V 确定的宏观状态通常包含着许多种不同的分布。

一种分布仅仅指出在每一能级上的粒子数目，没有指定是哪几个粒子，也没有说明粒子所处量子态。因此，实现这一分布有大量不同的方式，每一种可区别的方式代表系统的一个可区别的微观状态。我们把能够实现某种能级分布类型 D 的方式数叫作这种分布的微观状态数，用 t_D 表示。全部能级分布的微观状态数之和为系统的总微观状态数 Ω。

2.2.2.2 按量子态分布

指粒子在编号（h）为 0，1，2，…的各量子态上的分布。

能级：　　　　ε_0　ε_1　ε_2　ε_3　……

粒子分布数：　N_0　N_1　N_2　N_3　……

因为简并度 g_i 就是能级 ε_i 上的量子状态数，所以量子态没有简并度的问题。该分布表明：处于能量为 ε_h 的第 h 个量子态上的分布数为 N_h。此分布与按能级分布等效。

按量子态分布，有时也称为按状态分布。在能级有简并度或粒子可区分的情况下，同一能级分布可以对应多种不同的状态分布。要描述一种量子态分布就要用一套状态分布数来表示各量子态上的粒子数。因此，一种能级分布要用几套状态分布来描述。反之，将量子态分布按能级种类及各能级上的粒子数目来归类，又可得到能级分布。

在能级没有简并度或粒子不可区分的情况下，一种能级分布只对应一种状态分布。

全部粒子的量子态确定之后，系统的微观状态就确定下来。粒子量子态的任何改变，均将改变系统微观状态。由于粒子之间不断交换能量，系统的微观状态总在不断变化。

2.2.3 可别粒子系统的微观状态数

现在按照能级分布，来讨论 N 个独立可别粒子组成系统的微观状态数。

为简化处理，首先不考虑简并度。设粒子许可的能级为 ε_0，ε_1，ε_2，ε_3，…，ε_i，…，ε_k，所有能级都是非简并的。若某种分布 D 的能级分布数为 N_0，N_1，N_2，…，N_i，…，N_k，则这种分布的微观状态数 t_D 的计算可以这样考虑。首先从 N 个可别粒子中任意挑选 N_0 个粒子放在 ε_0 能级上，按组合公式应有 $C_N^{N_0}$ 种方式。接下去再从余下的（$N-N_0$）个粒子中任选 N_1 个可别粒子，方式有 $C_{N-N_0}^{N_1}$ 种，依此类推，直到最后 N_k 个粒子分配在 ε_k 能级上，有 $C_{N_k}^{N_k}$ 种不同方式。

这就是我们前面介绍过的分堆组合。所以分布类型 D 所具有的微观状态数按照式(1-9)计算，为：

$$t_D = C_N^{N_0} \cdot C_{N-N_0}^{N_1} \cdot C_{N-N_0-N_1}^{N_2} \cdots C_{N_k}^{N_k} = \frac{N!}{\prod\limits_i N_i!}$$

再考虑简并度，若各能级的简并度分别为 g_0，g_1，g_2，g_3，…，g_i，…，g_k，而某种分布 D 的能级分布数为 N_0，N_1，N_2，…，N_i，…，N_k，那么如何计算有简并度时，分布的微观状态数 t_D 呢？

首先从 N 个可别粒子中任意挑选 N_0 个粒子放在 ε_0 能级上，每次选出来的 N_0 个粒子可能处在该能级 g_0 个不同的量子态上，由于每一个量子态上能容纳的粒子数是无限制的，

因此 N_0 个粒子中的每一个都有 g_0 种分配方式，N_0 个粒子就有 $g_0^{N_0}$ 种分配方式。这样一来仅 ε_0 能级上就可能出现 $C_N^{N_0}\cdot g_0^{N_0}$ 种不同的粒子分配方式。接下去再从余下的（$N-N_0$）个粒子中任选 N_1 个可别粒子，方式有 $C_{N-N_0}^{N_1}$ 种，这 N_1 个粒子分配在 ε_1 能级的 g_1 个简并量子态上有 $g_1^{N_1}$ 种不同方式，故 ε_1 能级上可能呈现 $C_{N-N_0}^{N_1}\cdot g_1^{N_1}$ 种不同的状态，依此类推，直到最后 N_k 个粒子分配在 ε_k 能级的 g_k 个量子态上产生 $C_{N_k}^{N_k}\cdot g_k^{N_k}$ 种不同方式，所以能级分布 D 所具有的微观状态数为：

$$t_D=C_N^{N_0}\cdot g_0^{N_0}\cdot C_{N-N_0}^{N_1}\cdot g_1^{N_1}\cdot C_{N-N_0-N_1}^{N_2}\cdot g_2^{N_2}\cdots C_{N_k}^{N_k}\cdot g_k^{N_k}$$

$$(t_D)_{\text{可别}}=N!\prod_i\frac{g_i^{N_i}}{N_i!} \tag{2-8}$$

这是一种分布 D 的微观状态数。系统的微观状态数 Ω 等于所有可能分布的微观状态数之和，所以

$$\Omega_{\text{可别}}=\sum_D(t_D)_{\text{可别}}=\sum_D\left(N!\prod_i\frac{g_i^{N_i}}{N_i!}\right) \tag{2-9}$$

其中“Σ”是对所有分布 D 的求和。

2.2.4 不可别粒子系统的微观状态数

对于离域子系统而言，系统中各粒子不能彼此分辨，为全同粒子。由于粒子的全同性，粒子彼此之间的互换并不构成新的微观状态。

对于 N 个独立不可别粒子的离域子系统，在考虑分布 D 的微观状态数时，由于 N 个粒子按不同次序的排列都等同，所以对可别粒子的微观状态数进行粒子全同性校正：

$$(t_D)_{\text{不可别}}=\prod_i\frac{g_i^{N_i}}{N_i!} \tag{2-10}$$

则不可别粒子系统的微观状态数 Ω 为

$$\Omega_{\text{不可别}}=\sum_D\left(\prod_i\frac{g_i^{N_i}}{N_i!}\right) \tag{2-11}$$

这种简单的近似处理，在温度不太低，密度不太高，粒子质量不太小时，是合理的。后面在介绍玻色-爱因斯坦统计和费米-狄拉克统计时将对这种近似进行进一步讨论。

2.3 玻尔兹曼公式

既然系统的一个确定宏观状态对应很多个微观状态，那么微观状态出现的不同概率与什么宏观性质对应呢？

如果在桌上投掷 6 个骰子，每个骰子都掷出六点，这和其他任何的点数分布（如掷出 2 个六点、2 个五点、2 个二点）相比，在能量上完全一样。类比于分子系统，骰子的排列就像是不同的简并量子态，就是所谓的微观状态。经验指出任意一次掷骰子时都可能出现从一点到六点的任意点数，如果同时掷出的 6 个骰子，每个都是六点，这种可能性极小。因此，即使这些简并量子态没有任何能量差，也有趋向于某些排列的趋势。出现 6 个六点的可能性

极小，但其他的排列如 3 个二点、1 个四点、1 个五点和 1 个六点的这种情况并不少见。如果第一次就碰巧掷出 6 个六点，那随后出现的点数一定会远离这种排列。

这可以用统计规律加以解释。如果用分布来指代骰子的任何特定排列。则骰子分布可用 6 个整数 $n_1 \sim n_6$ 表示，每个整数分别代表从一点到六点的骰子各有多少个。例如，6 个六点，表示为 $(n_1, n_2, n_3, n_4, n_5, n_6) = (0, 0, 0, 0, 0, 6)$，显然与 5 个六点和 1 个一点的分布（1，0，0，0，0，5）不同，而在后一种分布中，一点可能是 6 个骰子中的任意一个的点数，因此存在 6 种不同的状态。相反，分布（0，0，0，0，0，6）只有一种存在方式。每种可能的分布，都对应特定数目的状态。表 2-7 是其中某些分布对应状态数目。

表 2-7　某些分布对应状态数目

分布	状态数目 t	含义
(6,0,0,0,0,0)	$C_6^6 = 1$	6 个一点，可出现 1 次
(0,6,0,0,0,0)	$C_6^6 = 1$	6 个二点，可出现 1 次
(1,0,0,0,0,5)	$C_6^1 \times C_5^5 = 6$	1 个一点和 5 个六点，可出现 6 次
(5,1,0,0,0,0)	$C_6^5 \times C_1^1 = 6$	5 个一点和 1 个二点，可出现 6 次
(4,2,0,0,0,0)	$C_6^4 \times C_2^2 = 15$	4 个一点和 2 个二点，可出现 15 次
(4,1,1,0,0,0)	$C_6^4 \times C_2^1 \times C_1^1 = 30$	4 个一点，1 个二点，1 个三点，可出现 30 次
(1,1,1,1,1,1)	$C_6^1 \times C_5^1 \times C_4^1 \times C_3^1 \times C_2^1 \times C_1^1 = 720$	每个点数都只有 1 个，可出现 720 次

如果 N 是骰子数，t 是分布的状态数目，则分布状态数目 t 就是 N 和指定分布的函数。预计每一个单独的排列在任何掷骰子中的可能性都是相同的（等概率假定）。则分布（1，1，1，1，1，1）出现的可能性是分布（0，0，0，0，0，6）的 720 倍。

掷骰子这个来自普通经验的例证，说明系统倾向于从低状态数的分布转变为分布状态数大的状态，即从概率很小的状态变为概率很大的状态。

玻尔兹曼（Boltzmann，奥地利，1844—1906）将此与自然发生的自发变化联系起来，认为所有自发过程都朝着导致更多状态数分布的方向发展。这是化学中的一个重要概念，因为它将概率与变化联系在一起。分子之间的碰撞和相互作用所导致的变化，就相当于连续掷骰子，一组分子以任何一种分布存在的时间仅为一瞬。因此，系统随时间波动，从一个瞬时分布改变到另一个瞬时分布。然而，对于大量的分子集合，总有一种分布倾向于占主导地位。对于一组 N 个骰子，就是每个骰子都取不同点数的分布，也就是分布数目最大值的分布，即前面所说的最概然分布。正因为状态数越大，说明出现概率越大，所以我们将分子系统内所有分布对应微观状态数目的加和 Ω 称为热力学概率。

熵是与系统处于最大概率状态的这种趋势有关的热力学量。因此，由大量粒子所构成的孤立系统，总是自发地向热力学概率增大的方向进行，平衡态相当于出现热力学概率最大的状态。按照等概率假定，系统中任一微观状态出现的概率都是相同的。显然，宏观状态热力学概率增大的方向就是该宏观状态所对应的微观状态数（Ω）增加的方向，最大的微观状态数对应着平衡状态。既然自发过程伴随着熵的增加，也伴随着微观状态数的增加，同时 S 和 Ω 又都是 N，U，V 的函数，那么二者之间必有一定的联系。在数学上，我们可以把这种联系用函数关系表示为：$S = f(\Omega)$。

为了确定这一函数的解析形式，设该孤立系统由两个子系统组成，其熵和微观状态数分别为 S_1，Ω_1 和 S_2，Ω_2。此时 $S_1 = f(\Omega_1)$，$S_2 = f(\Omega_2)$。

由于熵是广度性质，具有加和性，则系统的总熵等于子系统的熵之和：$S=S_1+S_2$。根据微观状态的定义，Ω_1 中的任一个微观状态都可以与 Ω_2 中的微观状态结合而构成 Ω 种新的微观状态，因此整个系统的微观状态数应等于各子系统微观状态数的乘积：$\Omega=\Omega_1\cdot\Omega_2$

于是 $$S=f(\Omega)=f(\Omega_1\cdot\Omega_2)=f(\Omega_1)+f(\Omega_2)$$

唯一能够满足上述关系的是对数函数，即 $S\propto\ln\Omega$

写成等式形式为 $$S=k\ln\Omega \tag{2-12}$$

式(2-12) 就是著名的玻尔兹曼公式。玻耳兹曼常数 k 是基本物理常数，数值为 $1.3806\times10^{-23}\,\mathrm{J\cdot K^{-1}}$。既然 $\ln\Omega$ 无量纲，熵的单位就是单位温度的能量。可以理解，系统处于最大概率状态的趋势与能量和温度都有关。

玻尔兹曼常数与摩尔气体常数的关系为

$$k=R/L=1.3806\times10^{-23}\,\mathrm{J\cdot K^{-1}}$$

其中 L 是阿伏伽德罗常数。

值得注意的是，这里并没有基于“随机性”“无序性”或“混乱度”来定义熵。虽然在大多数化学系统中，最大概率状态与最大“无序”状态直接相关。但从严格意义上来说，熵是始终与概率相关联的。

玻尔兹曼公式是统计力学的一个基本公式。由于熵 S 是宏观量，Ω 是微观量，因此这个公式成为联系宏观与微观性质的重要桥梁。这个公式使热力学和统计热力学联系了起来，奠定了统计热力学的基础。从玻尔兹曼公式可知，系统的熵值随着微观状态数的增加而增大。所以熵是系统微观状态数的量度，这就是熵的统计意义。

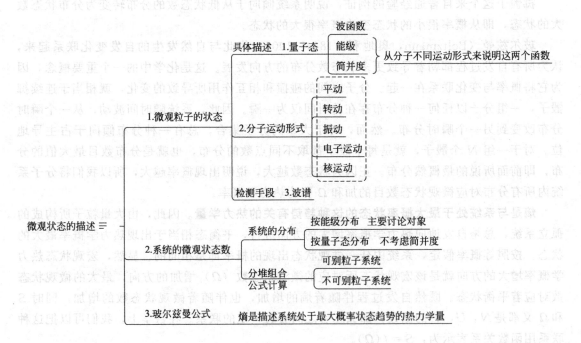

本章提示

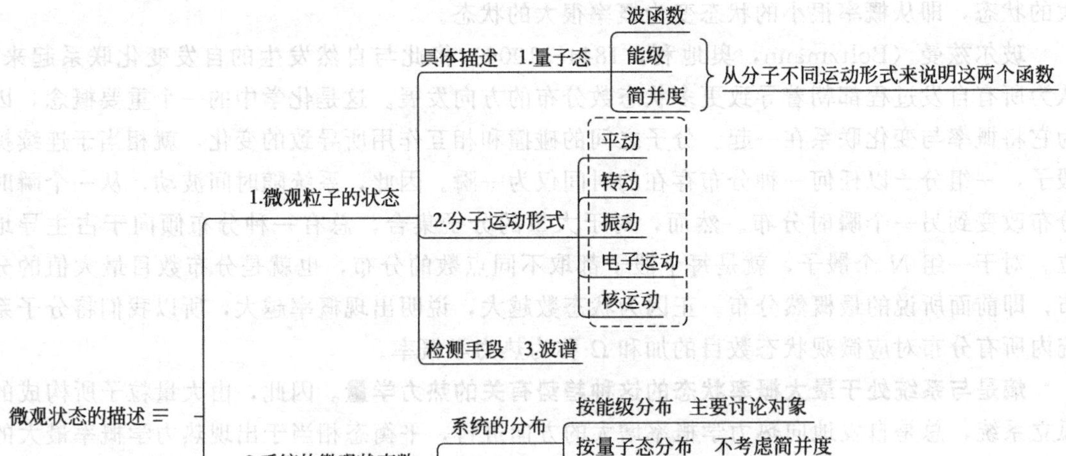

第3章 最概然分布

根据玻尔兹曼公式，只要求得系统的总微观状态数 Ω，即可计算系统的熵 S。而 U、N、V 确定的独立可别粒子系统，其总微观状态数等于系统的各分布类型的微观状态数之和。前面所列举的三粒子系统，计算其微观状态数 Ω 并不困难。但对实际热力学系统，粒子数在 10^{24} 左右，考虑系统的能级分布类型，其数目就已经是天文数字，且无法精确求出。所以求算系统的总微观状态数是完全不可能的。那么如何解决这个问题呢？

3.1 最概然分布概述

由等概率假定，系统的每一种微观状态出现的概率都相等，均为 $1/\Omega$。而其中某一能级分布类型 D 对应的微观状态数为 t_D，所以该能级分布类型出现的概率应为 $P_D = t_D/\Omega$。前面提到的三粒子系统，在满足粒子数和能量守恒的两个前提下，有 D_1、D_2、D_3 三种能级分布类型。而其中 D_3 分布所拥有的微观状态数最多，出现的概率最大（见例 2.3）。

与此类似，在大量粒子组成的宏观系统中，虽然能级分布类型很多，但必有一种分布类型对应的微观状态数最多，出现的概率最大。这种分布类型就称为最概然分布，又称为最可几分布，其微观状态数用 t_m 表示。

而微观状态总数目，即热力学概率是对所有分布的求和：$\Omega = \sum_D t_D$。

在一个确定的宏观状态下，对应着不同的能级分布方式 D。玻尔兹曼认为，由于最概然分布所提供的微观状态数 t_m 最多，因此可忽略其他项的贡献，用 $\ln t_m$ 近似代表 $\ln\Omega$。这样就有 $S = k\ln\Omega = k\ln t_m$。那么最概然分布的 t_m 如何确定呢？

假设最概然分布的能级分布数为 N_0^*，N_1^*，N_2^*，…，N_i^*，…，N_k^*，则根据式(2-8)，独立可别粒子系统最概然分布的微观状态数：

$$t_m = N!\prod_{i=0}^{k}\frac{g_i^{N_i^*}}{N_i^*!} \tag{3-1}$$

可见，独立可别粒子系统的最概然分布微观状态数 t_m 是 g_i 和 N_i^* 的函数，要求出最概然分布，就是要求出这个极大值 t_m 对应的变量 N_0^*，N_1^*，N_2^*，…，N_i^*，…，N_k^*。在数学上就是在满足粒子数守恒 $\sum N_i = N$ 和能量守恒 $\sum N_i\varepsilon_i = U$ 的条件下，求极大值 t_m，即求解条件极值。我们需要使用拉格朗日待定因子法（Lagrange's method of undetermined multipliers)。

3.1.1 拉格朗日待定因子法

设有一函数 $F=F(x_1, x_2, \cdots, x_n)$，$x_1, x_2, \cdots, x_n$ 是独立变量。如果这一函数有极值，则

$$dF=\frac{\partial F}{\partial x_1}dx_1+\frac{\partial F}{\partial x_2}dx_2+\cdots+\frac{\partial F}{\partial x_i}dx_i+\cdots+\frac{\partial F}{\partial x_n}dx_n=0 \tag{3-2}$$

由于 x_i 是独立变量，所以 $dx_i\neq 0$，则 F 为极值的条件是

$$\frac{\partial F}{\partial x_1}=0,\ \frac{\partial F}{\partial x_2}=0,\ \cdots,\ \frac{\partial F}{\partial x_i}=0,\ \cdots,\ \frac{\partial F}{\partial x_n}=0 \tag{3-3}$$

根据这 n 个方程可以解出，当变量 x 依次取值 x_1^*，x_2^*，…，x_i^*，…，x_n^* 时，函数 F 有极值。

但如果 n 个变量 x_i 之间不是独立的，由关系式联系。则有一个关系式(方程)，独立变量就减少一个。假定存在两个条件方程限制：

$$\varphi_1=\varphi_1(x_1, x_2, \cdots, x_n)=0$$

$$\varphi_2=\varphi_2(x_1, x_2, \cdots, x_n)=0$$

则 n 个变量 x_i 中只有 $(n-2)$ 个变量是独立的。此时就不能直接根据式(3-3)来求函数 F 的极值。

求限制条件下的极值，一种简便方法就是拉格朗日待定因子法。若有 n 个限制条件，就引入 n 个待定因子。

在有两个限制条件时，引入两个待定因子 α 和 β，分别乘以两个限制条件方程，然后再与原方程线性组合，得到一个新函数 Z。

$$\begin{aligned}Z&=Z(x_1, x_2, \cdots, x_n)=F+\alpha\varphi_1+\beta\varphi_2\\&=F(x_1, x_2, \cdots, x_n)+\alpha\varphi_1(x_1, x_2, \cdots, x_n)+\beta\varphi_2(x_1, x_2, \cdots, x_n)\end{aligned}$$

新函数 Z 的微分为

$$dZ=d(F+\alpha\varphi_1+\beta\varphi_2)=dF+\alpha d\varphi_1+\beta d\varphi_2 \tag{3-4}$$

因为 $\varphi_1=0$，$\varphi_2=0$，所以 $dF=0$ 对应 $dZ=0$。求条件 $\varphi_1=0$，$\varphi_2=0$ 下 F 的极值就转化为求新函数 Z 的极值。

如果有一系列变量 x_1，x_2，…，x_n 能使新函数 Z 具有极值，则这一系列变量 x_i 既能满足限制条件，也必然是 F 的极值解集。式(3-4)可写为

$$\begin{aligned}dZ=&\left(\frac{\partial F}{\partial x_1}dx_1+\frac{\partial F}{\partial x_2}dx_2+\cdots+\frac{\partial F}{\partial x_n}dx_n\right)+\alpha\left(\frac{\partial \varphi_1}{\partial x_1}dx_1+\frac{\partial \varphi_1}{\partial x_2}dx_2+\cdots+\frac{\partial \varphi_1}{\partial x_n}dx_n\right)\\&+\beta\left(\frac{\partial \varphi_2}{\partial x_1}dx_1+\frac{\partial \varphi_2}{\partial x_2}dx_2+\cdots+\frac{\partial \varphi_2}{\partial x_n}dx_n\right)\\=&\left[\frac{\partial F}{\partial x_1}+\alpha\frac{\partial \varphi_1}{\partial x_1}+\beta\frac{\partial \varphi_2}{\partial x_1}\right]dx_1+\left[\frac{\partial F}{\partial x_2}+\alpha\frac{\partial \varphi_1}{\partial x_2}+\beta\frac{\partial \varphi_2}{\partial x_2}\right]dx_2\\&+\cdots+\left[\frac{\partial F}{\partial x_n}+\alpha\frac{\partial \varphi_1}{\partial x_n}+\beta\frac{\partial \varphi_2}{\partial x_n}\right]dx_n=0\end{aligned} \tag{3-5}$$

或写作

$$dZ=\sum_{i=1}^{n}\left(\frac{\partial Z}{\partial x_i}\right)dx_i=\sum_{i=1}^{n}\left(\frac{\partial F}{\partial x_i}+\alpha\frac{\partial \varphi_1}{\partial x_i}+\beta\frac{\partial \varphi_2}{\partial x_i}\right)dx_i=0$$

两个限制条件，在所有变量中就有两个不是独立变量，例如取 dx_1 和 dx_2，其余的 dx_3，dx_4…仍可独立变化，其微分不为零，则它们在式(3-5) 中的因子项应该为零。现在式(3-5) 中有两个待定因子，可以通过适当选择，使 dx_1 和 dx_2 的因子项也等于零。这样，就有 n 个如下形式的方程成立，下标 i 表示从 1 到 n。

$$\frac{\partial Z}{\partial x_i}=\frac{\partial F}{\partial x_i}+\alpha\frac{\partial \varphi_1}{\partial x_i}+\beta\frac{\partial \varphi_2}{\partial x_i}=0 \tag{3-6}$$

加上两个限制条件 $\varphi_1=0$，$\varphi_2=0$，就有 $(n+2)$ 个方程，联立可以解出 n 个变量 x_i 及两个待定因子 α 和 β 的具体数值。它们对应于 Z 的极值，也是满足限制条件下的 F 的极值。下面来举例说明。

例 3.1 在直角坐标系上，有一座高山，山的高度用下列函数表示：$h(\mathrm{m})=2000\mathrm{e}^{-(x-2)^2}\mathrm{e}^{-y^2}$。

(1) 求此山的最高点是多少米？

(2) 若有条小路，方程为 $y+x-4=0$。问沿这条小路上山，能达到的最高点是多少米？

解：对于较大的函数，求解极值之前通常要先对其取对数。因为 $\ln h$ 是单调函数，所以 $\ln h$ 与 h 的极值条件一致，令：$F=\ln h=\ln 2000-(x-2)^2-y^2$

(1) 无限制条件时，$F(x, y)$ 有极值，即 $\mathrm{d}F=(\partial F/\partial x)_y\mathrm{d}x+(\partial F/\partial y)_x\mathrm{d}y=0$

则：$(\partial F/\partial x)_y=-2(x-2)=0$，$(\partial F/\partial y)_x=-2y=0$

所以，当 $x=2$，$y=0$ 时 $F(x, y)$ 有极值，则对应的此山高度 h 的极大值为：

$h=2000\mathrm{e}^{-(x-2)^2}\mathrm{e}^{-y^2}=2000(\mathrm{m})$

(2) 有限制条件时，$y+x-4=0$，x 与 y 中只能有一个独立变量。令 $\varphi(x, y)=y+x-4=0$，引入一个待定因子 α，组成新函数：$Z=F+\alpha\varphi=\ln 2000-(x-2)^2-y^2+\alpha(y+x-4)$

求极值的条件：$\mathrm{d}Z=[(\partial F/\partial x)_y+\alpha(\partial\varphi/\partial x)_y]\mathrm{d}x+[(\partial F/\partial y)_x+\alpha(\partial\varphi/\partial y)_x]\mathrm{d}y=0$

$$\text{则有：}\begin{cases}(\partial F/\partial x)_y+\alpha(\partial\varphi/\partial x)_y=0\\(\partial F/\partial y)_x+\alpha(\partial\varphi/\partial y)_x=0\\\varphi(x, y)=y+x-4=0\end{cases}\Rightarrow\begin{cases}-2(x-2)+\alpha=0\\-2y+\alpha=0\\y+x-4=0\end{cases}\Rightarrow\begin{cases}x=(\alpha/2)+2\\y=\alpha/2\\\alpha/2+\alpha/2-2=0\end{cases}$$

最终解得：$\alpha=2$，$x=3$，$y=1$

代入求得条件极值为：$h=2000\mathrm{e}^{-(x-2)^2}\mathrm{e}^{-y^2}=2000\times\mathrm{e}^{-1}\times\mathrm{e}^{-1}=2000\times 0.1354=270.8(\mathrm{m})$

3.1.2 求解最概然分布的能级分布数

最概然分布是微观状态数具有最大值的分布。对 N、U、V 确定的独立可别粒子系统，求最概然分布的能级分布数实际上就是在满足 $\sum N_i=N$ 和 $\sum N_i\varepsilon_i=U$ 的条件下，求微观状态数 $t=N!\prod\limits_{i=0}^{k}\frac{g_i^{N_i}}{N_i!}$ 具有极大值时的一套粒子分布数 N_0^*，N_1^*，N_2^*，…，N_i^*，…，N_k^*。对于大量粒子（N 很大）组成的宏观系统而言，最概然分布的微观状态数的数量级非常大。为了数学运算方便，将 t 取对数：

$$\ln t = \ln N! + \sum_{i=0}^{k} N_i \ln g_i - \sum_{i=0}^{k} \ln N_i!$$

因为 N 很大，使用 Stirling 公式［式(1-11)］：$\ln N! = N\ln N - N$

进行近似，有：$\ln t = N\ln N - N + \sum_{i=0}^{k} N_i \ln g_i - \sum_{i=0}^{k}(N_i \ln N_i - N_i)$

$$= N\ln N - N + \sum_{i=0}^{k} N_i \ln g_i - \sum_{i=0}^{k} N_i \ln N_i + \sum_{i=0}^{k} N_i$$

因为粒子数守恒：$\sum_{i=0}^{k} N_i = N$

$$\ln t = N\ln N + \sum_{i=0}^{k} N_i \ln g_i - \sum_{i=0}^{k} N_i \ln N_i \tag{3-7}$$

因为 $\ln t$ 是 t 的单调函数，所以当 t 为极大值时，$\ln t$ 也取极大值。显然 $\ln t$ 是能级分布数 N_i 的函数。

粒子数守恒和能量守恒条件变形为函数：

$$\varphi_1 = \sum_{i=0}^{k} N_i - N = 0 \tag{3-8}$$

$$\varphi_2 = \sum_{i=0}^{k} N_i \varepsilon_i - U = 0 \tag{3-9}$$

可见 φ_1 和 φ_2 函数也是能级分布数 N_i 的函数。

所以求最概然分布的能级分布数，在数学上就归结为在限制条件式(3-8) 和式(3-9) 下，如何取 N_i 才能使式(3-7) 中的 $\ln t$ 具有极大的条件极值，可用拉格朗日待定因子法求解。

为此，引入待定因子 α 和 β 分别乘以条件方程，然后再与式(3-8) 线性组合成一个新函数：

$$Z = \ln t + \alpha\varphi_1 + \beta\varphi_2 \tag{3-10}$$

当 $dZ = d\ln t + \alpha d\varphi_1 + \beta d\varphi_2 = 0$ 时，式(3-10) 中的 $\ln t$ 应有极大值。

$$dZ = \left(\frac{\partial \ln t}{\partial N_0}dN_0 + \frac{\partial \ln t}{\partial N_1}dN_1 + \cdots + \frac{\partial \ln t}{\partial N_k}dN_k\right) + \alpha\left(\frac{\partial \varphi_1}{\partial N_0}dN_0 + \frac{\partial \varphi_1}{\partial N_1}dN_1 + \cdots + \frac{\partial \varphi_1}{\partial N_k}dN_k\right)$$

$$+ \beta\left(\frac{\partial \varphi_2}{\partial N_0}dN_0 + \frac{\partial \varphi_2}{\partial N_1}dN_1 + \cdots + \frac{\partial \varphi_2}{\partial N_k}dN_k\right)$$

$$= \left[\frac{\partial \ln t}{\partial N_0} + \alpha\frac{\partial \varphi_1}{\partial N_0} + \beta\frac{\partial \varphi_2}{\partial N_0}\right]dN_0 + \left[\frac{\partial \ln t}{\partial N_1} + \alpha\frac{\partial \varphi_1}{\partial N_1} + \beta\frac{\partial \varphi_2}{\partial N_1}\right]dN_1 + \cdots +$$

$$\left[\frac{\partial \ln t}{\partial N_k} + \alpha\frac{\partial \varphi_1}{\partial N_k} + \beta\frac{\partial \varphi_2}{\partial N_k}\right]dN_k = 0$$

或写作：$dZ = \sum_{i=0}^{k}\left(\frac{\partial Z}{\partial N_i}\right)dN_i = \sum_{i=0}^{k}\left[\frac{\partial \ln t}{\partial N_i} + \alpha\frac{\partial \varphi_1}{\partial N_i} + \beta\frac{\partial \varphi_2}{\partial N_i}\right]dN_i = 0$

在 k 个变量 N_i 中，只有 $(k-2)$ 个是独立变量，其相应的 $dN_i \neq 0$，上式 dN_i 的因子项就为零。剩下的两个非独立变量，通过对系数 α、β 取合适数值，可使上式中因子项为 0。所以一共有 k 个如下形式的方程成立，下标 i 表示从 0 到 k。

$$\frac{\partial Z}{\partial N_i} = \frac{\partial \ln t}{\partial N_i} + \alpha\frac{\partial \varphi_1}{\partial N_i} + \beta\frac{\partial \varphi_2}{\partial N_i} = 0 \tag{3-11}$$

根据式（3-11），需要求解 $\ln t$、φ_1 和 φ_2 函数对 N_i 的导数形式。值得注意的是，在对 N_i 求偏微分时，其他所有变量都保持不变。

3.1.2.1 求解 $\ln t$ 对 N_i 的微分

展开式(3-7)

$$\ln t = N\ln N + (N_0\ln g_0 + N_1\ln g_1 + \cdots + N_i\ln g_i + \cdots N_k\ln g_k)$$
$$-(N_0\ln N_0 + N_1\ln N_1 + \cdots + N_i\ln N_i + \cdots + N_k\ln N_k)$$

$$\frac{\partial \ln t}{\partial N_i} = \frac{\partial(N_i\ln g_i - N_i\ln N_i)}{\partial N_i} = \ln g_i - \ln N_i - \frac{N_i}{N_i} = \ln\frac{g_i}{N_i} - 1$$

3.1.2.2 求解 φ_1 对 N_i 的微分

展开式(3-8)

$$\varphi_1 = \sum_{i=0}^{k} N_i - N = (N_0 + N_1 + \cdots + N_i + \cdots + N_k) - N$$

$$\frac{\partial\varphi_1}{\partial N_i} = \frac{\partial(N_i)}{\partial N_i} = 1$$

3.1.2.3 求解 φ_2 对 N_i 的微分

展开式(3-9)

$$\varphi_2 = \sum_{i=0}^{k} N_i\varepsilon_i - U = (N_0\varepsilon_0 + N_1\varepsilon_1 + \cdots + N_i\varepsilon_i + \cdots + N_k\varepsilon_k) - U$$

$$\frac{\partial\varphi_2}{\partial N_i} = \frac{\partial(N_i\varepsilon_i)}{\partial N_i} = \varepsilon_i$$

将上述结果代入式(3-11)，得

$$\ln\frac{g_i}{N_i^*} - 1 + \alpha + \beta\varepsilon_i = 0\ (i=0,\ 1,\ 2,\ \cdots,\ k)$$

令 $\alpha' = \alpha - 1$，显然 α' 也对应一个数值因子项，为简便起见，在下文中仍然用 α 表示。则 $\ln\dfrac{g_i}{N_i^*} + \alpha + \beta\varepsilon_i = 0$ （$i=0,\ 1,\ 2,\ \cdots,\ k$），或进行移项变形：

$$\ln\frac{g_i}{N_i^*} = -(\alpha + \beta\varepsilon_i)$$

然后两边取指数，最后整理得到：

$$N_i^* = g_i\exp(\alpha + \beta\varepsilon_i)\ (i=0,\ 1,\ 2,\ \cdots,\ k) \tag{3-12}$$

严格地说，由上述变量代入能级对应微观状态数公式，计算所得 t_m 是极大值还是极小值，还应该进一步证明。数学上，若在极值点上，$\left(\dfrac{\partial^2\ln t}{\partial N_i^2}\right) > 0$，则所求为极小值，否则就为极大值。

因为 $\dfrac{\partial\ln t}{\partial N_i} = \ln\dfrac{g_i}{N_i} - 1$，则 $\left(\dfrac{\partial^2\ln t}{\partial N_i^2}\right) = \left[\dfrac{\partial}{\partial N_i}\left(\ln\dfrac{g_i}{N_i} - 1\right)\right] = -\dfrac{1}{N_i} < 0$

ε_i 能级上的粒子数 N_i 一定为正值，二阶偏导小于零，说明求得的确实对应微观状态数最大的最概然分布。

显然，还要解出待定因子 α 和 β 的具体数值，才能求出最概然分布时能级 ε_i 上的粒子数目 N_i^* 的具体形式。

3.1.3 求待定因子

3.1.3.1 求解 α

根据粒子数守恒，系统处于最概然分布也要满足 $\sum_{i=0}^{k} N_i^* = N$。

将式(3-12) 代入得 $N = \sum_{i=0}^{k} N_i^* = \sum_{i=0}^{k} g_i e^{\alpha+\beta\varepsilon_i} = e^{\alpha} \sum_{i=0}^{k} g_i e^{\beta\varepsilon_i}$，总粒子数 N 已知，则

$$e^{\alpha} = \frac{N}{\sum_{i=0}^{k} g_i e^{\beta\varepsilon_i}} \tag{3-13}$$

$$\alpha = \ln N - \ln \sum_{i=0}^{k} g_i e^{\beta\varepsilon_i} \tag{3-14}$$

将式(3-13) 代入式(3-12)，则有

$$N_i^* = N \frac{g_i e^{\beta\varepsilon_i}}{\sum_{i=0}^{k} g_i e^{\beta\varepsilon_i}} \tag{3-15}$$

3.1.3.2 求解 β

再求解另一个待定因子 β。

因为

$$S = k\ln\Omega = k\ln t_{\mathrm{m}}, \quad \text{而 } t_{\mathrm{m}} = N! \prod_{i=0}^{k} \frac{g_i^{N_i^*}}{N_i^*!}, \quad \ln t_{\mathrm{m}} = N\ln N + \sum_{i=0}^{k} N_i^* \ln g_i - \sum_{i=0}^{k} N_i^* \ln N_i^*$$

所以 $S = k\left(N\ln N + \sum_{i=0}^{k} N_i^* \ln g_i - \sum_{i=0}^{k} N_i^* \ln N_i^*\right)$

代入式(3-12)，得

$$S = k\left\{N\ln N + \sum_{i=0}^{k} N_i^* \ln g_i - \sum_{i=0}^{k} N_i^* [\ln g_i + (\alpha + \beta\varepsilon_i)]\right\}$$

$$= k\left(N\ln N + \sum_{i=0}^{k} N_i^* \ln g_i - \sum_{i=0}^{k} N_i^* \ln g_i - \alpha \sum_{i=0}^{k} N_i^* - \beta \sum_{i=0}^{k} N_i^* \varepsilon_i\right)$$

而 $\sum_{i=0}^{k} N_i^* = N$，$\sum_{i=0}^{k} N_i^* \varepsilon_i = U$，则有

$$S = k(N\ln N - \alpha N - \beta U)$$

代入式(3-14)，得

$$S = k\left[N\ln N - N(\ln N - \ln \sum_{i=0}^{k} g_i e^{\beta\varepsilon_i}) - \beta U\right] = k\left(N\ln \sum_{i=0}^{k} g_i e^{\beta\varepsilon_i} - \beta U\right)$$

$$S = Nk\ln \sum_{i=0}^{k} g_i e^{\beta\varepsilon_i} - k\beta U \tag{3-16}$$

式(3-16) 说明 S 是（N，U，β）的函数。又因对于 N，U，V 确定的独立可别粒子系统，其宏观状态确定，熵为定值，所以 S 是（N，U，V）的函数。综上，得出 β 是（U，V）的函数。要求解 β 就只能通过 S 来寻找思路。

因为对于单组分封闭系统，非体积功为零时的热力学基本公式为 $dU = TdS - pdV$，所

以有：

$$\left(\frac{\partial S}{\partial U}\right)_{V,\ N}=\frac{1}{T} \tag{3-17}$$

若独立可别粒子系统的粒子数 N 一定，由于变量 U 和 β 变化均会导致 S 发生变化：

$$\mathrm{d}S=\left(\frac{\partial S}{\partial U}\right)_{\beta,\ N}\mathrm{d}U+\left(\frac{\partial S}{\partial \beta}\right)_{U,\ N}\mathrm{d}\beta$$

又因 β 是 $(U,\ V)$ 的函数，在等容时，上式可以继续对热力学能 U 求导：

$$\left(\frac{\partial S}{\partial U}\right)_{V,\ N}=\left(\frac{\partial S}{\partial U}\right)_{\beta,\ N}+\left(\frac{\partial S}{\partial \beta}\right)_{U,\ N}\left(\frac{\partial \beta}{\partial U}\right)_{V,\ N}$$

根据式(3-16)，$\left(\frac{\partial S}{\partial U}\right)_{\beta,\ N}=\left[\frac{\partial}{\partial U}\left(kN\ln\sum_{i=0}^{k}g_i\mathrm{e}^{\beta\varepsilon_i}-k\beta U\right)\right]_{\beta,\ N}=-k\beta$，

$$\left(\frac{\partial S}{\partial \beta}\right)_{U,\ N}=\left[\frac{\partial}{\partial \beta}\left(kN\ln\sum_{i=0}^{k}g_i\mathrm{e}^{\beta\varepsilon_i}-k\beta U\right)\right]_{U,\ N}=k\left[\frac{\partial}{\partial \beta}\left(N\ln\sum_{i=0}^{k}g_i\mathrm{e}^{\beta\varepsilon_i}\right)-U\right]_{U,\ N}$$

$$\left(\frac{\partial S}{\partial U}\right)_{V,\ N}=-k\beta+k\left[\frac{\partial}{\partial \beta}\left(N\ln\sum_{i=0}^{k}g_i\mathrm{e}^{\beta\varepsilon_i}\right)-U\right]_{U,\ N}\left(\frac{\partial \beta}{\partial U}\right)_{V,\ N} \tag{3-18}$$

现在求解式(3-18) 中的 $\left[\frac{\partial}{\partial \beta}\left(N\ln\sum_{i=0}^{k}g_i\mathrm{e}^{\beta\varepsilon_i}\right)\right]_{U,\ N}$，这涉及数学中的隐函数求导：

$$\left[\frac{\partial}{\partial \beta}\left(N\ln\sum_{i=0}^{k}g_i\mathrm{e}^{\beta\varepsilon_i}\right)\right]_{U,\ N}=\frac{N}{\sum_{i=0}^{k}g_i\mathrm{e}^{\beta\varepsilon_i}}\left[\frac{\partial}{\partial \beta}\left(\sum_{i=0}^{k}g_i\mathrm{e}^{\beta\varepsilon_i}\right)\right]_{U,\ N}=\frac{N}{\sum_{i=0}^{k}g_i\mathrm{e}^{\beta\varepsilon_i}}\sum_{i=0}^{k}g_i\varepsilon_i\mathrm{e}^{\beta\varepsilon_i}$$

代入式(3-13)

$$\left[\frac{\partial}{\partial \beta}\left(N\ln\sum_{i=0}^{k}g_i\mathrm{e}^{\beta\varepsilon_i}\right)\right]_{U,\ N}=\mathrm{e}^{\alpha}\sum_{i=0}^{k}g_i\varepsilon_i\mathrm{e}^{\beta\varepsilon_i}=\sum_{i=0}^{k}\varepsilon_i g_i\mathrm{e}^{\alpha+\beta\varepsilon_i}$$

代入式(3-12)

$$\left[\frac{\partial}{\partial \beta}\left(N\ln\sum_{i=0}^{k}g_i\mathrm{e}^{\beta\varepsilon_i}\right)\right]_{U,\ N}=\sum_{i=0}^{k}\varepsilon_i N_i^*=U$$

将结果代入式(3-18)，得

$$\left(\frac{\partial S}{\partial U}\right)_{V,\ N}=-k\beta$$

和式(3-17) 联立，即得

$$\beta=-\frac{1}{kT}$$

代入式(3-16)，得

$$S_{\text{可别}}=Nk\ln\sum_{i=0}^{k}g_i\exp[-\varepsilon_i/(kT)]+\frac{U}{T} \tag{3-19}$$

因为 $A=U-TS$，所以

$$A_{\text{可别}}=-NkT\ln\sum_{i=0}^{k}g_i\exp[-\varepsilon_i/(kT)] \tag{3-20}$$

3.1.4 可别粒子系统的最概然分布

将上面解出的 β 代入式(3-15) 即可得最终结果：对 U、V、N 确定的独立可别粒子系统，处于最概然分布时在能级 i 上的粒子分布数 N_i^* 为：

$$(N_i^*)_{可别} = N \frac{g_i \exp[-\varepsilon_i/(kT)]}{\sum_{i=0}^{k} g_i \exp[-\varepsilon_i/(kT)]} \tag{3-21}$$

式中，T 是系统的温度，ε_i、g_i 是粒子运动所处能级 i 的能量与简并度，$i=0$，1，2，3，…包括所有许可的能级。

3.1.5 不可别粒子系统的最概然分布

因为不可别粒子系统需要全同性校正，$(t_D)_{不可别} = \prod_i \frac{g_i^{N_i}}{N_i!}$。

取对数之后使用 Stirling 公式近似： $\ln t = \sum_{i=0}^{k} N_i \ln g_i - \sum_{i=0}^{k} N_i \ln N_i + N$。

利用拉格朗日待定因子法，在式(3-8) 和式(3-9) 的两个限制条件下，组合成一个新函数：$Z = \ln t + \alpha\varphi_1 + \beta\varphi_2$。

根据式(3-11)，$\frac{\partial Z}{\partial N_i} = \frac{\partial \ln t}{\partial N_i} + \alpha \frac{\partial \varphi_1}{\partial N_i} + \beta \frac{\partial \varphi_2}{\partial N_i} = 0$，求出 $\frac{\partial \ln t}{\partial N_i} = \frac{\partial(N_i \ln g_i - N_i \ln N_i)}{\partial N_i} = \ln g_i - \ln N_i - \frac{N_i}{N_i} = \ln \frac{g_i}{N_i} - 1$。

这个结果和可别粒子系统完全一致。所以

$$N_i^* = N \frac{g_i \exp[-\varepsilon_i/(kT)]}{\sum_{i=0}^{k} g_i \exp[-\varepsilon_i/(kT)]} \tag{3-22}$$

说明粒子是否可别不会影响最概然分布时能级上的粒子数目，该式就称为玻尔兹曼分布公式。

显然粒子是否可别会影响粒子的空间排列次序，进一步影响到如熵和自由能等与微观状态数有关的热力学量。

则 $S = k\ln\Omega = k\ln t_{\mathrm{m}} = k\left(\sum_{i=0}^{k} N_i^* \ln g_i - \sum_{i=0}^{k} N_i^* \ln N_i^* + N\right)$

$$= k\left\{\sum_{i=0}^{k} N_i^* \ln g_i - \sum_{i=0}^{k} N_i^* [\ln g_i + (\alpha + \beta\varepsilon_i)] + N\right\}$$

$$= k\left(\sum_{i=0}^{k} N_i^* \ln g_i - \sum_{i=0}^{k} N_i^* \ln g_i - \alpha\sum_{i=0}^{k} N_i^* - \beta\sum_{i=0}^{k} N_i^* \varepsilon_i + N\right)$$

代入 $\sum_{i=0}^{k} N_i^* = N$，$\sum_{i=0}^{k} N_i^* \varepsilon_i = U$，则有

$$S = k[N - \alpha N - \beta U]$$

代入式(3-14)

$$S = k[N - N(\ln N - \ln\sum_{i=0}^{k} g_i e^{\beta\varepsilon_i}) - \beta U] = k\left(-\ln N! + N\ln\sum_{i=0}^{k} g_i e^{\beta\varepsilon_i} - \beta U\right)$$

所以有

$$S_{不可别} = k\ln\frac{\left(\sum_{i=0}^{k} g_i e^{\beta\varepsilon_i}\right)^N}{N!} - k\beta U \tag{3-23}$$

将 $\beta=-\frac{1}{kT}$ 代入式（3-23），得

$$S_{不可别}=k\ln\frac{\left\{\sum_{i=0}^{k}g_i\exp[-\varepsilon_i/(kT)]\right\}^N}{N!}+\frac{U}{T} \tag{3-24}$$

$$A_{不可别}=-kT\ln\frac{\left\{\sum_{i=0}^{k}g_i\exp[-\varepsilon_i/(kT)]\right\}^N}{N!} \tag{3-25}$$

3.2 平衡分布

热力学系统达到平衡后，组成系统的 N 个粒子在粒子许可能级上的分布称为平衡分布。玻尔兹曼认为，在含有 N 个大量粒子的系统中，最概然分布就能代表系统平衡时的一切可能分布。

对于粒子数较少的系统，最概然分布并没有特殊的重要性。例如在前面提到的三粒子系统，D_3 分布出现的可能性最大，D_1、D_2 分布出现的概率也并不小。但是对于 N 个大量粒子所构成的系统，其最概然分布能够代表系统的一切可能分布，这是 N 个大量粒子所构成系统的一条统计规律，可被严格证明。

设某系统含 $N=10^{24}$ 个独立可别粒子，这些粒子分布在同一能级的两个简并量子态 A、B 上，可能出现的各种分布如下：

A(0) B(N)，A(1) B($N-1$)，…，A(M) B($N-M$)，…，A($N-1$) B(1)，A(N) B(0)

其中在 A 上分布的粒子数为 M，在 B 上分布的粒子数为（$N-M$）。由于每个量子态上能容纳的粒子数不限，所以 M 可以是从 0 到 N 之间的任一数值。此时系统共有（$N+1$）种分布类型。

3.2.1 计算每一种分布的热力学概率 t_D

利用组合公式［式(1-9)］，对于 A(M) B($N-M$)：

$$t_D(M,\ N-M)=\mathrm{C}_N^M=\frac{N!}{M!\ (N-M)!}$$

3.2.2 宏观状态的热力学概率应为各分布对应微观状态数之和

$$\Omega=\sum_{M=0}^{N}t_D(M,\ N-M)=\sum_{M=0}^{N}\frac{N!}{M!\ (N-M)!}=2^N=2^{10^{24}} \tag{3-26}$$

式(3-26) 的计算是利用二项式公式，$(x+y)^N=\sum_{M=0}^{N}\frac{N!}{M!\ (N-M)!}x^{N-M}y^M$，当 $x=y=1$ 时代入，即得 2^N，$t_D(M,\ N-M)$ 是相应的二项式因子。

3.2.3 最概然分布的最大热力学概率 t_m

如果视 A、B 为具有相同能量的两个能级，即 $\varepsilon_A=\varepsilon_B$，$g_A=g_B=1$。按照式(3-22) 计

算最概然分布：

$$N_i^* = N \frac{\exp[-\varepsilon/(kT)]}{\exp[-\varepsilon_i/(kT)] + \exp[-\varepsilon/(kT)]} = \frac{N}{2}$$

可得最概然分布为 A(N/2) B(N/2)，可以看出最概然分布就是均匀分布。最概然分布的热力学概率为

$$t_{\mathrm{m}} = \frac{N!}{(N/2)!\ (N/2)!}$$

借助 Stirling 公式［式(1-10)］：$N! = \sqrt{2\pi N}\left(\frac{N}{\mathrm{e}}\right)^N$

$$t_{\mathrm{m}} = \frac{\sqrt{2\pi N}\left(\frac{N}{\mathrm{e}}\right)^N}{\sqrt{2\pi\frac{N}{2}}\left(\frac{N}{2\mathrm{e}}\right)^{\frac{N}{2}}\sqrt{2\pi\frac{N}{2}}\left(\frac{N}{2\mathrm{e}}\right)^{\frac{N}{2}}} = \frac{\sqrt{2\pi N}\left(\frac{N}{\mathrm{e}}\right)^N}{\pi N\left(\frac{N}{2\mathrm{e}}\right)^N} = \sqrt{\frac{2}{\pi N}} \times 2^N \tag{3-27}$$

3.2.4 最概然分布的数学概率 P_{m}

$$P_{\mathrm{m}} = \frac{t_{\mathrm{m}}}{\Omega} = \sqrt{\frac{2}{\pi N}} \times 2^N/2^N = \sqrt{\frac{2}{\pi N}}$$

当 $N=10^{24}$ 时，$P_{\mathrm{m}} = \sqrt{\frac{2}{\pi N}} = \sqrt{\frac{2}{\pi \times 10^{24}}} \approx 8\times 10^{-13}$

由此可知在粒子数 $N=10^{24}$ 的系统中，最概然分布出现的概率虽然最大，但数值却极小，只有大约 8×10^{-13}。为什么说最概然分布能够代表平衡系统的一切可能分布呢？

3.2.5 考虑粒子数量的涨落

实际上 A 和 B 量子态上的粒子数量是涨落波动的，存在着不同分布。但是当粒子数量巨大时，例如粒子总数为 10^{24}，两个量子态的粒子数目相差几个，宏观上根本无法察觉。即使粒子数目相差达到 10^{12} 个，与巨大的粒子基数 10^{24} 相比，仍然较小。在此范围内的所有分布，与 A 和 B 量子态上各有 0.5×10^{24} 个粒子的最概然分布实质上仍是一回事。将这些分布加和起来计算概率，结果表明，A 和 B 量子态上粒子数目在 $0.5\times10^{24}\pm2\times10^{12}$ 范围内的所有分布，它们的概率之和实际上已经等于 1(>0.9999)。这说明最概然分布和那些在宏观上与最概然分布无法区别的邻近分布出现的总概率已接近 1。热力学系统微观状态虽然瞬息万变，但系统却在最概然分布所代表的那些分布中度过了几乎全部时间。到达平衡的热力学系统，宏观状态不随时间变化，微观上粒子的能级分布保持在最概然分布状态及其邻近的涨落中，且不随时间而显著变化。因此作为 U、N、V 恒定系统的最概然分布实际上就是系统的平衡分布。最概然分布能够代表一切可能的分布，正是针对粒子数量巨大的系统，从涨落的角度来考虑的。

3.2.6 以 $\ln t_{\mathrm{m}}$ 代替 $\ln\Omega$ 进行统计计算

尽管最概然分布的微观状态数 t_{m} 与系统的总微观状态数 Ω 相差甚大，但统计热力学中用于计算的不是 Ω，而是 $\ln\Omega$。例如，根据式(3-26) 和式(3-27)，可得

$$\frac{\ln t_{\mathrm{m}}}{\ln\Omega} = \frac{\ln\left(\sqrt{\frac{2}{\pi N}}\times 2^N\right)}{\ln(2^N)} = \frac{\frac{1}{2}(\ln2-\ln\pi-\ln N)+N\ln2}{N\ln2} = 1+\frac{\ln2-\ln\pi-\ln N}{2N\ln2}\approx 1$$

即 $$\ln t_m \approx \ln \Omega \tag{3-28}$$

显然，随粒子数（N）的增加，$\ln t_m$ 与 $\ln\Omega$ 趋于一致。所以对 $N \approx 10^{24}$ 的系统，用 $\ln t_m$ 代替 $\ln\Omega$ 进行有关统计运算并不会引起较大的误差。这种近似处理方法就称为“撷取最大项法”。

3.2.7 粒子总数 N 的具体范围

对于 N 个大量粒子所构成的系统，其最概然分布能够代表系统的一切可能分布。那么 N 具体应该达到多少，才能保证“撷取最大项法”一定成立呢？为了说明这个问题，我们以简单的二元金属合金为例。

合金晶体是一类常见的化学结构，一般形成合金的要求是金属原子的尺寸和化学性质基本接近。不锈钢、铝合金、黄铜、青铜、所有低于 24K 的金等，都是常见合金。

假设 A 原子与 B 原子以 1∶9 的比例形成合金，两种原子的晶格相互作用等同。为简便起见，假想一个简单三维模型，设二元合金晶格可以等同地分为上下两个部分。若二元合金有 100 个晶格，显然晶格上的每一个格点都可以彼此区分，其中分布有 10 个 A 原子、90 个 B 原子。则晶格上半部有 50 个格点，假设其中有 10 个 A 原子（彼此不可区分）和 40 个 B 原子（彼此不可区分），不难判断，此时的微观状态总数为 $t_{上} = \dfrac{(50)!}{(10)!\,(40)!} \approx 1.0 \times 10^{10}$。而下半部晶格全部被不可区分的 B 原子占据，其微观状态数一定为 1，$t_{下} = 1$。所以，对于 100 个晶格的含 A10％的二元合金，所有 10 个 A 原子全部出现在上半部晶格的微观状态数是上下两部分的乘积：$t = t_{上} \times t_{下} \approx 1.0 \times 10^{10}$。

如果晶格上下部分均出现 5 个 A 原子，则其微观状态数为：

$$t = \frac{50!}{5! \times 45!} \times \frac{50!}{5! \times 45!} \approx 4.5 \times 10^{12}$$

由前面计算结果，在 100 个晶格中，10 个 A 原子均匀分布的出现概率是 A 原子全部出现晶格上半部的 450 倍。相应微观状态数与二元合金中 A 原子在晶格上半部的占比有关。那么如果晶格数目增多，某状态对应的微观状态数与 A 原子在晶格上半部的占比之间会有什么关系呢？下面我们通过一个例题及相关运算来说明问题。

例 3.2 A 原子和 B 原子在它们的合金晶格中相互作用相同。已知 A-B 合金的总原子数为 N，A 原子数为 N_A，并占总原子数的 10％，B 原子数为 N_B。假设 A-B 合金晶格可以均匀分为上下两个原子总数相等的部分。已知系统的一个宏观状态 m 为 xN_A 个 A 原子位于晶格上半部，其中 x 为 A 原子在上半部的百分比，x 在 0～100％之间变化。对于一个任意 x 值的宏观状态，请计算其权重。计算结果请用 50％A 原子分布在上半部（对应于 x=50％）的权重进行归一化。假定上半部与下半部格点数恒相等。

解：对于第 m 个宏观状态，上半部所有原子总数 $=0.5N$

上半部 A 原子数目 $=xN_A=0.1xN$

上半部 B 原子数目 $=0.5N-0.1xN$

则上半部排布数目 $t_{上} = \dfrac{(0.5N)!}{(0.1xN)!\,(0.5N-0.1xN)!}$

下半部所有原子总数 $=0.5N$

下半部 A 原子数目 $=(1-x)N_A=(0.1N-0.1xN)$

下半部 B 原子数目 $=0.5N-(1-x)N_A=0.4N+0.1xN$

则下半部排布数目 $t_下=\dfrac{(0.5N)!}{(0.1N-0.1xN)!(0.4N+0.1xN)!}$

所以，第 m 个宏观状态的微观状态数为

$$t=\frac{(0.5N)!}{(0.1xN)!(0.5N-0.1xN)!}\times\frac{(0.5N)!}{(0.1N-0.1xN)!(0.4N+0.1xN)!}$$

而均匀分布，即最概然的宏观状态的微观状态数为

$$t_m=\frac{(0.5N)!}{(0.05N)!(0.45N)!}\times\frac{(0.5N)!}{(0.05N)!(0.45N)!}$$

以最概然分布的热力学概率为基础，对第 m 个宏观状态进行归一化处理：

$$\frac{t}{t_m}=\frac{(0.05N)!(0.45N)!(0.05N)!(0.45N)!}{(0.1xN)!(0.5N-0.1xN)!(0.1N-0.1xN)!(0.4N+0.1xN)!}$$

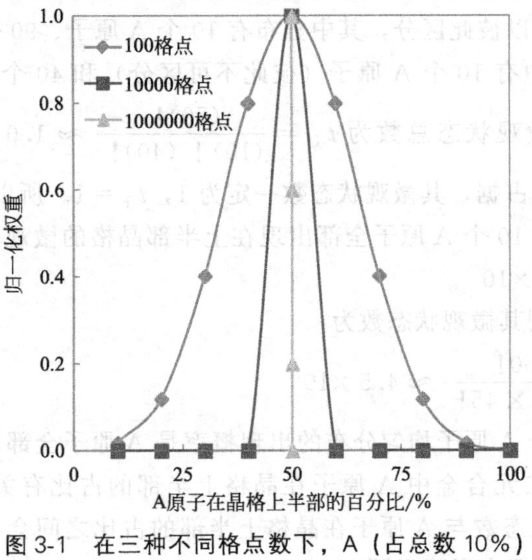

图 3-1　在三种不同格点数下，A（占总数 10%）和 B 合金的不同宏观状态归一化后的权重

对上式取对数，并使用 Stirling 公式近似处理，然后再进行指数计算，就可以得到简化的归一化权重。计算不同格点总数 N，不同 A 原子在上半部的百分比 $x\%$，使用 Excel 计算并作图，结果见图 3-1。

图 3-1 的横坐标为 $0.1N$ 个 A 原子分布在 N 个晶格上半部的百分比 $x\%$，纵坐标为经过归一化的 $0.1xN$ 个 A 原子位于晶格上半部的微观状态数，或者称为与 A 原子在晶格中的不同分布对应的某个宏观状态，相对于最概然分布的权重。

对于二元合金系统的每个宏观状态，用 A 原子在晶格上半部所占原子数的百分比表示。例如图中 100% 的点，表示所有 A 原子都在晶格上半部的宏观状态，50% 的点代表正好一半的 A 原子分布在上半部的晶格中。

由图 3-1 可见，当合金格点数即原子个数达到 10^6 个——远远小于典型的宏观系统——最概然宏观状态（左右均匀分布）就已经在所有可能的宏观状态中占据绝对主导地位。其权重分布可以相当好地近似为单一分布，一旦稍微偏离直线代表的平衡态，例如 0.5% 的偏离，相应的宏观状态的权重就变得基本可以忽略不计。而对于典型的宏观系统，其总原子数一般在 10^{24} 数量级。因此，任何宏观意义上对最概然宏观状态的偏离，都会导致归一化权重实际为零。所以说，最概然分布就是一个给定宏观系统的平衡态。最概然分布是系统中所有可能宏观状态中的一种，对于一个真正意义上的宏观系统，如果一个宏观状态稍稍偏离最概然分布，在统计意义上，其权重相对于最概然分布为零。在任意宏观时间内，系统只在最概然宏观状态附近做极小涨落，对于实际宏观系统，涨落幅度小到不具有宏观上的分辨度。如果系统受到外界扰动，极易回到最概然宏观状态。处于稳定状态的宏观系统，可以只用最概然分布进行描述。

通过以上分析可知，对平衡系统进行统计描述，并不需要确定所有可能的分布类型，计算所有分布类型的微观状态数并加和，只需找出最概然分布即可。

因为系统最概然分布完全代表了系统平衡时的粒子分布特征，可通过粒子的能级 ε_i 和系统处于最概然分布时该能级上的粒子数 N_i^*，确定系统的热力学能 $U=\sum N_i\varepsilon_i$；同时，用最概然分布的微观状态数的对数 $\ln t_{\mathrm{m}}$ 代替 $\ln\Omega$ 计算系统的熵 S，这样系统的其他宏观性质也随之确定。由此可见最概然分布的重要性，统计热力学中又被称之为玻尔兹曼分布定律。为了方便，下面在使用式(3-22) 时，N^* 的上标“*”不再使用。

本章提示

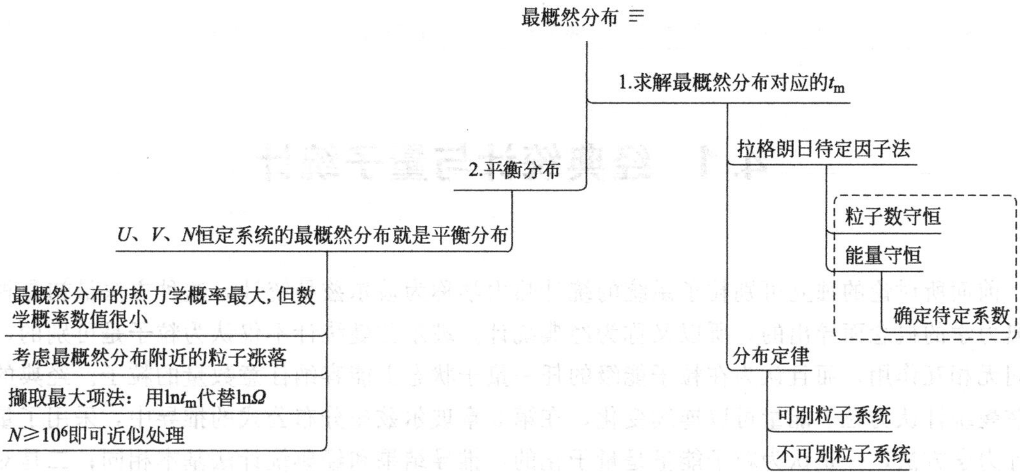

第 4 章

玻尔兹曼分布定律

4.1 经典统计与量子统计

前面所讨论的独立可别粒子系统的统计热力学称为玻尔兹曼统计，这种方法最初是根据经典力学的概念而导出的，所以又称为经典统计。玻尔兹曼统计不仅认为粒子是可别的，粒子间无相互作用，而且认为在粒子能级的任一量子状态上能容纳任意数量的粒子。经典的玻尔兹曼统计认为粒子能量可以连续变化，在第 3 章玻尔兹曼分布公式的推导中，采用了量子统计力学方法，一是认为粒子能量是量子化的，推导结果和经典统计法基本相同；二是对于不可别粒子系统，进行了全同性校正，结果符合大多数情况。所以在本章中讨论的都是经过修正的玻尔兹曼统计。

量子力学认为，粒子遵从全同性原理，互相不可区别，任一对粒子相互交换所处状态，不改变整个系统的微观状态。粒子的能量是量子化的，不能连续变化。

玻色子不受泡利（Pauli）不相容原理的限制，即每个量子态所能容纳的粒子数没有限制，如光子（$S=1$）和 π 介子（$S=0$）等自旋量子数为整数或零的基本粒子以及由偶数个基本粒子组成的原子或分子（例如 O^{16}、O_2）等。

而对于费米子，如电子、质子、中子、μ 介子和超子等自旋量子数为半奇数的基本粒子和由奇数个基本粒子组成的原子和分子（例如 NO），必须遵守泡利不相容原理，即一个量子态最多只能容纳一个粒子。

以粒子是不可区别的观点为基础的统计处理称为量子统计，由前一类粒子所组成的全同粒子系统服从玻色-爱因斯坦（Bose-Einstein）统计；而由后一类粒子所组成的全同粒子系统，则服从费米-狄拉克（Fermi-Dirac）统计。

4.1.1 Bose-Einstein 统计

这种统计法在粒子不可区别的基础上，认为每个量子态所能容纳的粒子数没有限制。设在 N，U，V 确定的条件下，对某一种能级分布 D $\{N_0, N_1, N_2, N_3, \cdots, N_i, \cdots, N_k\}$。由于 N 个粒子是不可区别的，按照这种分布将 N 个粒子分配到（$k+1$）个能级上的分配方式只有 1 种，所以只要考虑每个能级上的粒子在该能级的不同量子状态上的分配方式数。

以 ε_i 能级为例，将 N_i 个不可区别的粒子分配到该能级的 g_i 个不同的量子状态上，而且各量子态容纳的粒子数不受限制，这种情况相当于将 N_i 个相同的球分配到 g_i 个相连的房间中。考虑到 g_i 个房间有（g_i-1）个隔板，这种情况的分配方式数等于把 N_i 个相同的球和（g_i-1）个相同的隔板合在一起，共（N_i+g_i-1）个物体的排列数（N_i+g_i-1)!。又由于 N_i 个球以及（g_i-1）个隔板彼此等同，次序互调并不产生新的分配方式数，所以把 ε_i 能级上的 N_i 个粒子分配到 g_i 个简并度上的方式数为 $\dfrac{(N_i+g_i-1)!}{N_i!\ (g_i-1)!}$，这是粒子在一个能级（$\varepsilon_i$）上的微观状态数。显然，分布 D 的微观状态数应为

$$t_D=\prod_{i=0}^{k}\frac{(N_i+g_i-1)!}{N_i!\ (g_i-1)!} \tag{4-1}$$

与 Boltzmann 统计的处理方法相同，运用 Lagrange 待定因子法和 Stirling 公式，可以证明 Bose-Einstein 统计中的最概然分布公式为

$$N_i^*=\frac{g_i}{\exp(-\alpha-\beta\varepsilon_i)-1} \tag{4-2}$$

式(4-2) 称为 Bose-Einstein 分布定律或 B-E 分布公式。

4.1.2 Fermi-Dirac 统计

该统计法认为每个量子态最多只能容纳一个粒子。由于粒子能级高度简并，一般任一能级 ε_i 上的粒子数 N_i 小于该能级上的量子态数 g_i，即 $N_i<g_i$。粒子不可区别，量子态是可以区别的，将 ε_i 能级上的 N_i 个不可别粒子分配到 g_i 个不同量子态上，且每个量子态上只放一个粒子，相当于从 g_i 个盒子中取出 N_i 个，并在其中各放一个粒子，根据排列组合公式，排布方式数为 $\dfrac{g_i!}{N_i!\ (g_i-N_i)!}$。这是粒子在 ε_i 能级上所具有的微观状态数。因此分布 D 的微观状态数应为

$$t_D=\prod_{i=0}^{k}\frac{g_i!}{N_i!\ (g_i-N_i)!} \tag{4-3}$$

类似于前述处理方法，可证明 Fermi-Dirac 统计中的最概然分布公式为

$$N_i^*=\frac{g_i}{\exp(-\alpha-\beta\varepsilon_i)+1} \tag{4-4}$$

式(4-4) 称为 Fermi-Dirac 分布定律或 F-D 分布公式。

4.1.3 三种统计的关系

4.1.3.1 三种统计的公式比较

为了便于比较，将 Blotzmann 统计、Bose-Einstein 统计和 Fermi-Dirac 统计的相关分布公式列入表 4-1。

表 4-1 独立粒子系统三种统计的比较

系统	统计类型	分布公式	任一分布的微观状态数
可别粒子系统	Blotzmann 统计	$N_i^*=\dfrac{g_i}{\exp(-\alpha-\beta\varepsilon_i)}$	$t=N!\prod_{i=0}^{k}\dfrac{g_i^{N_i}}{N_i!}$

续表

系统	统计类型	分布公式	任一分布的微观状态数
全同粒子系统	Bose-Einstein 统计	$N_i^* = \dfrac{g_i}{\exp(-\alpha-\beta\varepsilon_i)-1}$	$t=\prod\limits_{i=0}^{k}\dfrac{(N_i+g_i-1)!}{N_i!\,(g_i-1)!}$
	Fermi-Dirac 统计	$N_i^* = \dfrac{g_i}{\exp(-\alpha-\beta\varepsilon_i)+1}$	$t=\prod\limits_{i=0}^{k}\dfrac{g_i!}{N_i!\,(g_i-N_i)!}$

4.1.3.2 三种统计的分布定律近似相等

由表 4-1 可见，三种统计方法的分布规律并不相同。但是，对于常见系统，只要温度不是太低，压力不是很高，一般均有 $N_i \ll g_i$，即每一个 ε_i 能级上粒子数 N_i 很少，而可容纳的量子态数 g_i 很多，例如在室温下 $g_i/N_i \approx 10^5$，即 $g_i/N_i^* \gg 1$。

$$\frac{g_i}{N_i^*}=\exp(-\alpha-\beta\varepsilon_i)\gg 1$$

所以 $\exp(-\alpha-\beta\varepsilon_i)+1\approx\exp(-\alpha-\beta\varepsilon_i)-1\approx\exp(-\alpha-\beta\varepsilon_i)$

这样，Bose-Einstein 统计和 Fermi-Dirac 统计均可还原为 Blotzmann 统计。实验也表明，当温度不太低或压力不太高时，上述条件容易满足。所以在通常情况下，只有光子气需要采用 Bose-Einstein 统计，金属中的自由电子气需要采用 Fermi-Dirac 统计，而对大多数普通微观粒子，经典的 Boltzmann 统计是完全可以适用的。

4.1.3.3 量子统计近似计算

对于常温常压下的系统，$g_i/N_i \geqslant 10^5$ 时：

(1) Bose-Einstein 统计近似计算

$$\begin{aligned}
t_{\text{B-E}} &= \prod_i \frac{(N_i+g_i-1)!}{N_i!\,(g_i-1)!}\\
&= \prod_i \frac{(N_i+g_i-1)\times(N_i+g_i-2)\times\cdots\times(N_i+g_i-N_i)\times(g_i-1)\times\cdots\times3\times2\times1}{N_i!\,(g_i-1)\times(g_i-2)\times\cdots\times3\times2\times1}\\
&= \prod_i \frac{(N_i+g_i-1)\times(N_i+g_i-2)\times\cdots\times(g_i+1)\times g_i}{N_i!}\ (g_i\gg N_i)\\
&\approx \prod_i \frac{g_i\times g_i\times\cdots\times g_i}{N_i!}=\prod_i\frac{g_i^{N_i}}{N_i!}
\end{aligned}$$

(2) Fermi-Dirac 统计近似计算

$$\begin{aligned}
t_{\text{F-D}} &= \prod_i \frac{g_i!}{N_i!\,(g_i-N_i)!}\\
&= \prod_i \frac{g_i\times(g_i-1)\times\cdots\times(g_i-N_i+1)\times(g_i-N_i)\times\cdots\times3\times2\times1}{N_i!\,(g_i-N_i)\times(g_i-N_i-1)\times\cdots\times3\times2\times1}\\
&= \prod_i \frac{g_i\times(g_i-1)\times\cdots\times(g_i-N_i+1)}{N_i!}\ (g_i\gg N_i)\\
&\approx \prod_i \frac{g_i\times g_i\times\cdots\times g_i}{N_i!}=\prod_i\frac{g_i^{N_i}}{N_i!}
\end{aligned}$$

说明在 $N_i \ll g_i$ 的条件下，对于 Bose-Einstein 统计与 Fermi-Dirac 统计，任一分布的微观状态数都可以近似为：$t \approx \prod_{i=0}^{k} \frac{g_i^{N_i}}{N_i!}$。

这和前面对独立可别粒子系统做全同性近似处理，除以 $N!$ 之后得到的独立不可别粒子系统的能级分布公式［式(2-10)］完全一致。说明粒子全同性校正是合理的。

严格地说，不可别粒子应该用量子统计处理。玻耳兹曼分布在能级分布公式中除以 $N!$ 即可完成全同性校正。如果温度较低，密度较高，粒子质量较小时，同一量子态的离域子互换的可能性增大，校正会导致微观状态数值过小。但在满足经典极限条件下，玻色（费米）系统中的近独立粒子在平衡态遵循玻尔兹曼分布。因此修正的玻尔兹曼统计已经足以处理大多数情况。

通过以上的讨论可知：

① 对于通常情况下（温度不是太低，压力不是很高）常见的独立粒子系统，Boltzmann 分布公式为：

$$N_i = N \frac{g_i \exp[-\varepsilon_i/(kT)]}{\sum_{i=0}^{k} g_i \exp[-\varepsilon_i/(kT)]}$$

该式给出了粒子数和总能量均为定值时各能级上粒子的分布数目。Boltzmann 分布实质上就是最概然分布，系统的最概然分布可以代表平衡分布。

② 在取对数后，最概然分布的微观状态数 $\ln t_m$ 可以代替系统的总微观状态数 $\ln\Omega$ 进行统计计算（$N \approx 10^{24}$）。即 $\ln\Omega \approx \ln t_m$。

③ 独立可别粒子系统和独立不可别粒子系统，除了分布定律形式一致以外，其他相关公式如表 4-2 所示，要注意粒子全同性校正的影响。

表 4-2　独立可别粒子与不可别粒子系统公式的比较

系统	分布的微观状态数	S	A
独立可别粒子系统	$t = N! \prod_{i=0}^{k} \frac{g_i^{N_i}}{N_i!}$	$S = Nk\ln\sum_{i=0}^{k} g_i \exp[-\varepsilon_i/(kT)] + \frac{U}{T}$	$A = -NkT\ln\sum_{i=0}^{k} g_i \exp[-\varepsilon_i/(kT)]$
独立不可别粒子系统	$t = \prod_{i=0}^{k} \frac{g_i^{N_i}}{N_i!}$	$S = k\ln \frac{\left\{\sum_{i=0}^{k} g_i \exp[-\varepsilon_i/(kT)]\right\}^N}{N!} + \frac{U}{T}$	$A = -kT\ln \frac{\left\{\sum_{i=0}^{k} g_i \exp[-\varepsilon_i/(kT)]\right\}^N}{N!}$

4.2　配分函数

4.2.1　配分函数的定义

根据式(3-21)，已知最概然分布公式为

$$N_i = N\frac{g_i \exp[-\varepsilon_i/(kT)]}{\sum\limits_{i=0}^{k} g_i \exp[-\varepsilon_i/(kT)]}$$

定义分母为

$$q = \sum_{i=0}^{k} g_i \exp[-\varepsilon_i/(kT)] \tag{4-5}$$

式中，q 为粒子（或分子）配分函数（partition function），指数项 $\exp[-\varepsilon_i/(kT)]$ 称为 Boltzmann 因子。因此 Boltzmann 分布公式［式（3-21）］可以写成更常见的形式

$$N_i = \frac{N}{q} g_i \exp\left(-\frac{\varepsilon_i}{kT}\right) \quad (i=0，1，2，\cdots 表示粒子的能级) \tag{4-6}$$

4.2.2 配分函数的物理意义

从配分函数的定义可以看出，粒子配分函数 q 是粒子微观性质的反映，它与粒子的能级 ε_i 和简并度 g_i 有关。因此 q 是一个微观量，仅当系统的 N、U、V 确定时 q 才有定值。按 Boltzmann 分布公式，在 i、j 两个能级上分布的粒子数 N_i、N_j 之比为

$$\frac{N_i}{N_j} = \frac{g_i \exp[-\varepsilon_i/(kT)]}{g_j \exp[-\varepsilon_j/(kT)]} \tag{4-7}$$

因式(4-7) 中右侧的分子、分母是 q 中对应 i、j 两个能级的项，所以式(4-7) 表明，粒子配分函数中任两项之比等于它们所对应能级上最概然分布的粒子数之比。同时也表明 i、j 两能级上粒子数之比并不是简单地等于能级上简并度之比（g_i/g_j），而是等于量子态简并度与其 Boltzmann 因子乘积之比，所以 $g_j \exp[-\varepsilon_j/(kT)]$ 常被称为 j 能级参与粒子分配的有效量子态数（兼顾简并度与能量两个因素）。那么按定义，粒子配分函数 q 就是粒子所有可能能级有效量子态数的总和，故可称其为总有效量子态数（又称为总有效状态数或总有效容量）。

基于这种理解，Boltzmann 分布公式可写成

$$\frac{N_i}{N} = \frac{g_i \exp[-\varepsilon_i/(kT)]}{q} \tag{4-8}$$

这说明最概然分布时，任一能级上的粒子数与总粒子数之比（即粒子在该能级上出现的概率）等于该能级的有效量子态数与总有效量子态数之比。式(4-8) 清楚地表明了粒子按能级的有效量子态数均匀地分布到各能级。因此，粒子配分函数中各项的相对大小代表了最概然分布时各能级上所分配粒子数的多少，正是由于 q 在粒子能级分布中的这种作用才将其称为粒子配分函数。

4.2.3 量子态分布与能级分布

式(4-6) 和式(4-5) 是粒子按能级分布的 Boltzmann 分布公式与相应的粒子配分函数表达式。如果考虑直接将粒子分布到各个量子态，量子态没有简并的概念，所以公式中不出现 g，则 h 量子态上的粒子数为

$$N_h = \frac{N}{q} \exp\left(-\frac{\varepsilon_h}{kT}\right) \quad (h=0，1，2，\cdots 表示粒子的量子态) \tag{4-9}$$

ε_h 为该量子态的能量。这时相应的粒子在量子态上分布的配分函数表达式为

$$q = \sum_{h=0}^{k} \exp[-\varepsilon_h/(kT)] \tag{4-10}$$

式中 $h=0, 1, 2, \cdots$，求和遍及粒子所有可能的量子状态，$\exp[-\varepsilon_h/(kT)]$ 项可理解为量子态 h 参与粒子分配的有效值。式(4-6) 和式(4-5) 是 Boltzmann 能级分布公式与相应的粒子配分函数表达式；式(4-9) 和式(4-10) 是 Boltzmann 状态分布公式与相应的粒子配分函数表达式，两者是完全等效的。

4.2.4 用配分函数 q 表达最概然分布的微观状态数 t_m

前面我们已经学习过，独立可别粒子系统最概然分布的微观状态为 $t_m=N!\prod\frac{g_i^{N_i}}{N_i!}$，而利用 Stirling 公式，$\ln N!=N\ln N-N$，即 $N!=\left(\frac{N}{e}\right)^N$。

所以有

$$t_m=N!\prod\frac{g_i^{N_i}}{N_i!}=N!\prod_i\frac{g_i^{N_i}}{\left(\frac{N_i}{e}\right)^{N_i}}=N!\prod_i\left(\frac{eg_i}{N_i}\right)^{N_i}$$

代入玻尔兹曼分布定律，化简得

$$t_m=N!\prod\left\{\frac{eg_i}{\frac{N}{q}g_i\exp[-\varepsilon_i/(kT)]}\right\}^{N_i}=N!\prod\left(\frac{q\,e^{\frac{\varepsilon_i}{kT}}}{\frac{N}{e}}\right)^{N_i}=N!\left(\frac{q^{\sum N_i}e^{\frac{\sum_{i=0}^{k}N_i\varepsilon_i}{kT}}}{\left(\frac{N}{e}\right)^{\sum_{i=0}^{k}N_i}}\right)$$

$$=N!\left[\frac{q^N e^{\frac{U}{kT}}}{\left(\frac{N}{e}\right)^N}\right]=\frac{N!\ q^N e^{\frac{U}{kT}}}{N!}=q^N e^{\frac{U}{kT}}$$

即
$$t_m(\text{可别})=q^N e^{\frac{U}{kT}} \tag{4-11}$$

同理可得
$$t_m(\text{不可别})=\frac{q^N}{N!}e^{\frac{U}{kT}} \tag{4-12}$$

这样，可直接通过配分函数 q 来计算独立粒子系统的能级分布微观状态数，代入玻尔兹曼公式，就可以得出熵和亥姆霍兹 (Helmholtz) 自由能表达式，从而可以进一步确定如何用 q 表达其他热力学函数。配分函数的计算就是统计热力学的核心任务。

4.3 玻尔兹曼分布定律的简单应用

利用玻尔兹曼分布定律，可以了解系统处于平衡时粒子在不同能级上的分布规律。

4.3.1 粒子在不同运动形式能级上的分布情况

例 4.1 假定 N_2 在边长为 0.1m 的立方容器中运动，试计算 298K 时，不同运动形式能级上处于第一激发态与处于基态时的分子数之比。已知 N_2 分子的平动、转动、振动和电子运动所对应的基态和第一激发态的能级能量差值以及简并度如下。

平动： $g_{t,0}=1$ $g_{t,1}=3$ $\varepsilon_{t,1}-\varepsilon_{t,0}\approx10^{-19}kT$

转动： $g_{r,0}=1$ $g_{r,1}=3$ $\varepsilon_{r,1}-\varepsilon_{r,0}\approx10^{-2}kT$

振动： $g_{v,0}=1$ $g_{v,1}=1$ $\varepsilon_{v,1}-\varepsilon_{v,0}\approx10kT$

电子运动： $g_{e,0}=1$ $g_{e,1}=3$ $\varepsilon_{e,1}-\varepsilon_{e,0}\approx10^{2}kT$

解：根据式(4-7) $\dfrac{N_1}{N_0}=\dfrac{g_1\exp[-\varepsilon_1/(kT)]}{g_0\exp[-\varepsilon_0/(kT)]}=(g_1/g_0)\exp[-(\varepsilon_1-\varepsilon_0)/(kT)]$

将不同运动方式的相关数据代入上式：

平动：$N_1/N_0=(3/1)\exp(-10^{-19})\approx3$

转动：$N_1/N_0=(3/1)\exp(-0.01)\approx2.97$

振动：$N_1/N_0=(1/1)\exp(-10)\approx4.54\times10^{-5}$

电子运动：$N_1/N_0=(3/1)\exp(-100)\approx1.12\times10^{-43}$

上述计算结果表明：

① 由于 $\exp[-\varepsilon_i/(kT)]$项的作用，不论何种运动形式，粒子在各能级量子态上的分布数总是随能量的增加而减少。能级间隔越大，相应能级量子态上的分布数相差也越大。能级间隔是影响粒子分布的主要因素。

② 由于平动能隙很小，大量分子都处于平动激发态，粒子在转动能级上的分布类似于平动。但对于振动和电子运动，处于第一激发能级上的分子数占比极小，室温下几乎所有分子都处于振动和电子运动能级的基态，而不被激发。

4.3.2 温度对粒子能级分布的影响

下面是一个粒子在能级上分布规律受温度影响的例子。

例 4.2 N 个一维谐振子组成的独立粒子系统，振动能级 $\varepsilon_v=(v+1/2)h\nu$，振动量子数 v=0，1，2，…，各能级均为非简并。计算温度为 $h\nu/k$ 和 $2h\nu/k$ 时分布在各振动能级上的谐振子的百分数。

解：根据 Boltzmann 能级分布公式 $N_{v+1}/N_v=\exp[-(\varepsilon_{v+1}-\varepsilon_v)/(kT)]=\exp\left(-\dfrac{h\nu}{kT}\right)$

(1) 当 $T=h\nu/k$ 时，代入上式得 $N_{v+1}/N_v=1/\mathrm{e}$，按无穷等比级数求和的公式：

$N=N_0+N_1+N_2+\cdots=N_0+N_0/\mathrm{e}+N_0/\mathrm{e}^2+\cdots=N_0/(1-\mathrm{e}^{-1})$

因此可以求出：

$N_0/N=(1-\mathrm{e}^{-1})$，$N_1/N=(1-\mathrm{e}^{-1})\mathrm{e}^{-1}$，$N_2/N=(1-\mathrm{e}^{-1})\mathrm{e}^{-2}$，…，$N_v/N=(1-\mathrm{e}^{-1})\mathrm{e}^{-v}$

(2) 当 $T=2h\nu/k$ 时，代入上式得 $N_{v+1}/N_v=1/\sqrt{\mathrm{e}}$，同理可求：

$N_0/N=1-(\sqrt{\mathrm{e}})^{-1}$，$N_1/N=[1-(\sqrt{\mathrm{e}})^{-1}](\sqrt{\mathrm{e}})^{-1}$，$N_2/N=[1-(\sqrt{\mathrm{e}})^{-1}](\sqrt{\mathrm{e}})^{-2}$，…，$N_v/N=[1-(\sqrt{\mathrm{e}})^{-1}](\sqrt{\mathrm{e}})^{-v}$

计算一维谐振子前 10 个能级的 $\dfrac{N_v}{N}\times100$，结果如下：

能级 $\varepsilon_v(\nu)$	0	1	2	3	4	5	6	7	8	9
$T=h\nu/k$	63.2	23.3	8.55	3.15	1.16	0.43	0.16	0.06	0.02	0.01
$T=2h\nu/k$	39.3	23.9	14.5	8.78	5.33	3.23	1.96	1.19	0.72	0.44

通过以上计算结果可知：温度上升系统的总能量增加时，实际上是粒子更多向高能级分布，结果导致粒子在各能级上的分布更加分散。

本章提示

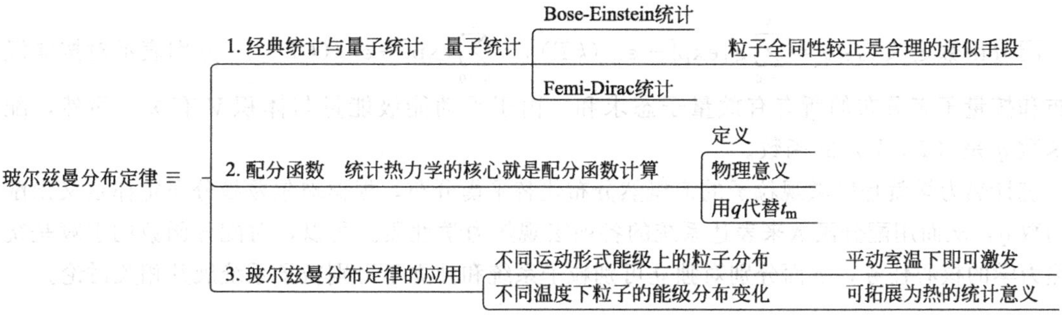
玻尔兹曼分布定律
1. 经典统计与量子统计
量子统计
Bose-Einstein统计
Femi-Dirac统计
粒子全同性较正是合理的近似手段
2. 配分函数
统计热力学的核心就是配分函数计算
定义
物理意义
用q代替t_m
3. 玻尔兹曼分布定律的应用
不同运动形式能级上的粒子分布
平动室温下即可激发
不同温度下粒子的能级分布变化
可拓展为热的统计意义

第5章 用配分函数表达宏观热力学函数

配分函数定义为：$q=\sum_{i=0}^{k} g_i \exp[-\varepsilon_i/(kT)]=\sum_{h=0}^{k}\exp[-\varepsilon_h/(kT)]$。分别表示对按能级分布和按量子态分布的所有有效量子态求和。由于平动能级能量与体积 V 有关，显然，配分函数 q 是（T，V）的函数。

统计热力学就是以微观粒子的最概然分布代替平衡分布，根据玻尔兹曼分布定律定义出配分函数 q，从而用配分函数来表达系统的各项宏观热力学性质。所以，对配分函数的求算是统计热力学的核心任务，下面分别对独立可别粒子系统和独立不可别粒子系统展开相关讨论。

5.1 独立可别粒子系统的热力学函数

5.1.1 Helmholtz 自由能 A

将配分函数定义式代入式（3-20），$A_{可别}=-NkT\ln\sum_{i=0}^{k} g_i\exp[-\varepsilon_i/(kT)]$，可得：

$$A_{可别}=-NkT\ln q \tag{5-1}$$

为了简化相关热力学函数的计算思路，建议从 Helmholtz 自由能 A 表达式入手，充分领会如何用配分函数表达其他热力学函数。

5.1.2 熵 S

因为对于单组分封闭系统，非体积功为零时的热力学基本公式：$\mathrm{d}A=-S\mathrm{d}T-p\mathrm{d}V$，可得：$S=-\left(\frac{\partial A}{\partial T}\right)_{V,N}$。将式(5-1）代入，可得

$$S=\left[\frac{\partial}{\partial T}(NkT\ln q)\right]_{V,N}=Nk\ln q+NkT\left(\frac{\partial \ln q}{\partial T}\right)_{V,N}$$

$$S_{可别}=Nk\ln q+NkT\left(\frac{\partial \ln q}{\partial T}\right)_{V,N} \tag{5-2}$$

在这里，需要说明，其实熵 S 是根据撷取最大项原理，以最概然分布代替平衡分布后，利用玻尔兹曼公式计算而得，是统计热力学中第一个与微观状态数相联系的宏观热力学性质，其他热力学函数的表达应该都来源于熵函数的统计计算。但是从熵推导出发，相关公式

太多，不利于后期进行归纳整理。所以建议首先掌握 Helmholtz 自由能 A 的表达式，结合热力学基本关系，来推演其他相关热力学函数。

5.1.3 热力学能 U

根据定义式 $U=A+TS$，代入式(5-1) 和式(5-2)，有

$$U=(-NkT\ln q)+T\left[Nk\ln q+NkT\left(\frac{\partial \ln q}{\partial T}\right)_{V,N}\right]$$

$$U_{可别}=NkT^2\left(\frac{\partial \ln q}{\partial T}\right)_{V,N} \tag{5-3}$$

5.1.4 Gibbs 自由能 G

根据 $\mathrm{d}A=-S\mathrm{d}T-p\mathrm{d}V$，可得 $p=-\left(\frac{\partial A}{\partial V}\right)_{T,N}$，代入式(5-1)

$$p=\left[\frac{\partial}{\partial V}(NkT\ln q)\right]_{T,N}=NkT\left(\frac{\partial \ln q}{\partial V}\right)_{T,N}$$

代入定义式 $G=A+pV$，可得

$$G_{可别}=-NkT\ln q+NkTV\left(\frac{\partial \ln q}{\partial V}\right)_{T,N} \tag{5-4}$$

5.1.5 焓 H

定义式 $H=G+TS$，代入式(5-2) 和式(5-4)，有

$$H=-NkT\ln q+NkTV\left(\frac{\partial \ln q}{\partial V}\right)_{T,N}+T\left[Nk\ln q+NkT\left(\frac{\partial \ln q}{\partial T}\right)_{V,N}\right]$$

$$H_{可别}=NkT^2\left(\frac{\partial \ln q}{\partial T}\right)_{V,N}+NkTV\left(\frac{\partial \ln q}{\partial V}\right)_{T,N} \tag{5-5}$$

5.1.6 等容热容 C_V

定义式 $C_V=\left(\frac{\partial U}{\partial T}\right)_V$，代入式 (5-3)，有

$$C_{V,可别}=\left\{\frac{\partial}{\partial T}\left[NkT^2\left(\frac{\partial \ln q}{\partial T}\right)_{V,N}\right]\right\}_V \tag{5-6}$$

将配分函数 q 分别代入上述公式，就可以求算独立可别粒子系统的热力学函数。

5.2 独立不可别粒子系统的热力学函数

下面用同样的方法处理独立不可别粒子系统。

5.2.1 Helmholtz 自由能 A

将配分函数定义式代入式(3-25)：$A_{不可别}=-kT\ln\frac{\left\{\sum_{i=0}^{k}g_i\exp[-\varepsilon_i/(kT)]\right\}^N}{N!}$，可得

$$A_{\text{不可别}} = -kT\ln\frac{q^N}{N!} \tag{5-7}$$

5.2.2 熵 S

$$S = -\left(\frac{\partial A}{\partial T}\right)_{V,N} = \left[\frac{\partial}{\partial T}\left(kT\ln\frac{q^N}{N!}\right)\right]_{V,N} = \left[\frac{\partial}{\partial T}(kT\ln q^N - kT\ln N!)\right]_{V,N}$$

$$= k\ln q^N + NkT\left(\frac{\partial \ln q}{\partial T}\right)_{V,N} - k\ln N!$$

$$S_{\text{不可别}} = k\ln\frac{q^N}{N!} + NkT\left(\frac{\partial \ln q}{\partial T}\right)_{V,N} \tag{5-8}$$

5.2.3 热力学能 U

$$U = A + TS = \left(-kT\ln\frac{q^N}{N!}\right) + T\left[k\ln\frac{q^N}{N!} + NkT\left(\frac{\partial \ln q}{\partial T}\right)_{V,N}\right]$$

$$U_{\text{不可别}} = NkT^2\left(\frac{\partial \ln q}{\partial T}\right)_{V,N} \tag{5-9}$$

5.2.4 Gibbs 自由能 G

$$p = \left[\frac{\partial}{\partial V}\left(kT\ln\frac{q^N}{N!}\right)\right]_{T,N} = NkT\left(\frac{\partial \ln q}{\partial V}\right)_{T,N}$$

代入定义式：$G = A + pV$

$$G_{\text{不可别}} = -kT\ln\frac{q^N}{N!} + NkTV\left(\frac{\partial \ln q}{\partial V}\right)_{T,N} \tag{5-10}$$

5.2.5 焓 H

$$H = G + TS = -kT\ln\frac{q^N}{N!} + NkTV\left(\frac{\partial \ln q}{\partial V}\right)_{T,N} + T\left[k\ln\frac{q^N}{N!} + NkT\left(\frac{\partial \ln q}{\partial T}\right)_{V,N}\right]$$

$$H_{\text{不可别}} = NkT^2\left(\frac{\partial \ln q}{\partial T}\right)_{V,N} + NkTV\left(\frac{\partial \ln q}{\partial V}\right)_{T,N} \tag{5-11}$$

5.2.6 等容热容 C_V

$$C_{V,\text{不可别}} = \left\{\frac{\partial}{\partial T}\left[NkT^2\left(\frac{\partial \ln q}{\partial T}\right)_{V,N}\right]\right\}_V \tag{5-12}$$

将可别粒子和不可别粒子系统对应的状态函数表达式列于表 5-1。

表 5-1 热力学函数与粒子配分函数的关系

热力学函数	独立可别粒子系统	独立不可别粒子系统
A	$A_{\text{可别}} = -NkT\ln q$	$A_{\text{不可别}} = -kT\ln(q^N/N!)$
$S = -(\partial A/\partial T)_{V,N}$	$S_{\text{可别}} = Nk\ln q + NkT(\partial \ln q/\partial T)_{V,N}$	$S_{\text{不可别}} = k\ln(q^N/N!) + NkT(\partial \ln q/\partial T)_{V,N}$
$U = A + TS$	$U = NkT^2(\partial \ln q/\partial T)_{V,N}$	
$p = -(\partial A/\partial V)_{T,N}$	$p = NkT(\partial \ln q/\partial V)_{T,N}$	

续表

热力学函数	独立可别粒子系统	独立不可别粒子系统
$H=U+pV$	$H=NkT^2(\partial\ln q/\partial T)_{V,N}+NkTV(\partial\ln q/\partial V)_{T,N}$	
C_V	$C_V=\{\partial[NkT^2(\partial\ln q/\partial T)_{V,N}]/\partial T\}_V$	
$G=H-TS$	$G_{可别}=-NkT\ln q+NkTV(\partial\ln q/\partial V)_{T,N}$	$G_{不可别}=-kT\ln(q^N/N!)+NkTV(\partial\ln q/\partial V)_{T,N}$

上面以粒子配分函数表示出了独立粒子系统的几个主要热力学状态函数。这些公式是联系物质的微观结构与宏观热力学性质的基本关系式。配分函数 q 的具体形式确定后，就可以求得这些热力学函数。另外，由此出发，利用其他热力学关系式如 $C_p=(\partial U/\partial T)_p$、$\mu=(\partial A/\partial n)_{T,V}$ 等即可求得任何需要的热力学性质。

从表 5-1 可以看出，对于独立粒子系统，无论体系中粒子是否可别，总能量热力学能 U 是一个定值，相应焓 H、等容热容 C_V、压力 p 也为定值。

但由于可别粒子系统和不可别粒子系统的微观状态数不同，故熵 S 不同。当然与 S 有关的 A 和 G 也就有所不同。在求算这些函数的差值时，粒子全同性校正引起的常数项可相互消去。

在掌握相关表达式时，以亥姆霍兹自由能 A 作为出发点，逻辑性更强。

本章主要讨论理想气体系统，是独立不可别粒子系统。

5.3 不同能量标度的影响

各能级的能量具体数值和能量标度的选择有关，在实际使用中，一般选择一个数值作为能量标度的零点，该数值就称为零点能，能量零点标度可以有两种选择：相对能量零点标度和绝对能量零点标度。

5.3.1 相对能量零点标度

对于单个粒子，通常选择各种运动形式自身的基态能量作为能量标度的零点。这样，粒子基态的能量值就规定为零。这种零点标度下，转动基态和振动基态的能量都规定为$\varepsilon_0=0$。

5.3.2 绝对能量零点标度

当系统中存在多种不同粒子时，计算系统能量变化时必须有一个公共的能量标度，选择共同的零点。这样，粒子的各种运动形式的基态能量就有一定的数值 ε_0。例如，振动基态能量 $\varepsilon_0=h\nu/2$。

5.3.3 对配分函数的影响

若选择绝对能量零点标度时，i 能级的能量值为ε_i，而选择相对零点标度时 i 能级的能量值为ε_i'。显然有

$$\varepsilon_i=\varepsilon_i'+\varepsilon_0 \tag{5-13}$$

采用绝对能量零点标度，规定基态的能量为 ε_0 时，配分函数 q 为

$$q=\sum_i g_i \exp[-\varepsilon_i/(kT)] \tag{5-14}$$

采用相对能量零点标度，规定基态能量为零时，配分函数 q' 为

$$q'=\sum_i g_i \exp[-\varepsilon'_i/(kT)]=\exp[\varepsilon_0/(kT)]\times\sum_i g_i \exp[-\varepsilon_i/(kT)] \tag{5-15}$$

比较上述两式得

$$q'=q\exp[\varepsilon_0/(kT)] \tag{5-16}$$

也可写作 $$\ln q'=\ln q+\varepsilon_0/(kT) \tag{5-17}$$

或 $$\ln q'=\ln q+U_{0,\mathrm{m}}/(RT) \tag{5-18}$$

上式中 $U_{0,\mathrm{m}}=L\varepsilon_0$，是 1mol 粒子在绝对能量零点时（各种运动形式均处于基态）系统的摩尔热力学能。

5.3.4 对热力学函数表达式的影响

为方便起见，统计热力学通常规定各独立运动形式的基态能级作为各自能量的零点，即采用相对零点标度。此时显然对应配分函数为 q'，则热力学函数的表达式应进行相应修正。

5.3.4.1 热力学能 U

将式(5-16) 代入式(5-3) 得

$$\begin{aligned}U&=NkT^2(\partial\ln q/\partial T)_{V,N}\\&=NkT^2\{(\partial[\ln q'-\varepsilon_0/(kT)]/\partial T\}_{V,N}\\&=NkT^2(\partial\ln q'/\partial T)_{V,N}+N\varepsilon_0\end{aligned}$$

$$U=NkT^2(\partial\ln q'/\partial T)_{V,N}+U_0 \tag{5-19}$$

$U_0=N\varepsilon_0$，表示全部 N 个粒子都处在基态时系统的能量。可见，零点能的选择影响热力学能表达式，两种零点能选择相差一个 U_0 项，但不影响 ΔU 的计算。由于 H、A、G 均与 U 有关，所以零点能的选择对这三种热力学函数的统计表达式都会产生影响。若以 q' 代替 q，在 H、A、G 的表达式中都应增加一个 U_0 项。

5.3.4.2 熵 S

将式(5-16) 代入式(5-2) 得

$$\begin{aligned}S&=Nk\ln q+NkT(\partial\ln q/\partial T)_{V,N}\\&=Nk[\ln q'-\varepsilon_0/(kT)]+NkT\{\partial[\ln q'-\varepsilon_0/(kT)]/\partial T\}_{V,N}\\&=Nk\ln q'-N\varepsilon_0/T+NkT(\partial\ln q'/\partial T)_{V,N}+NkT(\varepsilon_0/kT^2)\end{aligned}$$

$$S=Nk\ln q'+NkT(\partial\ln q'/\partial T)_{V,N} \tag{5-20}$$

可见，能量零点标度的选取对熵 S 没有任何影响。类似可以证明，p 和 C_V 也不受零点能选择的影响。

零点能选取对独立不可别粒子系统的 i 能级能量、配分函数以及各热力学函数的影响见表 5-2。零点能的选取影响能级相对能量，从而影响配分函数，并进而影响系统总能量热力学能 U。显然绝对零点标度时，能级相对能量更大，导致热力学能 U 相应增加一个 U_0 项，所以凡是和 U 简单加和所得的相关热力学函数都增加一个 U_0 项。增加的 U_0 项是 0K 时全部粒子都处在基态的能量，为一个常数，求导时可以消去。所以微分求导得出的相应函数，如 S、p 和 C_V 等不受零点能选择的影响。

表 5-2　能量零点标度的选取对独立不可别粒子系统的影响

函数	相对零点标度	绝对零点标度
i 能级能量	ε'_i	$\varepsilon_i = \varepsilon'_i + \varepsilon_0$
配分函数 q	$q' = \sum g_i \exp[-\varepsilon'_i/(kT)]$	$q = q'\exp[-\varepsilon_0/(kT)]$
U	$U' = NkT^2(\partial \ln q'/\partial T)_{V,N}$	$U = U' + U_0$
A	$A' = -kT\ln(q'^N/N!)$	$A = A' + U_0$
$S = -(\partial A/\partial T)_V$	$S = Nk\ln q + NkT(\partial \ln q/\partial T)_{V,N}$	
$p = -(\partial A/\partial V)_T$	$p = NkT(\partial \ln q/\partial V)_{T,N}$	
$H = U + pV$	$H' = NkT^2(\partial \ln q'/\partial T)_{V,N} + NkTV(\partial \ln q'/\partial V)_{T,N}$	$H = H' + U_0$
$G = H - TS$	$G' = -kT\ln(q'^N/N!) + NkTV(\partial \ln q'/\partial V)_{T,N}$	$G = G' + U_0$
$C_V = (\partial U/\partial T)_V$	$C_V = \{\partial[NkT^2(\partial \ln q/\partial T)_{V,N}]/\partial T\}_V$	

本章提示

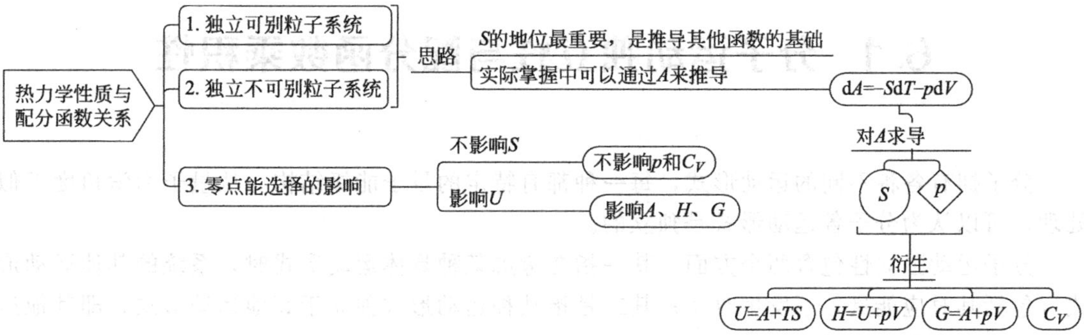

第6章 理想气体分子的配分函数

系统的所有热力学函数均可用粒子的配分函数来表达，粒子的微观运动形态与系统的宏观性质通过配分函数而联系。配分函数的相关计算是统计热力学的重要任务。

下面根据微观粒子的各种运动能级以及简并度，推导相应配分函数表达式，主要讨论理想气体分子的配分函数相关计算。

6.1 分子运动独立性与配分函数乘积性

分子拥有各种不同的运动形式，每一种都有特定的量子能级结构。从量子力学角度近似处理，可以认为分子各运动形式是独立的。

分子运动独立性包含两个方面。其一指在考虑某种具体运动形式时，系统的其他运动形式（包括其对应能量）不发生改变；其二是指某种运动形式独立于其他运动形式，即其他运动形式的变化不改变被考察的运动。

根据配分函数定义，可针对每一种能量形式分别考察。因为分子运动的独立性，所以分子在某一瞬间的能量可以简单处理成各种能量的加和，即配分函数可以写作各种运动配分函数的乘积。这就是配分函数的乘积性。

假定，分子瞬间总能量可分解为 m 种不同的量子能量形式：

$$\varepsilon_i = \sum_{j=1}^{m} \varepsilon_{ij} \tag{6-1}$$

式中，ε_i 代表分子某一瞬间的总能量，即分子处于总能量的第 i 个能级上，而下角标 j 则是某个特定运动形式对应的能量的量子数。由此，根据分子配分函数定义，有

$$q = \sum_{i=1}^{n} e^{-\frac{\varepsilon_i}{kT}} = \sum_{i=1}^{n} e^{-\frac{\sum_{j=1}^{m}\varepsilon_{ij}}{kT}} = \sum_{i=1}^{n}\prod_{j=1}^{m} e^{-\frac{\varepsilon_{ij}}{kT}} = \prod_{j=1}^{m} q_j \tag{6-2}$$

式(6-2) 右边的 q_j 是第 j 种运动形式［对应于式(6-1) 中量子能级序列 ε_{ij}］的独立配分函数。数学上可以证明，独立变数乘积之和等于各自求和的乘积。所以最后一步，求和和连乘调换次序。

例如：有 x、y 两个独立变数，其中 x 可取值 x_1、x_2，y 可取 y_1、y_2、y_3 三个数值。则对 x、y 变数乘积进行求和就是各自求和再相乘，即 $\sum_{y=y_1}^{y_3}\sum_{x=x_1}^{x_2} xy = \sum_{y=y_1}^{y_3} y \cdot \sum_{x=x_1}^{x_2} x$。可证

明如下：

$$\sum_{y=y_1}^{y_3}\sum_{x=x_1}^{x_2} xy = \sum_{y=y_1}^{y_3}(x_1y + x_2y) = (x_1y_1 + x_2y_1) + (x_1y_2 + x_2y_2) + (x_1y_3 + x_2y_3)$$

$$= y_1(x_1 + x_2) + y_2(x_1 + x_2) + y_3(x_1 + x_2) = (y_1 + y_2 + y_3)(x_1 + x_2)$$

$$= \sum_{y=y_1}^{y_3} y \cdot \sum_{x=x_1}^{x_2} x$$

式(6-2) 还指出，每一个独立能量项的配分函数不受其他能量项配分函数的影响。如前所述，一般情况下，平动能、转动能、振动能、电子能等具有独立加和性，所以，可以分别计算分子的平动配分函数、转动配分函数、振动配分函数、电子配分函数等。

其实，假设各运动形式彼此独立，在数学上更为直接，但运动方式的偶合未必会复杂到难以处理。例如，晶体中，因为每个分子的质心位置改变都和周围其他分子相偶合，所以每个分子都无法自由平动。但晶格偶合后的新运动形式可以很好地用晶格振动来处理，这时，偶合反而能简化数学处理过程。

这样，近似认为分子的运动形式由彼此独立的平动 t、转动 r、振动 v、电子运动 e 和核自旋运动 n 所组成。式(6-2) 展开即为

$$q = q_t \cdot q_r \cdot q_v \cdot q_e \cdot q_n \tag{6-3}$$

如果按照能级分布进行求和，则需要考虑各运动形式在 i 能级上的简并度 g_i。所以式中

平动配分函数： $$q_t = \sum_i g_{t,i}\exp[-\varepsilon_{t,i}/(kT)] \tag{6-4}$$

转动配分函数： $$q_r = \sum_i g_{r,i}\exp[-\varepsilon_{r,i}/(kT)] \tag{6-5}$$

振动配分函数： $$q_v = \sum_i g_{v,i}\exp[-\varepsilon_{v,i}/(kT)] \tag{6-6}$$

电子配分函数： $$q_e = \sum_i g_{e,i}\exp[-\varepsilon_{e,i}/(kT)] \tag{6-7}$$

核自旋配分函数： $$q_n = \sum_i g_{n,i}\exp[-\varepsilon_{n,i}/(kT)] \tag{6-8}$$

6.2 各种运动形式配分函数的计算

下面分别介绍如何计算理想气体分子各种运动形式的配分函数。

6.2.1 分子平动配分函数

自由平动作为一种运动形式，严格来说只有在完全没有分子间相互作用（包括碰撞）的极其稀薄的气体中才能实现。但是一般来说，气体（包括理想气体和实际气体）的分子绝大部分时间不与其他分子发生相互作用，所以，气体分子改变质心位置的运动可近似为分子平动来处理。

根据式(2-1)，三维平动子的能量 $\varepsilon_{t,i} = \dfrac{h^2}{8m}\left(\dfrac{n_x^2}{a^2} + \dfrac{n_y^2}{b^2} + \dfrac{n_z^2}{c^2}\right)$

所以 $$q_t=\sum_i g_{t,i}\exp[-\varepsilon_{t,i}/(kT)]=\sum_{n_x=1}^{\infty}\sum_{n_y=1}^{\infty}\sum_{n_z=1}^{\infty}\exp\left[-\frac{h^2}{8mkT}\left(\frac{n_x^2}{a^2}+\frac{n_y^2}{b^2}+\frac{n_z^2}{c^2}\right)\right]$$
$$=\sum_{n_x=1}^{\infty}\exp\left(-\frac{h^2}{8mkT}\times\frac{n_x^2}{a^2}\right)\times\sum_{n_y=1}^{\infty}\exp\left(-\frac{h^2}{8mkT}\times\frac{n_y^2}{b^2}\right)\times\sum_{n_z=1}^{\infty}\exp\left(-\frac{h^2}{8mkT}\times\frac{n_z^2}{c^2}\right)$$
$$=q_{t,x}\cdot q_{t,y}\cdot q_{t,z}$$

其中 $q_{t,x}$、$q_{t,y}$ 和 $q_{t,z}$ 分别表示在 x、y、z 三个方向运动的一维平动配分函数。当能级为 ε_i 时，上式第一个等号后的 $g_{t,i}$ 是该能级的简并度，对所有能级求和。在后面等号中，求和是对所有的量子态 n_x、n_y、n_z 求和，已经包括了全部可能的微观状态，因此不再出现 $g_{t,i}$ 项。式(6-2) 中就是对全部量子态求和的结果。

为运算方便，令 $\frac{h^2}{8mkTa^2}=\alpha^2$，则 $q_{t,x}=\sum_{n_x=1}^{\infty}\exp(-\alpha^2 n_x^2)$。

对通常温度和体积的理想气体，一定有 $\alpha^2\ll 1$（例如 300K，$a=1.0$cm 条件下的氢分子 $\alpha^2=3.96\times10^{-17}$），说明随量子数增加，求和式中的各项相应发生极微小的降低，即可近似以积分代替求和：

$$q_{t,x}=\sum_{n_x=1}^{\infty}\exp(-\alpha^2 n_x^2)\mathrm{d}n_x\approx\int_0^{\infty}\exp(-\alpha^2 n_x^2)\mathrm{d}n_x$$

根据积分公式 $\int_0^{\infty}\exp(-a'x^2)\mathrm{d}x=\frac{1}{2}\sqrt{\frac{\pi}{a'}}$，可得，$q_{t,x}=\frac{1}{2}\sqrt{\frac{\pi}{\alpha^2}}=\frac{\sqrt{\pi}}{2\alpha}$

代入 α，得：$q_{t,x}=\frac{(2\pi mkT)^{\frac{1}{2}}}{h}\cdot a$

类似可得：$q_{t,y}=\frac{(2\pi mkT)^{\frac{1}{2}}}{h}\cdot b$，$q_{t,z}=\frac{(2\pi mkT)^{\frac{1}{2}}}{h}\cdot c$

则：
$$q_t=q_{t,x}\cdot q_{t,y}\cdot q_{t,z}=\frac{(2\pi mkT)^{\frac{3}{2}}}{h^3}\cdot abc=\frac{(2\pi mkT)^{\frac{3}{2}}}{h^3}\cdot V \tag{6-9}$$

将 $k=1.3806\times10^{-23}\mathrm{J\cdot K^{-1}}$，$L=6.02\times10^{23}\mathrm{mol^{-1}}$，$h=6.626\times10^{-34}\mathrm{J\cdot s}$，以及 $m=M_r/L$ 代入后得

$$q_t=5.94\times10^{30}(M_rT)^{\frac{3}{2}}V \tag{6-10}$$

式中，M_r 为气体分子的摩尔质量，$\mathrm{kg\cdot mol^{-1}}$；$L$ 为阿伏伽德罗常数；V 为体积，$\mathrm{m^3}$。因此只要知道 M_r 及系统的温度 T 和体积 V，便可以很方便地由式(6-10) 计算分子的平动配分函数。请注意式(6-10) 中的常数项，由于某些教材和参考书上使用的分子摩尔质量单位为 $\mathrm{g\cdot mol^{-1}}$，所得公式中的常数项就有所不同。在公式的使用中一定要注意这个问题。

分子的平动在基态时的能量极低，例如 298.15K 时 $1.0\mathrm{dm^3}$ 内的氮气分子的 $\varepsilon_{t,0}=10^{-26}$J，所以平动基态能级可近似为零，$\varepsilon_{t,0}\approx0$，则：

$$q'_t=q_t=\frac{(2\pi mkT)^{\frac{3}{2}}}{h^3}\cdot V \tag{6-11}$$

根据配分函数定义，各种能量形式的配分函数都与温度有关。上述平动配分函数公式说明，气体平动配分函数是温度和体积的函数。因为平动近似为三维势箱内的平动子，其边界条件直接决定于容器在某个方向的长度，所以平动配分函数与容器体积有关。而分子的内部

运动如转动、振动、电子运动等都直接由分子内在结构决定，所以与容器边界无关。

严格来说，这里所讨论的平动配分函数只适用于理想气体。对于液体和固体，因为分子没有自由平动，所以也没有相应的自由平动配分函数。

6.2.2 分子转动配分函数

由式(2-4) 和式(2-5)，双原子分子转动能级的能量和简并度分别为

$$\varepsilon_{r,J}=\frac{J(J+1)h^2}{8\pi^2 I},\ g_{r,J}=2J+1$$

因为 $J=0$ 时，$\varepsilon_{r,0}=0$，所以对于分子转动而言

$$q_r=q'_r \tag{6-12}$$

$$q_r=\sum_J g_{r,J}\exp[-\varepsilon_{r,J}/(kT)]=\sum_{J=0}^{\infty}(2J+1)\exp\left[-\frac{J(J+1)h^2}{8\pi^2 IkT}\right]$$

定义转动特征温度为

$$\Theta_r=\frac{h^2}{8\pi^2 Ik} \tag{6-13}$$

显然，Θ_r 具有温度的量纲，其数值只取决于分子本身的结构特征，因此被称为分子的转动特征温度。分子的转动特征温度可由分子的转动惯量求得，也可以根据分子的光谱数据求得。表 6-1 为一些常见双原子分子的转动特征温度 Θ_r 和振动特征温度 Θ_v。

表 6-1 双原子分子的转动特征温度 Θ_r 和振动特征温度 Θ_v

特征温度	H_2	N_2	O_2	CO	NO	HCl	HBr	HI
Θ_r/K	85.4	2.86	2.07	2.77	2.42	15.02	12.01	9.12
Θ_v/K	5983	3352	2239	3084	2699	4151	3681	3208

从表 6-1 可见，除 H_2 外，大多数气体分子的转动特征温度都很低。即使在常温下，也有 $\Theta_r/T\ll 1$，所以转动能级也可近似作为连续变化来处理，即用积分代替求和，所以

$$q_r=\int_0^{\infty}(2J+1)\exp[-J(J+1)\Theta_r/T]\,dJ$$

经过数学变换，最终可得

$$q_r=T/\Theta_r=8\pi^2 IkT/h^2 \tag{6-14}$$

实际上，式(6-14) 只适用于异核双原子分子。

对于同核双原子分子，光谱实验结果发现其转动量子数 J 或为 0、2、4 等偶数；或为 1、3、5 等奇数，不能兼而有之。因此整个配分函数就比异核双原子分子小了一半，即 $q_r=T/2\Theta_r=8\pi^2 IkT/(2h^2)$。通常把该式与式(6-14) 写作一个通式：

$$q_r=\frac{T}{\sigma\Theta_r}=\frac{8\pi^2 IkT}{\sigma h^2} \tag{6-15}$$

式中，h 为普朗克常数；σ 称为分子的对称数，是指分子在绕某一对称元素（点、轴、面）旋转 360°的过程中所有可能出现的不可分辨位置的总和。如果旋转了 360°，期间没有出现不可分辨的位置，又回到原来状态，则对称数 $\sigma=1$。所有分子至少有一个对称数。将这个对称数再加上在绕某一对称元素旋转 360°的过程中所有可能出现的不可分辨的新位置数，就得到总对称数，用计算式表示为：$\sigma=1+x+y+\cdots$。各种分子的 σ 值可通过分子所属点群的特征确定。

本章只考察线性双原子分子，以对称元素为对称轴，用 C_n 表示，如果分子绕着通过该分子的一条直线旋转一定角度能同原来分子重合，这条直线就是该分子的对称轴。数字 n 称为对称轴的阶，代表分子在绕轴转动 360°过程中同原来分子重合的次数。在下面的例 6.1 中会用到这个概念。

例 6.1 试确定下列分子的转动对称数：(1) N_2；(2) NO；(3) NH_3；(4) C_2H_4；(5) C_6H_6；(6) BCl_6；(7) C_6H_{12}（椅式）；(8) CH_4。

解：(1) N_2 是同核双原子分子，在旋转到 180°时出现一个不可分辨的位置，即与原来的分子完全相同，所以在旋转 360°期间出现了一个不可分辨的位置，加上原来的状态，所以 $\sigma=1+1=2$。

(2) NO 是异核双原子分子，在旋转 360°期间没有出现不可分辨的位置，又回到了原来状态，所以 $\sigma=1$。

(3) NH_3 属于 C_{3v} 点群，空间结果是以 N 原子为顶点的立体三角锥，穿越 N 原子并平分三个 N—H 键角的为对称轴 C_3，旋转时可与原分子重合两次，所以 $\sigma=1+2=3$。

(4) C_2H_2 属于 D_{2h} 点群，考虑 π 键的共用电子云，空间结构是棍状的，沿 x，y，z 三个方向均有一个对称轴 C_2，旋转时都可与原分子重合一次，旋转操作为 $3C_2$，$\sigma=1+3\times1=4$。

(5) C_6H_6 属于 D_{6h} 点群，空间结构是环状的，通过中心点均匀划分对应的两个 C—C 键会有 6 个 C_2 轴，过中心点穿越对应两个 C 原子有一个 C_6 轴。旋转操作为 $1C_6+6C_2$，$\sigma=1+5+6\times1=12$。

(6) BCl_6 属于 D_{3h} 点群，旋转操作为 $1C_3+3C_2$，$\sigma=1+2+3\times1=6$。

(7) C_6H_{12}（椅式）属于 D_{3d} 点群，旋转操作为 $1C_3+3C_2$，$\sigma=1+2+3\times1=6$。

(8) CH_4 为正四面体结构，属于 T_d 点群，旋转操作为 $4C_3+3C_2$，$\sigma=1+4\times2+3\times1=12$。

一般情况下，只需要讨论双原子分子的转动配分函数。异核双原子分子 $\sigma=1$，同核双原子分子 $\sigma=2$。

6.2.3 分子振动配分函数

由式(2-6) 可知，双原子分子的振动能 $\varepsilon_v=(v+1/2)h\nu$ 且 $g_v=1$，所以

$$q_v=\sum_i g_{v,i}\exp[-\varepsilon_{v,i}/(kT)]=\sum_{v=0}^{\infty}\exp[-(v+1/2)h\nu/(kT)] \tag{6-16}$$

令

$$\Theta_v=h\nu/k \tag{6-17}$$

不难看出，Θ_v 也具有温度的量纲，其值仅取决于分子的本性（即振动频率 ν），因此被称为分子的振动特征温度。某些双原子分子的振动特征温度 Θ_v 见表 6-1。

从表 6-1 中数据可以看出，多数物质的振动特征温度都在数千开尔文，远高于转动特征温度。室温下 $\Theta_v/T\gg1$，由于振动能级间隔太大，不能以连续变化来处理，因此不能以积分代替式(6-16) 中的加和。令 $\alpha=\Theta_v/T$，将式(6-16) 写作

$$\begin{aligned}q_v&=\sum_{v=0}^{\infty}e^{-\left(v+\frac{1}{2}\right)\Theta_v/T}=\sum_{v=0}^{\infty}e^{-\left(v+\frac{1}{2}\right)\alpha}=e^{-\alpha/2}\sum_{v=0}^{\infty}e^{-v\alpha}=e^{-\alpha/2}(1+e^{-\alpha}+e^{-2\alpha}+e^{-3\alpha}+\cdots)\\&=e^{-\alpha/2}[1+e^{-\alpha}+(e^{-\alpha})^2+(e^{-\alpha})^3+\cdots]\end{aligned}$$

因为 $e^{-x}<1$，当 $0<x<1$ 时，级数 $1+x+x^2+x^3+\cdots=(1-x)^{-1}$

代入上式，则

$$q_v=\frac{e^{-x/2}}{1-e^{-x}}=\frac{\exp[-\Theta_v/(2T)]}{1-\exp(-\Theta_v/T)}=\frac{\exp[-h\nu/(2kT)]}{1-\exp[-h\nu/(kT)]} \tag{6-18}$$

虽然 $v=0$ 时的基态振动能为 $h\nu/2$，并非为零。但统计热力学中常采取相对能量零点标度，将基态能级指定为能量零点，则根据式(5-16)，振动配分函数为：

$$q'_v=\frac{1}{1-\exp[-h\nu/(kT)]} \tag{6-19}$$

系统温度和双原子分子的振动频率确定后，即可由式(6-18) 或式(6-19) 计算其振动配分函数。

6.2.4 电子配分函数

电子运动的能级间隔很大，一般在温度达到几千摄氏度以上才会被激发。因为电子常处于基态，可忽略各激发态对配分函数的贡献。

所以 $$q_e=\sum_i g_{e,i}\exp[-\varepsilon_{e,i}/(kT)]\approx g_{e,0}\exp[-\varepsilon_{e,0}/(kT)] \tag{6-20}$$

若指定基态（零点能）为能量的零点，则

$$q'_e=g_{e,0} \tag{6-21}$$

大多数双原子分子的电子运动基态都是非简并的，即 $g_{e,0}=1$。但原子和自由基电子运动基态常常是简并的，其简并度见表 2-4。

值得注意的是，个别原子的电子运动，基态与第一激发态之间的间隔并不是很大，需要考虑激发态的贡献，q_e 表示式中的第二项就不能忽略。

6.2.5 核自旋配分函数

原子核的能级间隔极大，在一般的物理和化学过程中，原子核总是处于基态，故：

$$q_n=g_{n,0}\exp[-\varepsilon_{n,0}/(kT)] \tag{6-22}$$

通常将基态（零点能）选作能量的零点，并考虑到式(2-7)，则

$$q'_n=g_{n,0}=2s_n+1 \tag{6-23}$$

式中，s_n 是原子核的自旋量子数。由于一般的化学和物理过程都不至于改变原子核的能量状态，所以在计算热力学函数改变值时核运动没有贡献。但计算热力学函数值，如规定熵时，应包含核运动的贡献。除非特别说明，在后面的分析和计算中一般都忽略核运动贡献。

例 6.2 已知气体 O_2 的转动惯量 $I=1.935\times10^{-46}\text{kg}\cdot\text{m}^2$，振动频率 $\nu=4.738\times10^{13}\text{s}^{-1}$，计算在 298.15K 和标准压力 $p^{\ominus}$下，1mol O_2 的平动配分函数 q_t、转动配分函数 q_r、振动配分函数 q_v 和电子配分函数 q_e。已知 O_2 的 $M_r=16.00\times2=32.00\text{g}\cdot\text{mol}^{-1}$；$k=1.3806\times10^{-23}\text{J}\cdot\text{K}^{-1}$；$h=6.626\times10^{-34}\text{J}\cdot\text{s}$；$g_{e,0}=3$。

解： 在给定条件下：$V_m^{\ominus}=(298.15/273.15)\times0.0224=0.02445\text{m}^3\cdot\text{mol}^{-1}$

$q_t=5.94\times10^{30}(M_rT)^{3/2}V$

$=5.94\times10^{30}\times(32.00\times10^{-3}\times298.15)^{3/2}\times0.02445=4.28\times10^{30}$

$$q_r = 8\pi^2 IkT/2h^2$$

$$= 8 \times (3.1416)^2 \times 1.935 \times 10^{-46} \times 1.3806 \times 10^{-23} \times 298.15/[2 \times (6.626 \times 10^{-34})^2]$$

$$= 71.62$$

$$q_v = \frac{\exp[-h\nu/(2kT)]}{1-\exp[-h\nu/(kT)]}$$

$$= \frac{\exp[-(6.626 \times 10^{-34} \times 4.738 \times 10^{13})/(2 \times 1.38 \times 10^{-23} \times 298.15)]}{1-\exp[-(6.626 \times 10^{-34} \times 4.738 \times 10^{13})/(1.38 \times 10^{-23} \times 298.15)]}$$

$$= 0.02208$$

$$q_e' = g_{e,0} = 3$$

$$q = q_t \cdot q_r \cdot q_v \cdot q_e' = 2.03 \times 10^{31}$$

通过本题计算可以看出，相同温度下，q_t 最大，q_r 次之，q_v 最小。q_t 是对 q 的主要贡献，$q \gg N$。而根据定义，配分函数是对粒子所有有效量子态的求和。q 越大，粒子的微观状态越多，说明激发态也越多。即使在常温下，粒子也大多处于平动和转动的激发态上，而振动基本不被激发。这不仅说明，在各种形式的运动中，平动对熵的贡献最大。而且从另一方面说明了"能量最低原理"的局限性。如果所有运动都满足能量最低原理，则都应该尽可能分布在相应基态能级上。显然，对于电子能级，能量最低原理能很好适用。对于振动能级，其适用性决定于振动能级的能量间隔。对于转动和平动，常温下，能量最低原理完全不适用。

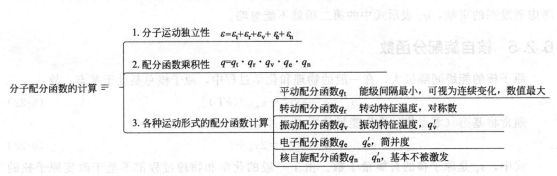

本章提示

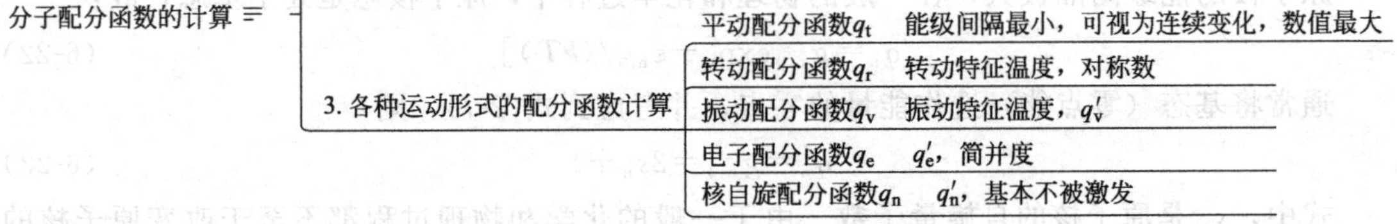

平动配分函数qt 能级间隔最小，可视为连续变化，数值最大

第7章
热力学函数的统计计算

第6章中给出了粒子各种独立运动形式配分函数的表达式，从而可以通过粒子的微观性质如转动惯量、振动频率等来计算系统的热力学性质。分子的转动惯量、振动频率既可以通过分子转动及振动光谱获得，也可通过量子化学计算得到。量子化学计算程序一般都有计算热力学性质的功能。

本章对热力学函数的统计计算仅限于理想气体。在温度不太低、压力不太高条件下的单原子分子、双原子分子气体是主要研究对象。由于气体是不可别粒子系统，所以在计算时使用不可别粒子系统的统计热力学表示式。

7.1 相关要点

7.1.1 配分函数 q、q' 与 $q^{\ominus}$

因为 $\varepsilon_{t,0} \approx 0$，$\varepsilon_{r,0}=0$，则在常温下，$q_t'=q_t$，$q_r'=q_r$。振动基态能量 $\varepsilon_{v,0}=h\nu/2$，可得 $q_v'=e^{h\nu/(2kT)}\,q_v$。$h\nu/kT$ 通常在10左右，所以 q_v' 和 q_v 的差别不能忽略。电子运动与核运动基态能量也很大，q 和 q' 也有明显差别。

在分子各种运动形式完全独立的前提下，理想气体分子的全配分函数为：

单原子分子：
$$q'=q_t q_e' q_n'=\frac{(2\pi mkT)^{\frac{3}{2}}}{h^3}\cdot V\cdot g_{e,0}\cdot g_{n,0} \tag{7-1}$$

双原子分子：$q'=q_t q_r q_v' q_e' q_n'$
$$=\frac{(2\pi mkT)^{\frac{3}{2}}}{h^3}\cdot V\cdot \frac{8\pi^2 IkT}{\sigma h^2}\cdot \frac{1}{1-\exp[-h\nu/(kT)]}\cdot g_{e,0}\cdot g_{n,0} \tag{7-2}$$

① 上面所列分子配分函数 q' 都是以该分子的最低能级为零计算的配分函数，而按共同零点计算的配分函数 q 与 q' 的关系为：$q=q'\exp[-\varepsilon_0/(kT)]$。其中 ε_0 表示分子最低能级的能量，至少应包含振动、电子运动及核自旋的基态能量 $\varepsilon_{v,0}$、$\varepsilon_{e,0}$ 和 $\varepsilon_{n,0}$。

② 与标准热力学函数相对应，理想气体的标准配分函数 $q^{\ominus}$ 或 $q'^{\ominus}$ 指系统处于标准压力 $p^{\ominus}$ 时分子的配分函数。系统压力大小实际上只影响平动配分函数，与内部运动的配分函数 q_i 无关。所以在标准状态下理想气体分子的配分函数可写成：

$$q'^{\ominus}=\frac{(2\pi mkT)^{\frac{3}{2}}}{h^3}\cdot\frac{NkT}{p^{\ominus}}\cdot q'_i \tag{7-3}$$

式中的 q'_i为内配分函数，$q'_i=q_r'q'_vq'_eq'_n$。

③ 以上列出的分子配分函数表达式都是近似表达式。分子的各种运动形式并非完全独立，而是彼此互相影响的。此外，用于计算各种运动形式配分函数的模型过于理想化，这些都影响了配分函数的准确性，但 q 的表达式还是反映了分子的基本特征，只要温度不是太低或太高，其误差不会很大。

7.1.2 各种运动形式的贡献

既然配分函数可以分离为各种运动形式的贡献，那么，各种运动形式对系统的热力学函数也应有独立的贡献。

因为可别与不可别粒子系统的区别就在于不可别粒子位置不可区分，而在各种独立运动形式中，只有分子的外部运动——平动与分子质心位置的改变有关，转动、振动、电子运动和核运动等是分子内部运动，不影响质心具体位置。可以说，可别粒子系统和不可别粒子系统的差别来源于分子平动，即不可别粒子的全同性校正可以看作完全针对平动。下面对不可别粒子系统的热力学函数进行讨论。

7.1.2.1 Helmholtz 自由能 A

由式(5-7)，不可别粒子系统 Helmholtz 自由能 A 为：

$$A=-kT\ln(q^N/N!)$$
$$=-kT\ln(q_t^N/N!)-kT\ln(q_r)^N-kT\ln(q_v)^N-kT\ln(q_e)^N-kT\ln(q_n)^N$$

所以：
$$A=A_t+A_r+A_v+A_e+A_n \tag{7-4}$$

式中，A_t、A_r、A_v、A_e 和 A_n 分别代表平动、转动、振动、电子运动和核运动对 Helmholtz 自由能 A 的贡献，不可别粒子的全同性校正项只出现在平动项 A_t 中。

7.1.2.2 熵 S

同理，由式(7-4)，结合 $S=-(\partial A/\partial T)_V$，得到不可别粒子系统的熵：

$$\begin{aligned}S=&[k\ln(q_t^N/N!)+NkT(\partial\ln q_t/\partial T)_{N,V}]+[Nk\ln q_r+NkT(\partial\ln q_r/\partial T)_{N,V}]\\&+[Nk\ln q_v+NkT(\partial\ln q_v/\partial T)_{N,V}]+[Nk\ln q_e+NkT(\partial\ln q_e/\partial T)_{N,V}]\\&+[Nk\ln q_n+NkT(\partial\ln q_n/\partial T)_{N,V}]\end{aligned} \tag{7-5}$$

$$S=S_t+S_r+S_v+S_e+S_n \tag{7-6}$$

式中，S_t、S_r、S_v、S_e 和 S_n 分别称为平动熵、转动熵、振动熵、电子运动熵和核运动熵。只有平动熵中多了全同性校正项。即

$$S_t=Nk+Nk\ln(q_t/N)+NkT(\partial\ln q_t/\partial T)_{N,V} \tag{7-7}$$

7.1.2.3 压力 p

由式(7-4)，结合 $p=-(\partial A/\partial V)_T$，得到压力 p 为

$$p=NkT(\partial\ln q/\partial V)_{T,N}=NkT(\partial\ln q_t/\partial V)_{T,N} \tag{7-8}$$

根据前面知识，在各种独立运动中，只有平动配分函数与体积有关。

显然，利用粒子配分函数计算独立可别粒子系统的具体热力学数值，应该首先确定配分函数的偏微分。

7.1.3 偏微分的求算

电子运动和核运动难以被激发，电子运动和核运动的配分函数，选择相对能量零点标度时，就是相应基态的简并度，一般为常数。当然也有例外情况。例如溶液中分子间的相互作用，其实质就是能量间隔很小的电子能量。而在磁场作用下，原子核的自旋能级分裂，间隔很小，易被磁场激发产生共振跃迁。磁场强度越大，核自旋能级间隔越大，越容易以自旋基态存在，共振跃迁时从磁场中吸收能量越大，所以核磁共振谱仪的信噪比随磁场强度的增大而提高。

在大多数情况下，只需要考虑平动、振动和转动配分函数随温度的变化。其中，平动配分函数 q_t 除了受温度影响，还和体积有关。

(1) 求算 $(\partial \ln q/\partial V)_{T,N}$

独立粒子系统中仅平动配分函数中包含系统体积 V，即 $q_t = q'_t = [(2\pi mkT)^{3/2}V/h^3]$，所以

$$(\partial \ln q/\partial V)_{T,N} = 1/V \tag{7-9}$$

(2) 求算 $(\partial \ln q/\partial T)_{V,N}$

平动、转动及振动配分函数中均包含温度 T，应该根据相应配分函数公式分别计算。

对分子的平动：$\left(\dfrac{\partial \ln q_t}{\partial T}\right)_{V,N} = \left\{\dfrac{\partial}{\partial T}\ln[(2\pi mkT)^{3/2}V/h^3]\right\}_{V,N} = \left[\dfrac{\partial}{\partial T}\left(\dfrac{3}{2}\ln T\right)\right]_{V,N}$

所以有
$$\left(\frac{\partial \ln q_t}{\partial T}\right)_{V,N} = \frac{3}{2T} \tag{7-10}$$

非线性分子的转动和振动因为涉及多个自由度，对应的配分函数都比较复杂，我们只考虑线性分子中的双原子分子。

对于双原子分子的转动：$\left(\dfrac{\partial \ln q_r}{\partial T}\right)_{V,N} = \left[\dfrac{\partial}{\partial T}\ln\left(\dfrac{T}{\sigma\Theta_r}\right)\right]_{V,N} = \left[\dfrac{\partial}{\partial T}(\ln T)\right]_{V,N}$

所以有
$$\left(\frac{\partial \ln q_r}{\partial T}\right)_{V,N} = \frac{1}{T} \tag{7-11}$$

对于双原子分子的振动：

$$\left(\frac{\partial \ln q'_v}{\partial T}\right)_{V,N} = -\left\{\frac{\partial}{\partial T}\ln[1-\exp(-h\nu/kT)]\right\}_{V,N} = -\frac{0-\dfrac{h\nu}{kT^2}\cdot\exp(-h\nu/kT)}{1-\exp(-h\nu/kT)}$$

所以有
$$\left(\frac{\partial \ln q'_v}{\partial T}\right)_{V,N} = \frac{h\nu/kT^2}{\exp(h\nu/kT)-1} \tag{7-12}$$

7.2 统计热力学对理想气体系统的应用

7.2.1 理想气体状态方程的推导

在经典热力学中，根据热力学第一定律和第二定律，可以推导适用于宏观系统的相应公式，但在使用时必须代入系统状态方程。而状态方程都是通过实验得到的经验方程，例如理

想气体状态方程就是在三大气体定律的基础上外推到压力趋于零时获得的。在统计热力学中，可根据配分函数直接推导出理想气体状态方程。将式(7-9)代入式(7-8)，可得

$$p = NkT(\partial \ln q/\partial V)_{T,N} = NkT/V$$

对于 $n$mol 的理想气体，粒子数 $N=nL$ 个，L 为阿伏伽德罗常数，有

$$p = nLkT/V$$

这就是从统计热力学推导出的理想气体状态方程。已知由低压气体实验总结出来的理想气体经验方程为：$p = nRT/V$。

比较这两个式子，可见：$k = R/L = 1.3806 \times 10^{-23}\,\mathrm{J \cdot K^{-1}}$。

这给出了玻尔兹曼公式中 k 的物理意义，k 是单个气体分子的气体常数。

7.2.2 化学势 μ 的统计表达式

对一定温度、压力下的纯理想气体 B，其化学势就等于该条件下的摩尔吉布斯自由能。因为

$$G = -kT\ln(q^N/N!) + NkTV(\partial \ln q/\partial V)_{T,N} = -kT\ln(q^N/N!) + NkT$$
$$= -NkT\ln(q/N)$$

对于 1mol 的理想气体，粒子数 $N=L$。

$$\mu_B^* = G_{B,m}^* = -LkT\ln(q_B/L) = -RT\ln\frac{q_B}{L}$$

$$\mu_B^*(\mathrm{id, g}, T, p) = -RT\ln\frac{q_B}{L} = -RT\ln\frac{q'_B}{L} + U_{0,m}(B) \qquad (7\text{-}13)$$

当压力等于标准压力 $p^\ominus$ 时，$\mu_B^\ominus(\mathrm{id, g}, T, p^\ominus) = -RT\ln\frac{q'^\ominus_B}{L} + U_{0,m}(B) \qquad (7\text{-}14)$

对于理想气体而言，当温度不变时，根据式(7-1)和式(7-2)可知，配分函数中只有平动配分函数随体积变化而发生改变：$q_t = \frac{(2\pi mkT)^{\frac{3}{2}}}{h^3}V$。

所以：$$\frac{q'^\ominus_B}{q'_B} = \frac{V(p^\ominus)}{V(p)} = \frac{nRT/p^\ominus}{nRT/p} = \frac{p}{p^\ominus}$$

则有：$\mu_B^*(\mathrm{id, g}, T, p) - \mu_B^\ominus(\mathrm{id, g}, T, p^\ominus) = RT\ln\frac{q'^\ominus_B}{q_B} = RT\ln\frac{p}{p^\ominus}$

移项即有：$\mu_B^*(\mathrm{id, g}, T, p) = \mu_B^\ominus(\mathrm{id, g}, T, p^\ominus) + RT\ln\frac{p}{p^\ominus}$

这就是我们在多组分热力学中推导的理想气体化学势等温表达式，现在从统计热力学角度可进一步证明。

7.2.3 热力学能 U

根据式(5-19)：$U = NkT^2(\partial \ln q'/\partial T)_{V,N} + U_0$，将分子的全配分函数 $q' = q_t q_r q'_v q'_e q'_n$ 代入，有

$$U = NkT^2(\partial \ln q_t/\partial T)_{V,N} + NkT^2(\partial \ln q_r/\partial T)_{V,N} + NkT^2(\partial \ln q'_v/\partial T)_{V,N}$$
$$+ NkT^2(\partial \ln q'_e/\partial T)_{V,N} + NkT^2(\partial \ln q'_n/\partial T)_{V,N} + U_0$$

显然，一般情况下，q'_e 与 q'_n 为常数，与温度无关。电子运动与核运动对热力学能的贡

献已经包含在系统的零点能 U_0 中。因为0K时，振动、电子和核的基态能量都不为0。所以选取相对能量零点标度时，零点能 U_0 为定值，至少包含了这三个相应运动形式的基态能级。而振动对应的配分函数 q_v' 还与温度有关，所以可写作：

$$U=U_t+U_r+U_v+U_0 \tag{7-15}$$

式中，U_t、U_r 和 U_v 分别代表平动、转动、振动在温度变化时对热力学能 U 的贡献。从式(7-15) 可以看出，理想气体热力学能 U 就是温度 T 的单值函数。

分别代入偏微分 $(\partial \ln q/\partial T)_{V,N}$，则

由式(7-10)有：$$U_t=NkT^2\left(\frac{\partial \ln q_t}{\partial T}\right)_{V,N}=NkT^2\cdot\frac{3}{2T}=\frac{3}{2}NkT \tag{7-16}$$

由式(7-11) 有：$$U_r=NkT^2\left(\frac{\partial \ln q_r}{\partial T}\right)_{V,N}=NkT^2\cdot\frac{1}{T}=NkT \tag{7-17}$$

由式(7-12) 有：$$U_v=NkT^2\left(\frac{\partial \ln q_v}{\partial T}\right)_{V,N}=NkT^2\cdot\frac{h\nu/kT^2}{\exp(h\nu/kT)-1}=\frac{\mathrm{N}h\nu}{\mathrm{e}^{h\nu/kT}-1}$$

若 $\Theta_v\gg T$，即 $h\nu\gg kT$，则 $\mathrm{e}^{h\nu/kT}$ 趋于无穷大，低温下有

$$U_{v,低温}\approx 0 \tag{7-18}$$

若 $\Theta_v\ll T$，即 $h\nu\ll kT$，则可对 $\mathrm{e}^{h\nu/kT}$ 作泰勒展开

$$\mathrm{e}^{h\nu/kT}=1+\frac{h\nu}{kT}+\frac{1}{2}\left(\frac{h\nu}{kT}\right)^2+\cdots\approx 1+\frac{h\nu}{kT}$$

则极高温下有

$$U_{v,极高温}=\frac{\mathrm{N}h\nu}{1+h\nu/kT-1}=NkT \tag{7-19}$$

单原子气体分子只有平动，没有转动和振动，则 $N=L$ 时的摩尔热力学能为

$$U_m(单原子理想气体)=\frac{3}{2}RT+U_{0,m} \tag{7-20}$$

双原子气体分子在不同温度范围下，其摩尔热力学能为

$$U_m(双原子理想气体，低温)=\frac{5}{2}RT+U_{0,m} \tag{7-21}$$

$$U_m(双原子理想气体，极高温)=\frac{7}{2}RT+U_{0,m} \tag{7-22}$$

对于双原子分子，因为振动特征温度较高，在低温到常温范围内，分子都处于振动基态，振动对系统的热力学性质的贡献可忽略不计。而在高温下，分子振动被激发，对系统热力学性质产生不可忽略的贡献。

7.2.4 等容热容 C_V

根据 $C_V=(\partial U/\partial T)_V$，对于粒子数 $N=L$ 的 1mol 的分子，分别代入式(7-15)～式(7-22)，有

$$C_{V,m,t}=\frac{3}{2}Lk=\frac{3}{2}R \tag{7-23}$$

$$C_{V,m,r}=Lk=R \tag{7-24}$$

$$C_{V,m,v}(低温)=0 \tag{7-25}$$

$$C_{V,m,v}(高温)=Lk=R \tag{7-26}$$

$$C_{V,\mathrm{m}}(\text{单原子理想气体})=\frac{3}{2}R \tag{7-27}$$

$$C_{V,\mathrm{m}}(\text{双原子理想气体，低温})=\frac{5}{2}R \tag{7-28}$$

$$C_{V,\mathrm{m}}(\text{双原子理想气体，极高温})=\frac{7}{2}R \tag{7-29}$$

在热力学第一定律中曾指出，理想气体的 $C_{V,\mathrm{m}}$ 只是温度 T 的函数，且单原子理想气体的 $C_{V,\mathrm{m}}$ 等于 $3R/2$。这是低压气体在常温下的实验结果，统计热力学可以从微观角度证明这些规律。

对双原子理想气体，尽管平动、振动和转动对热容均有贡献，但在低温范围内，振动被冻结，其贡献可以忽略。在中等温度时，振动对热容有不可忽略的贡献，双原子理想气体热容表现为 T 的函数。在高温范围，$C_{V,\mathrm{m}}$ 近似等于常数 $7R/2$。只有在温度极高时，才允许这种近似，一般的物理化学过程并不会涉及这种情况。

7.2.5 熵 S

熵是统计热力学中最重要的宏观热力学性质，是根据玻尔兹曼公式以最概然分布代替平衡分布，可直接计算而得，根据前面介绍，熵可以视为宏观系统中某微观分布出现概率的量度。

7.2.5.1 量热熵与统计熵

热力学中，实验测定热容、蒸发焓、熔化热等相关数据，根据 $S(T)=S(0\mathrm{K})+\int_{0\mathrm{K}}^{T}C_p\,\mathrm{d}\ln T$，在第三定律规定 $S(0\mathrm{K}$，完美晶体$)=0$ 的基础上，通过图解积分求得某物质在 T 时的熵值 $S(T)$。因为数据来自量热实验，故称为量热熵，又可称为规定熵。量热熵是基于差值 $\int_{0\mathrm{K}}^{T}C_p\,\mathrm{d}\ln T$ 的，显然从 0K 到 T 过程中，电子和核运动一般不被激发，所以量热熵只与粒子的平动、振动和转动有关。

利用光谱得到的分子结果数据，用统计热力学方法，按照式(7-6) 计算出来的熵，称为统计熵或者光谱熵。

对于大多数气体，量热熵与统计熵在数值上基本相等，这也说明了统计热力学处理的正确性。但是对某些气体来说，两者之间的差值超出了实验误差范围。这时，一般都是统计熵大于量热熵，两者差值称为残余熵。对于许多分子如 NO、N_2O、CH_3D、H_2O 等，在绝对零度时都测出残余熵的存在。残余熵产生的具体原因并非完全相同，但低温条件下难以达到真正的热力学平衡态是主要原因。例如 N_2O 分子残余熵为 $4.9\mathrm{J\cdot K^{-1}\cdot mol^{-1}}$。这是因为在绝对零度时，$N_2O$ 晶体中 N_2O 分子的取向转变已变得困难。晶体中每一个 N_2O 分子都可能有两种取向，即 N_2O 和 ON_2 形式。则 1mol 晶体应有 2^L 种构型方式，所以 N_2O 晶体在绝对零度时仍有 $S=Lk\ln2=R\ln2=5.7\mathrm{J\cdot K^{-1}\cdot mol^{-1}}$。这表明在温度趋于绝对零度时，$N_2O$ 晶体中的分子有部分发生了定向排列。CO 和 NO 分子也有类似情况。

7.2.5.2 各种独立运动对应的统计熵

根据式(7-6)，$S=S_t+S_r+S_v+S_e+S_n$，说明熵来源于各种独立运动的贡献之和。而

核运动熵 S_n 不仅包含核自旋和核内更深层次的微粒运动，随着人们对微观世界认识的深入，还会包含更多不同种类亚原子粒子的不同运动形式。所以熵的绝对值无法确定，只能计算在过程变化始态和终态之间的熵变数值。换言之，即使是统计熵也并非绝对值。

(1) 平动熵 S_t

在各种运动对熵的贡献中，只有平动熵需要考虑粒子全同性校正，结合式(7-6) 和式(7-10)：

$$S_t = Nk + Nk\ln(q_t/N) + NkT(\partial \ln q_t/\partial T)_{N,V} = Nk + Nk\ln(q_t/N) + 3Nk/2$$

则：
$$S_t = Nk\ln\left(\frac{q_t}{N}\right) + \frac{5}{2}Nk = Nk\ln\left[\left(\frac{2\pi mkT}{h^2}\right)^{\frac{3}{2}} \cdot \frac{V}{N}\right] + \frac{5}{2}Nk \tag{7-30}$$

由式(7-30) 可知，平动熵 S_t 与粒子的质量 m、粒子数 N、系统的温度 T 和体积 V 均有关系。

对于理想气体，1mol 粒子数为 $N=L$，代入式(7-30)，整理后可得理想气体的平动摩尔熵 $S_{m,t}$ 为

$$S_{m,t} = R\left\{\ln\left[\left(\frac{2\pi mkT}{h^2}\right)^{\frac{3}{2}} \cdot \frac{V_m}{L}\right] + \frac{5}{2}\right\} \tag{7-31}$$

式(7-31) 称为沙克尔-特鲁德（Sackur-Tetrode）方程，是计算理想气体摩尔平动熵的常用公式。若恒压下有 1mol 单原子理想气体由 T_1 变化到 T_2，将 $V_m = RT/p$ 代入式(7-31)，则有

$$\Delta S = S_{m,t,2} - S_{m,t,1} = R\ln\left[\left(\frac{2\pi mk}{h^2}\right)^{\frac{3}{2}} \cdot \frac{R/p}{L} \cdot T_2^{\frac{5}{2}}\right] - R\ln\left[\left(\frac{2\pi mk}{h^2}\right)^{\frac{3}{2}} \cdot \frac{R/p}{L} \cdot T_1^{\frac{5}{2}}\right]$$

即
$$\Delta S = \frac{5}{2}R\ln\frac{T_2}{T_1}$$

这显然与前面热力学中，单原子理想气体等压下的熵变公式 $\Delta S = C_p \ln\dfrac{T_2}{T_1}$ 完全一致。

值得注意的是，有时会看到一些简化的沙克尔-特鲁德方程，将式(7-31) 中的常数项代入就会得到一系列的其他形式的方程。将 $k = 1.3806\times10^{-23}\text{J}\cdot\text{K}^{-1}$，$L = 6.02\times10^{23}\text{mol}^{-1}$，$R = 8.314\text{J}\cdot\text{mol}^{-1}\cdot\text{K}^{-1}$，$m = M/L$，$V_m = RT/p$ 代入，则有

$$S_{m,t} = R\ln\left[\frac{(2\pi k)^{\frac{3}{2}}}{L^{\frac{5}{2}}h^3} \cdot M^{\frac{3}{2}} \cdot \frac{R}{p} \cdot T^{\frac{5}{2}}\right] + \frac{5}{2}R$$

$$= R\ln\left[\frac{(2\times3.14\times1.3806\times10^{-23})^{\frac{3}{2}}}{(6.02\times10^{23})^{\frac{5}{2}}\times(6.626\times10^{-34})^3} \cdot M^{\frac{3}{2}} \cdot \frac{R}{p} \cdot T^{\frac{5}{2}}\right] + \frac{5}{2}R$$

$$S_{m,t} = R\left[\frac{3}{2}\ln(M/\text{kg}\cdot\text{mol}^{-1}) + \frac{5}{2}\ln(T/\text{K}) - \ln(p/\text{Pa}) + 20.72\right] \tag{7-32}$$

式(7-32) 是沙克尔-特鲁德方程的另一种形式，从该式可见，摩尔平动熵与 M、T、p 有关，在相同温度和压力下，摩尔质量越大，则摩尔平动熵越大。

如果是标准压力，$p = 100\text{kPa} = 10^5\text{Pa}$，代入式(7-32)，即得

$$S_{m,t} = R\left[\frac{3}{2}\ln(M/\text{kg}\cdot\text{mol}^{-1}) + \frac{5}{2}\ln(T/\text{K}) + 9.21\right] \tag{7-33}$$

式(7-33) 在标准压力下，计算摩尔平动熵较为方便。有些参考书上的沙克尔-特鲁德方程和本书不一致，根本原因是没有使用国际单位制，摩尔质量 M 的单位为 $\text{g}\cdot\text{mol}^{-1}$，压力使用

的是 101.325kPa。因为统计热力学计算比较烦琐，所以建议一定要自行演算验证相关公式。

(2) 转动熵 S_r

将式(7.11) 代入 $S_r=[Nk\ln q_r+NkT(\partial \ln q_r/\partial T)_{N,V}]$，有

$$S_{m,r}=R\ln\left(\frac{8\pi^2 IkT}{\sigma h^2}\right)+R=R\left(\ln\frac{T}{\sigma\Theta_r}+1\right) \tag{7-34}$$

(3) 振动熵 S_v

将式(7-12) 代入 $S_v=[Nk\ln q_v+NkT(\partial \ln q_v/\partial T)_{N,V}]$，有

$$S_{m,v}=-R\ln\left[1-\exp\left(-\frac{h\nu}{kT}\right)\right]+\frac{Rh\nu/(kT)}{\exp(h\nu/k)-1} \tag{7-35}$$

$$S_{m,v}=R\left\{\frac{\Theta_v/T}{\exp(\Theta_v/T)-1}-\ln[1-\exp(-\Theta_v/T)]\right\} \tag{7-36}$$

(4) 电子熵 S_e 和核运动熵 S_n

根据式(6-21) 和式(6-23)，有

$$S_{m,e}=R\ln g_{e,0} \tag{7-37}$$

$$S_{m,n}=R\ln g_{n,0} \tag{7-38}$$

一般情况下，电子和核运动都处于基态，相应配分函数就是基态的简并度，通常可忽略电子与核运动对熵的贡献。

7.2.5.3 熵的影响因素

根据玻尔兹曼公式，影响微观状态数的因素就是影响熵的因素。下面从微观角度，简要讨论一下系统熵的影响因素。

① 熵随温度升高而增加。当温度升高时，分子吸收能量后跃迁到更高能级上，分子所占据的能级数增加，Ω 值增大，所以 S 值增大。

② 熵随系统的体积增大而增加。由粒子平动的能级公式［式(2-3)］可知，当系统的体积增大时，平动能级间隔变小，因而粒子可占据的能级数增多，Ω 增大，S 值增大。

③ 在一定温度和压力下，同一种物质气、液、固三态相比，固体的熵值最小，气体的熵值最大，$S(g)>S(l)>S(s)$。

这是因为固体中粒子有固定位置，只能在晶格附近振动，其运动形式主要是振动、电子运动和核运动，没有平动。而平动对熵值的贡献最大，所以固体熵值较小。与固体相比，液体主要增加了转动，混乱度较固体有所增加，其熵值也相应增加。气体与液体相比，主要增加了平动，有了更大的自由度，混乱度大大增加，因而熵值也大大增加。

从以上讨论可知，可以从分子的微观性质计算出热力学系统的熵，但熵并不是单个分子的性质，是大量分子集合体的统计结果，因此熵有统计意义。单个分子是没有熵的，这点与内能不同，应该特别注意。

7.2.6 Gibbs 自由能 G

根据式(7-13)，有： $G_m=-RT\ln\dfrac{q}{L}=-RT\ln\dfrac{q'}{L}+U_{0,m}$

所以： $$G_m-U_{0,m}=-RT\ln\frac{q'}{L}=G_{m,t}+G_{m,r}+G_{m,v}+G_{m,e}+G_{m,n} \tag{7-39}$$

注意，只有平动需要考虑粒子的全同性校正，所以式中：

$$G_{m,t}=-RT\ln(q_t/L)=-RT\ln\left[\left(\frac{2\pi mkT}{h^2}\right)^{\frac{3}{2}}\times\frac{V_m}{L}\right] \tag{7-40}$$

$$G_{m,r}=-RT\ln q_r=-RT\ln[8\pi^2 IkT/(\sigma h^2)] \tag{7-41}$$

$$G_{m,v}=-RT\ln q_v=RT\ln[1-e^{-h\nu/kT}] \tag{7-42}$$

$$G_{m,e}=-RT\ln g_{e,0} \tag{7-43}$$

$$G_{m,n}=-RT\ln g_{n,0} \tag{7-44}$$

例 7.1 求氩气在其正常沸点 87.3K 和标准压力 $p^\ominus$时的摩尔熵，已知氩的摩尔质量为 39.9g·mol^{-1}；$g_{e,0}=1$；$k=1.3806\times10^{-23}$J·K^{-1}；$h=6.626\times10^{-34}$J·s；$L=6.023\times10^{23}mol^{-1}$。

解：正常情况下，电子和核的运动不被激发，且基态非简并，$q'_e=g_{e,0}=1$，$q'_n=1$。说明单原子理想气体摩尔熵，只需考虑平动贡献。

$m=M_r/(1000L)=(39.9\times10^{-3})/(6.023\times10^{23})=6.628\times10^{-26}$(kg)

$V_m=RT/p=(8.314\times87.3)/10^5=7.258\times10^{-3}$ (m^3)

$$q_t=(2\pi mkT/h^2)^{\frac{3}{2}}\cdot V$$

$$=\left(\frac{2\times3.14\times6.628\times10^{-26}\times1.3806\times10^{-23}\times87.3}{(6.626\times10^{-34})^2}\right)^{\frac{3}{2}}\times7.258\times10^{-3}=2.804\times10^{29}$$

则由式(7-30)：

$$S_{m,t}=\frac{5}{2}R+R\ln(q_t/L)=R\left[\ln\left(\frac{2.804\times10^{29}}{6.023\times10^{23}}\right)+2.5\right]=129.29(\text{J}\cdot\text{K}^{-1}\cdot\text{mol}^{-1})$$

例 7.2 试计算 N_2 在 298.15K，标准压力 $p^\ominus$时的摩尔熵（忽略电子与核自旋运动的贡献）。已知 $M_r=28.01$g·mol^{-1}；$\Theta_r=2.86$K；$\Theta_v=3340$K；$h=6.626\times10^{-34}$J·s；$L=6.023\times10^{23}mol^{-1}$。

解：$m=M_r\times10^{-3}/L=28.01\times10^{-3}/(6.023\times10^{23})=4.65\times10^{-26}$(kg)

$V_m=RT/p=(8.314\times298.15)/10^5=0.02479$ (m^3)

根据式(7-31)，$S_{m,t}=R\left\{\ln\left[\left(\frac{2\pi mkT}{h^2}\right)^{\frac{3}{2}}\cdot\frac{V_m}{L}\right]+\frac{5}{2}\right\}$

$$=8.314\times\left\{\ln\left[\left(\frac{2\times3.14\times4.65\times10^{-26}\times1.3806\times10^{-23}\times298.15}{6.626\times10^{-34}\times6.626\times10^{-34}}\right)^{\frac{3}{2}}\times\frac{0.02479}{6.023\times10^{23}}\right]+\frac{5}{2}\right\}$$

$=150.40$ (J·K^{-1}·mol^{-1})

根据式(7-34)，$S_{m,r}=R\left[\ln\frac{T}{\sigma\Theta_r}+1\right]=8.314\times\left[\ln\left(\frac{298.15}{2\times2.86}\right)+1\right]=41.18$(J·$K^{-1}$·$mol^{-1}$)

根据式(7-36)，$S_{m,v}=R\left\{\frac{\Theta_v/T}{\exp(\Theta_v/T)-1}-\ln[1-\exp(-\Theta_v/T)]\right\}$

$$=8.314\times\left\{\frac{3340/298.15}{\exp(3340/298.15)-1}-\ln[1-\exp(-3340/298.15)]\right\}$$

$=1.38\times10^{-3}$(J·K^{-1}·mol^{-1})

所以 $S_m=S_{m,t}+S_{m,r}+S_{m,v}=150.40+41.18+1.38\times10^{-3}=191.58$ (J·$K^{-1}mol^{-1}$)

可见与平动熵和转动熵相比，振动熵可以忽略不计。

本章提示

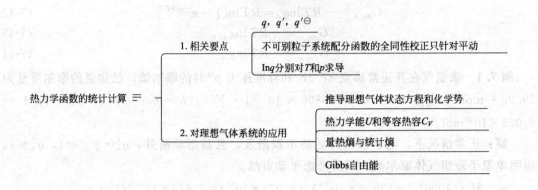

- 热力学函数的统计计算
  - 1. 相关要点
    - q, q', $q'^{\ominus}$
    - 不可别粒子系统配分函数的全同性校正只针对平动
    - $\ln q$分别对T和p求导
  - 2. 对理想气体系统的应用
    - 推导理想气体状态方程和化学势
    - 热力学能U和等容热容C_V
    - 量热熵与统计熵
    - Gibbs自由能

第8章 热力学基本定律的本质

利用统计热力学的方法，可从微观角度解释热力学定律本质。这里所选择的研究系统只限于理想气体。

8.1 热力学第一定律的本质

在组成不变的封闭系统中，若发生了一个微小可逆变化，则根据热力学第一定律，系统热力学能的变化为 $dU=\delta Q+\delta W$。

由统计热力学原理可知，独立粒子系统的热力学能为 $U=\sum N_i\varepsilon_i$，当封闭系统经历了一个可逆变化后，热力学能的变化为

$$dU=\sum N_i\mathrm{d}\varepsilon_i+\sum\varepsilon_i\mathrm{d}N_i \tag{8-1}$$

式(8-1) 等号右侧的第一项 $\sum N_i\mathrm{d}\varepsilon_i$ 表示能级分布数固定时，由能级改变所引起的热力学能增量；第二项 $\sum\varepsilon_i\mathrm{d}N_i$ 表示能级固定时，由能级分布数发生改变所引起的热力学能变化值。从热力学第一定律可知，对于组成不变的封闭系统，热力学能的改变只能是系统与环境之间通过热和功的交换来体现。而根据统计热力学知识，独立粒子系统的热力学能只是温度的函数，即热力学能是系统内所有粒子的无规则热运动的能量总和。

8.1.1 体积功

对于 $\delta W'_{\mathrm{R}}=0$ 而体积的微小变化为 dV 的过程：$\delta W_{\mathrm{R}}=-p\mathrm{d}V$。将 $p=NkT(\partial\ln q/\partial V)_{T,N}$ 代入得

$$\delta W_{\mathrm{R}}=-NkT\left(\frac{\partial\ln q}{\partial V}\right)_{T,N}\mathrm{d}V=-\frac{NkT}{q}\left(\frac{\partial q}{\partial V}\right)_{T,N}\mathrm{d}V$$

$$=-\frac{NkT}{q}\left[\frac{\partial}{\partial V}\sum g_i\exp\left(-\frac{\varepsilon_i}{kT}\right)\right]_{T,N}\mathrm{d}V=\sum\frac{N}{q}g_i\exp\left(-\frac{\varepsilon_i}{kT}\right)\left(\frac{\partial\varepsilon_i}{\partial V}\right)_{T,N}\mathrm{d}V$$

将 Boltzmann 分布公式［式(4-8)］代入，得：

$$\delta W_{\mathrm{R}}=\sum N_i\mathrm{d}\varepsilon_i \tag{8-2}$$

式(8-2) 表示，功就是保持能级上的分布数不变，使能级从 ε_i 改变到 $\varepsilon_i+\mathrm{d}\varepsilon_i$ 所必需的传递给系统的能量。所以从统计热力学的观点来看，体积功的意义是通过宏观系统的有规律

运动，导致系统原有能级上的所有粒子整体进入更高能级，即转化为系统内部分子的热运动。环境对系统做功，各能级上的粒子数不变，但粒子所在能级提高了；而系统对环境做功，能级上的粒子数不变，但所在能级整体降低。

以平动能级公式［式(2-3)］为例：$\varepsilon_t=\dfrac{h^2}{8mV^{2/3}}(n_x^2+n_y^2+n_z^2)$

环境对系统做体积功，系统压缩，体积减小，则平动能级增加。若系统对环境做体积功，系统膨胀，体积增加，则能级减小。

8.1.2 热

既然式(8-1) 中的 $\sum N_i\mathrm{d}\varepsilon_i$ 代表功，那么 $\sum \varepsilon_i\mathrm{d}N_i$ 必然代表可逆微小变化过程中的热量，即

$$\delta Q_\mathrm{R}=\sum \varepsilon_i\mathrm{d}N_i \tag{8-3}$$

显然，从统计热力学的角度出发，热量是由于粒子在能级上的重新分布而引起的系统热力学能的改变。系统吸热时，$\sum \varepsilon_i\mathrm{d}N_i>0$，当能级 ε_i 改变到 $\varepsilon_i+\mathrm{d}\varepsilon_i$ 时，$\mathrm{d}N_i$ 为正值，说明高能级上分布的粒子数增加，低能级上分布的粒子数减少。而系统放热时，$\delta Q_\mathrm{R}<0$，则 $\sum \varepsilon_i\mathrm{d}N_i<0$，分子则更多地向低能级分布。具体可结合例 4.1 的结果来理解。

8.2 热力学第二定律的本质

由熵的热力学定义式及式(8-3)，得

$$\mathrm{d}S=\frac{\delta Q_\mathrm{R}}{T}=\frac{1}{T}\sum \varepsilon_i\mathrm{d}N_i \tag{8-4}$$

式(8-4) 可以看作热力学第二定律表达式，它表明可逆过程的熵变与能级分布数的改变有关。而能级分布数的改变就意味着系统的微观状态数发生了改变。根据 Boltzmann 公式，熵是系统微观状态数即某分布出现概率的量度（参见第 2 章 2.4 节）。微观状态数 Ω 较少的状态，出现概率小，对应于较规则的状态；反之，Ω 值大的状态出现概率大，对应于较不规则的状态。因此，微观状态数 Ω 的大小也反映了系统的不规则程度，即熵是系统不规则程度的量度。当 $\Omega=1$ 时，只有一个微观状态，系统最为规则，熵值为零。

热力学第二定律的 Kelvin 说法指出：“不可能从单一热源取出热使之完全变成功，而不发生其他的变化。”这说明的是功变热过程的不可逆性。功变热，是机械能自发转变为热力学能的过程。机械能表示系统内所有分子都做同样定向运动的能量，而热力学能是系统内所有分子做无规则运动的能量。单纯的功变热过程，表示系统内所有分子的有规则运动的能量自发地转变为无规则运动的能量，这是可能的。而热自发转变为功，则是系统内所有分子的无规则运动的能量自发转变为有规则的运动的能量，对由大量分子组成的宏观系统而言，其发生的概率小到几乎等于零。功变热是从概率小的状态向概率大的状态进行变化，而热变功则是从概率大的状态向概率小的状态进行变化，这实际上是不可能发生的。

所以说，在孤立系统内发生的任何宏观过程，总是从概率小的宏观状态向概率大的宏观

状态进行变化，从包含微观状态数少的宏观状态向包含微观状态数多的宏观状态变化，直至达到包含微观状态数最多的平衡态，即孤立系统内部熵值一直增加，直至达到熵值最大的平衡态。这就是热力学第二定律的本质。

8.3 热力学第三定律的本质

当 $T \rightarrow 0\text{K}$ 时，所有粒子都处于基态能级，此时 $\Omega_0 = 1$，即把所有粒子放在一个能级上只有一个方法，系统只有一个微观状态，因此根据玻尔兹曼公式，在 0K 时物质的熵值为零，即

$$S_0 = k\ln\Omega_0 = k\ln 1 = 0 \tag{8-5}$$

式(8-5)可以看作是热力学第三定律的统计表达式，这与热力学第三定律的表述“在 0K 时任何纯物质的完美晶体的熵值为零”的结论是一致的。

事实上，即使在绝对零度时，完美晶体的熵的绝对值也并非等于零。熵是微观状态数的函数，与系统中粒子的运动状态有关，即与粒子的热运动（平动、转动、振动）及电子的运动、核运动和尚未认识的微观运动有关。因此系统的熵可以分为两大部分，粒子热运动所贡献的熵，其值随温度的升高而增加，与系统的宏观状态有关，这部分就是可由实验测定的量热熵。其他运动形式所提供的熵与系统的宏观状态无关，其值不随系统的宏观状态变化而变化，这部分的贡献称为构型熵，显然构型熵既包括电子与核的贡献，也包括我们前面介绍的残余熵。热力学第三定律所说的在绝对零度时，完美晶体的熵为零，实际上是指系统的量热熵为零，是绝对值，但是系统整体熵并非等于零。

本章提示

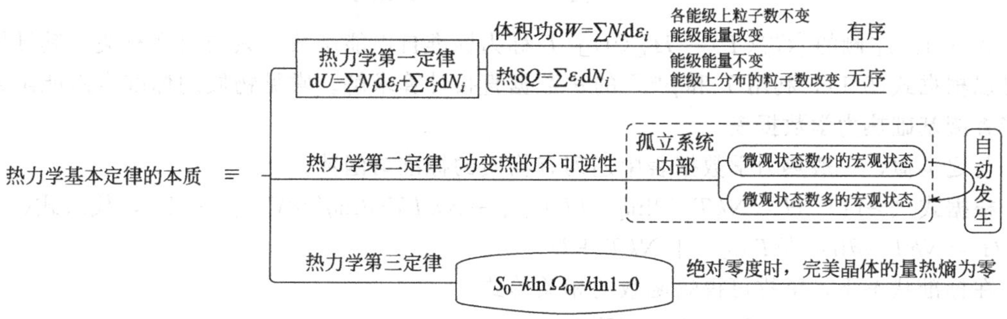

第9章 理想气体反应的化学平衡常数

从微观角度来看，化学平衡是系统中不同粒子运动状态之间达成的平衡，宏观状态的改变必然伴随着能量的变化。如何利用配分函数来处理理想气体的化学反应，得到能量变化和相应平衡常数，是统计热力学的核心任务。

9.1 自由能函数与焓函数

根据式(7-39)，进行重排可得：$\dfrac{G(T)-U_0}{T}=-Nk\ln\dfrac{q'}{L}$。

$\dfrac{G(T)-U_0}{T}$ 称为自由能函数。绝对零度时 $U_0=H_0$，所以自由能函数又可写作 $\dfrac{G(T)-H_0}{T}$。当 $N=1\text{mol}$，标准压力 $p^{\ominus}$下，有

$$\frac{G_{\mathrm{m}}^{\ominus}(T)-H_{\mathrm{m}}^{\ominus}(0)}{T}=-R\ln\frac{q'}{L} \tag{9-1}$$

式(9-1) 左侧的 $[G_{\mathrm{m}}^{\ominus}(T)-H_{\mathrm{m}}^{\ominus}(0)]/T$ 称为标准自由能函数，只与温度有关，其具体数值可以根据式(9-1)，利用 T 和 $p^{\ominus}$下的 q'数据直接计算求解。常见物质的标准自由能函数可直接查阅基础热力学数据表。

与之类似，一般热力学数据表中还列有物质的标准焓函数。

根据式 (5-11)，$H=NkT^2(\partial \ln q'/\partial T)_{V,N}+NkTV(\partial \ln q'/\partial V)_{T,N}+U_0$，代入式(7-9)，有：$H=NkT^2(\partial \ln q'/\partial T)_{V,N}+NkT+U_0$。

在标准状态下，重排可得焓函数的相关等式：

$$\frac{H_{\mathrm{m}}^{\ominus}(T)-H_{\mathrm{m}}^{\ominus}(0)}{T}=RT\left(\frac{\partial \ln q'^{\ominus}}{\partial T}\right)_{V,N}+R \tag{9-2}$$

标准焓函数也可直接利用标准配分函数 $q'^{\ominus}$计算。

9.2 理想气体反应标准平衡常数

对于 $0=\sum_{\mathrm{B}}\nu_{\mathrm{B}}\mathrm{B}$ 的理想气体化学反应，根据化学平衡部分的知识，其标准平衡常数与

化学反应的标准摩尔吉布斯自由能变化 $\Delta_r G_m^\ominus$ 之间的关系为：$\Delta_r G_m^\ominus = -RT\ln K^\ominus$。且 $\Delta_r G_m^\ominus = \sum_B \nu_B \mu_B^\ominus = \sum_B \nu_B G_{m,B}^\ominus$。

变形可得：$-R\ln K^\ominus = \dfrac{\Delta_r G_m^\ominus(T)}{T} = \dfrac{\Delta_r G_m^\ominus(T) - \Delta_r U_m^\ominus(0)}{T} + \dfrac{\Delta_r U_m^\ominus(0)}{T}$

$$-R\ln K^\ominus = \sum_B \nu_B \left[\frac{G_m^\ominus(T) - H_m^\ominus(0)}{T}\right]_B + \frac{\Delta_r U_m^\ominus(0)}{T} \tag{9-3}$$

式(9-3)右边第一项是反应的标准自由能函数的变化，第二项中 $\Delta_r U_m^\ominus(0) = \sum_B \nu_B U_{0,m}(B)$，是 0K 时该反应的摩尔热力学能变化值，显然 0K 时，有 $\Delta_r H_m^\ominus(0) = \Delta_r U_m^\ominus(0)$。

具体到 $\Delta_r U_m^\ominus(0)$ 的计算，有如下几种方法：

(1) 利用自由能函数计算

根据定义式：$G = H - TS$

温度不变时：$-T\Delta_r S_m^\ominus(T) = \Delta_r G_m^\ominus(T) - \Delta_r H_m^\ominus(T)$

$$-T\Delta_r S_m^\ominus(T) = T\sum_B \nu_B \left[\frac{G_m^\ominus(T) - H_m^\ominus(0)}{T}\right]_B + \Delta_r H_m^\ominus(0) - \Delta_r H_m^\ominus(T)$$

$$\Delta_r H_m^\ominus(0) = \Delta_r H_m^\ominus(T) - T\Delta_r S_m^\ominus(T) - T\sum_B \nu_B \left[\frac{G_m^\ominus(T) - H_m^\ominus(0)}{T}\right]_B \tag{9-4}$$

这样，利用基本热力学数据及自由能函数数值，就可以直接计算出 0K 时反应的标准摩尔焓变 $\Delta_r H_m^\ominus(0)$，也即 $\Delta_r U_m^\ominus(0) = \Delta_r H_m^\ominus(0)$。

(2) 利用焓函数计算

根据式(9-2)：$\dfrac{H_m^\ominus(T) - H_m^\ominus(0)}{T} = RT\left(\dfrac{\partial \ln q'^\ominus}{\partial T}\right)_{V,N} + R$

$$\Delta_r H_m^\ominus(T) = T\sum_B \nu_B \left[\frac{H_m^\ominus(T) - H_m^\ominus(0)}{T}\right]_B + \Delta_r H_m^\ominus(0) \tag{9-5}$$

已知 T 下反应的标准摩尔焓变，由配分函数计算或查表获取参与反应各物质的焓函数数值，就可通过式(9-5)求算 $\Delta_r H_m^\ominus(0)$，也即 $\Delta_r U_m^\ominus(0)$。

(3) 利用热化学求解

根据 $\left[\dfrac{\partial \Delta_r H_m^\ominus(T)}{\partial T}\right]_p = \Delta_r C_{p,m}$，两边求积分，有

$\Delta_r H_m^\ominus(T) - \Delta_r H_m^\ominus(0) = \int_{0K}^{T} \Delta_r C_{p,m} dT$，即

$$\Delta_r U_m^\ominus(0) = \Delta_r H_m^\ominus(0) = \Delta_r H_m^\ominus(T) - \int_{0K}^{T} \Delta_r C_{p,m} dT \tag{9-6}$$

式(9-6)右侧的数据可以由量热法或图解积分法获得。

(4) 光谱法求解

对于任一个化学系统，若能找到各种物质公共的能量标度零点，反应的 $\Delta_r U_m^\ominus(0)$ 就不难求算。由于化学反应的原子守恒，所以反应物和产物的原子类型和数目不变，可以用组成反应物和产物的各原子的基态能量作为化学反应各种物质的公共能量零点标度。这里就需要用到解离能的概念。分子的解离能是构成分子的各原子独立存在时的基态能量和分子的基态能量之间的差值。用图 9-1 表示理想气体发生 1mol$d$D(g) + eE(g) ═══ gG(g) + hH(g) 反

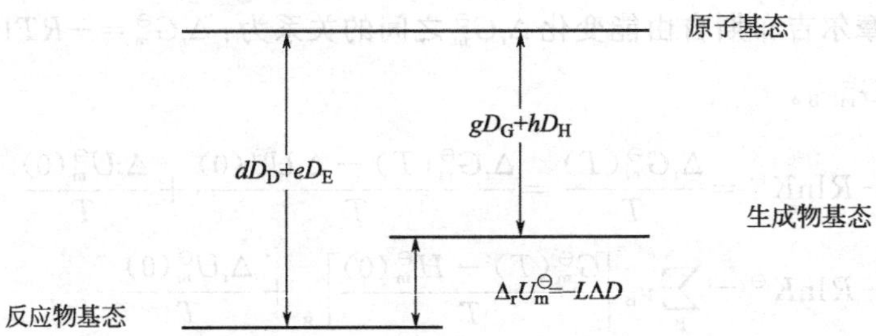

图 9-1 摩尔热力学能变化和离解能的关系

应时，各物质都处于基态时的能量关系。由图 9-1 可以看出产物基态能量和反应物基态能量之差等于反应物的解离能与产物的解离能之差，即

$$\Delta_r U_m^\ominus(0)=U_m^\ominus(\text{产物})-U_m^\ominus(\text{反应物})=L(D_D+D_E)-L(D_G+D_H)=-L\Delta D$$

于是，对于压力 $p^\ominus$下的任意反应 $0=\sum_B \nu_B B$，有

$$\Delta_r U_m^\ominus(0)=-L\sum_B \nu_B D_B \tag{9-7}$$

理论上由光谱数据求得解离能，即可求算 $\Delta_r U_m^\ominus(0)$。双原子分子的解离能数据积累较多，因此对于都是双原子分子的化学反应系统，可由此法求算 $\Delta_r U_m^\ominus(0)$。多原子分子的情况就要复杂得多。

9.3 利用配分函数直接估算理想气体反应的平衡常数

由式(7-14)：$\mu_B^\ominus(\text{id}, g, T, p^\ominus)=-RT\ln\frac{q_B'^\ominus}{L}+U_{0,m}(B)$

结合热力学公式：$\Delta_r G_m^\ominus=\sum_B \nu_B \mu_B^\ominus$

$$\Delta_r G_m^\ominus=-\sum_B RT\ln\left(\frac{q_B'^\ominus}{L}\right)^{\nu_B}+\sum_B \nu_B U_{0,m}(B)=-\sum_B RT\ln\left(\frac{q_B'^\ominus}{L}\right)^{\nu_B}+\Delta_r U_m^\ominus(0)$$

则有 $$K^\ominus=\exp\left(-\frac{\Delta_r G_m^\ominus}{RT}\right)=\prod_B\left(\frac{q_B'^\ominus}{L}\right)^{\nu_B}\cdot\exp\left[-\frac{\Delta_r U_m^\ominus(0)}{RT}\right] \tag{9-8}$$

例 9.1 利用统计热力学方法计算 $T=1000$K 时，反应 $Na_2(g)$══$2Na(g)$ 的标准平衡常数。光谱数据如下：$Na_2(g)$的转动特征温度 $\Theta_r=0.22258$K，谐振频率 $\nu=4.776\times10^{12}\,s^{-1}$，电子的基态简并度 $g_{e,0}=1$。Na(g)的 $g_{e,0}=2$，原子质量 $m=3.817\times10^{-26}$kg。$\Delta_r U_m^\ominus(0)=70.4\text{kJ}\cdot\text{mol}^{-1}$。

解：①求 Na(g) 的标准配分函数 $q'^\ominus(\text{Na})$。

$$q'^\ominus(\text{Na})=q_t'^\ominus(\text{Na})=\left(\frac{2\pi mkT}{h^2}\right)^{\frac{3}{2}}\left(\frac{RT}{p^\ominus}\right)g_{e,0}$$

$$=\left(\frac{2\pi\times3.817\times10^{-26}\times1.3806\times10^{-23}\times1000}{6.626\times10^{-34}\times6.626\times10^{-34}}\right)^{\frac{3}{2}}\times\left(\frac{8.314\times1000}{10^5}\right)\times2=1.089\times10^{32}$$

② 求 $Na_2(g)$ 的标准配分函数 $q'^\ominus(Na_2)$。

$$q_{t}'^{\ominus}=\left(\frac{2\pi mkT}{h^{2}}\right)^{\frac{3}{2}}\left(\frac{RT}{p^{\ominus}}\right)g_{e,0}=1.540\times10^{32}$$

$$q_{v}'^{\ominus}=\left[1-\exp\left(-\frac{h\nu}{kT}\right)\right]^{-1}=\left[1-\exp\left(-\frac{6.626\times10^{-34}\times4.776\times10^{12}}{1.3806\times10^{-23}\times1000}\right)\right]^{-1}=4.882$$

$$q_{r}'^{\ominus}=\frac{T}{2\Theta_{r}}=2246.3$$

所以：$q'^{\ominus}(Na_2)=q_{t}'^{\ominus}\cdot q_{r}'^{\ominus}\cdot q_{v}'^{\ominus}\cdot g_{e,0}=1.689\times10^{36}$

③ 计算反应的标准平衡常数 $K^{\ominus}(1000K)$。

$$K^{\ominus}(1000K)=\frac{[q'^{\ominus}(Na)]^{2}}{q'^{\ominus}(Na_2)}\cdot\frac{1}{L}\cdot\exp\left(-\frac{\Delta_r U_m^{\ominus}(0)}{RT}\right)$$

$$=\frac{(1.089\times10^{32})^{2}}{1.689\times10^{36}}\times\frac{1}{6.023\times10^{23}}\times\exp\left(-\frac{70.4\times10^{3}}{8.314\times1000}\right)=2.450$$

本章提示

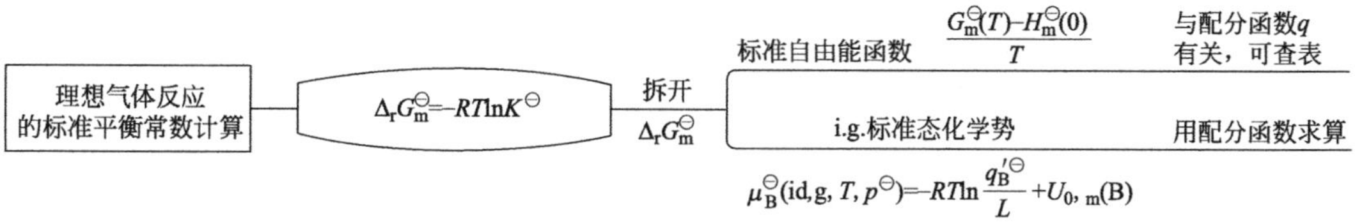

习　题

1. 单原子氟具有以下数据：

能级	光谱项	$\tilde{\nu}=(\varepsilon/hc)/m^{-1}$
基态	$^{2}P_{3/2}$	0.0
第一激发态	$^{2}P_{1/2}$	40400
第二激发态	$^{2}P_{5/2}$	10240650

计算氟原子在前三个电子能级上温度为 1000K 的电子配分函数 q（电子）。

2. 已知 1000K 时，AB 双原子分子的振动配分函数 $q_{0,v}=1.25$，（$q_{0,v}$ 为振动基态能量规定为零的配分函数）。

(1) 求振动特征温度。

(2) 求处于振动基态能级上的分布分数比例 N_0/N。

3. 对于气体 HCN 的转动远红外光谱测量结果表明，$I=1.89\times10^{-46}kg\cdot m^{2}$，试求：

(1) 900K 时该分子的转动配分函数 q_r。

(2) 转动对 $C_{V,m}$ 的贡献（已知 $k=1.3806\times10^{-23}J\cdot K^{-1}$，$h=6.626\times10^{-34}J\cdot s$）。

4. 一个含有 N 个独立可别的粒子体系，每一粒子都可处于能量分别为 ε_0 和 ε_1 的两个最低相邻的能级之一上，若 $\varepsilon_0=0$，两个能级皆为非简并时，计算：

(1) 粒子的配分函数。

(2) 体系的能量的表达式。

(3) 讨论在极高温度下和极低温度下，体系能量的极限值。

5. 单原子钠蒸气（理想气体），在 298K、101325Pa 下的标准摩尔熵为 153.35J·K^{-1}·mol^{-1}（不包括核自旋的熵），而标准摩尔平动熵为 147.84J·K^{-1}·mol^{-1}。又知电子处于基态能级，试求 Na 基态电子能级的简并度。

6. 用统计热力学方法证明：1mol 单原子理想气体在等温条件下，体系的压力由 p_1 变到 p_2 时，其熵变 $\Delta S = R\ln(p_1/p_2)$。

7. 从分子配分函数与热力学函数的关系，证明 1mol 单原子分子理想气体等温膨胀至体积增大一倍时，$\Delta S = R\ln 2$。

8. N 个可别粒子在 $\varepsilon_0=0$，$\varepsilon_1=kT$，$\varepsilon_2=2kT$ 三个能级上分布，这三个能级均为非简并能级，系统达到平衡时的热力学能为 $1000kT$，求 N 值。

9. 计算 Na(g) 在 298.15K 和 101325Pa 时的标准摩尔 Gibbs 自由能。

10. 已知 NO 分子在振动基态时的平均核间距 $r=1.154$Å，其振动的基态频率的波数 $\tilde{\nu}=1940\text{cm}^{-1}$，其电子的第一激发态能量 $\varepsilon_1=1490\text{J}\cdot\text{mol}^{-1}$（令基态能量为 0），电子的基态与第一激发态简并度都是 2。求在 300K 和标准压力下 NO 分子的平动、转动、振动、电子运动的配分函数以及 NO 的光谱熵。

第二篇

电化学基本原理与应用

电化学是物理化学的一个重要分支，主要研究电子导电相（金属、半导体）和离子导电相（溶液、熔盐、固体电解质）之间的界面上所发生的各种界面效应，即伴有电现象发生的化学反应。电化学涉及人类生活的许多领域，有着丰富的内容，并在电合成、二次能源、传感器和环境监测、金属的腐蚀与防护、环境污染物的处理等方面得到了广泛而重要的应用。为了更好地理解电池的充放电、太阳能电池发电、电化学制造等重要技术，需要了解电极反应的基本原理和电极-溶液界面的电学性质。本章介绍电化学的基本原理与应用的相关知识，并着重介绍电极反应动力学方面内容。

第 10 章 电极过程导论

10.1 电化学反应、电荷传递与电流

电极反应是一类涉及界面电荷转移的化学反应，最常见的是固体电极与液体电解质溶液之间的电荷转移。在电解质溶液中，电荷转移通过离子运动实现；而电极上的电荷转移则是通过电子（或空穴）运动实现。当控制电极电势较负时（例如将工作电极与电源的负极相接），电子的能量升高。当此能量升高到一定程度时，电子就从电极转移到电解质溶液中底物的空电子轨道上。在这种情况下，就发生了电子从电极到溶液的流动，形成还原电流，如图 10-1(a) 所示。同理，通过外加正电势使电子能量降低，当达到一定程度时，电解液中的

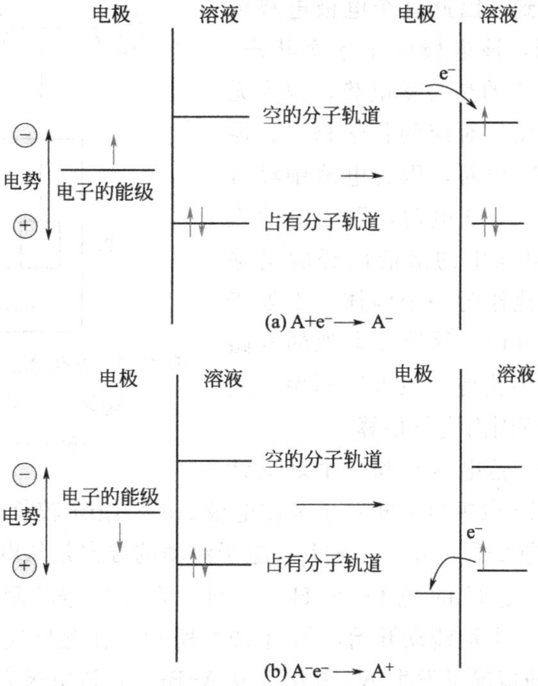

图 10-1 溶液中 A 物质的还原过程 (a) 和氧化过程 (b)

所示的分子轨道为物质 A 的最高占有轨道和最低空轨道

溶质上的电子将会转移到电极上更适合的能级。电子从溶液到电极的流动，即形成氧化电流，如图 10-1(b) 所示。这些过程发生的临界电势与体系中底物的标准电势 $E^{\ominus}$有关。

在电化学实验中，工作电极和参比电极之间的电势差可通过一个外加电源来调节。这种电势 E 的变化，能够在外电路上产生电流，这主要是由于发生了氧化还原反应，致使电子穿过电极/溶液界面。穿过界面的电子数与化学反应的程度有关（即与反应物的消耗和产物的生成量有关）。电子数是由通过电路中总的电量 Q 来测量的。电量与所生成的产物的物质的量之间关系遵循法拉第定律（$Q=n_{B}ZF$）。当以电流对电势作图时，可得电流-电势关系曲线。从该曲线上可获取非常有用的信息，例如：相应电解质溶液、电极的性质，以及在界面上所发生的反应等。

现考察特定的电池如图 10-2 所示，在此首先考虑能够采用一个高阻抗伏特计（即一个内阻很高，测量时没有明显电流流过的伏特计）与电池连接来测定电势。所测定的电势值称为这个电池的开路电势。

对于一些典型电池的开路电势可以通过热力学数据，即通过能斯特（Nernst）方程由两个电极所涉及的半反应的标准电位来计算。该计算方法关键是应建立一个真正的平衡，因为在每个电极上都存在与给定的半反应对应的一对氧化还原物种（即一个氧化还原电对）。例如在电池 Pt | H_2 | HCl | AgCl | Ag 中，负极上氧化还原电对是 H^+ 和 H_2，而正极上是 Ag 和 AgCl。

图 10-2 所示的电池与上述电池不同，由于不能建立一个总体的平衡。在 Ag | AgBr 电极上存在一电对，其半反应为 $AgBr+e^-\longrightarrow Ag+Br^-$，$E^{\ominus}=0.0713V$ (vs. NHE)。由于 AgBr 和 Ag 均为固体，所以它们的活度为 1。Br^- 活度由电解质溶液中浓度得到，因此这个电极电势可以通过能斯特方程得到，该电极处于平衡状态。但不能计算 Pt | HBr 电极的热力学电势，因为无法确定一对由给定的半反应对应的化学物质。控制电对显然不是 H_2，H^+ 电对，因为电池中没有 H_2。同理，也不是 O_2，H_2O 电对，因为电池表达式中没有 O_2，说明电池中的溶液已经脱气除氧。因此，铂电极和电池作为一个整体，不处于平衡状态，不存在平衡电位。尽管该电池的开路电位无法从热力学数据中获得，但可以利用下述方法将其置于某一电位范围内进行估算。

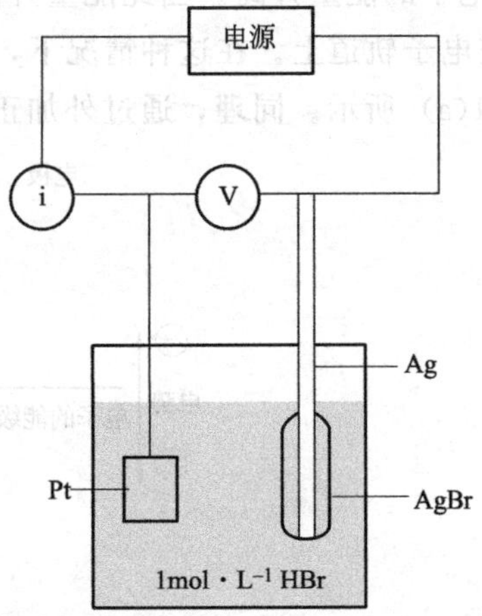

图 10-2　电化学池 Pt | HBr（1mol · L^{-1}）| AgBr | Ag 与电源和伏特计连接测量电流-电势曲线示意图

当一个电源（如一个蓄电池）和一个毫安计与该电池相连接，以及 Pt 电极电势相对于参比电极 Ag | AgBr 较负时，在 Pt 电极上首先发生的反应是质子还原，即 $2H^+ +2e^-\longrightarrow H_2$，电子流动的方向是从电极到溶液中的质子，有还原电流流动。当 Pt 电极的电位在 H^+ | H_2 反应的 $E^{\ominus}$ 附近时（0Vvs. NHE 或 −0.07Vvs. Ag | AgBr），电流流动开始，如图 10-3 所示。在此反应发生的同时，参比电极 Ag | AgBr 在 Br^- 存在的情况下发生 Ag 氧化生成 AgBr。在该电极表面附近溶液中 Br^- 相对于初始浓度（1mol · L^{-1}）没有明显的变化，因而 AgBr | Ag 的电极电势与其在开路时几乎相同。

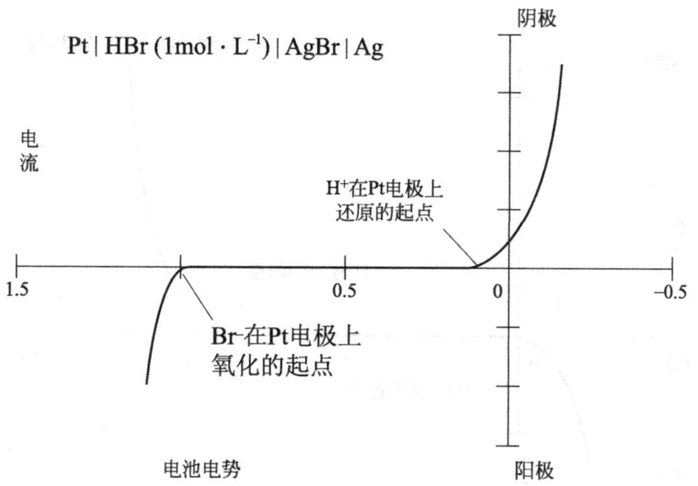

图 10-3　电池 Pt | HBr（1mol · L^{-1}）| AgBr | Ag 的电流-电势曲线示意图

当 Pt 电极上的电极电势相对于参比电极的电势足够正时，电子从溶液相进入电极，发生 Br^- 氧化生成 Br_2（和 Br_3^-）的反应。在电势接近半反应 $Br_2+2e^- \longrightarrow 2Br^-$ 的 $E^\ominus$（+1.09Vvs. NHE 或+1.02Vvs. Ag | AgBr）时，氧化电流开始流动。当反应在 Pt 电极发生时（电势从右到左），参比电极中的 AgBr 被还原成 Ag，而 Br^- 被释放到溶液中。另外当有一定的电流通过时，Ag | AgBr | Br^- 界面的组成几乎没有变化，此参比电极电势保持不变。当在 Pt 电极和 Ag | AgBr 电极之间加一个电势时，几乎所有的电势变化均发生在 Pt | 溶液界面上。

从图 10-3 可以看出，在所讨论的体系中，开路电势并不是严格定义的。仅仅可以说开路电势在电化学窗口内的某个位置。实验所得的开路电势数值与溶液中痕量的杂质以及 Pt 电极的预处理情况有关。

电化学窗口是指在循环伏安曲线上没有电化学反应的那一段，也就是说电极在这个电位范围内只是处于充电状态，而没有电化学反应发生。如果电势超过电化学窗口，电流会急剧增加，这主要是电解质发生反应且浓度很高。一般来说电化学窗口与电极材料和电解质溶液的性质有关。

现将上述电池中的 Pt 电极用 Hg 电极代替，电池表达式为：Hg | HBr(1mol · L^{-1}) | AgBr | Ag，其开路电势仍不能通过能斯特方程计算，因为 Hg 电极不能确定一个氧化还原电对。利用外加电势考察该电池的行为时，发现电极反应以及观察到的电势-电流曲线与电池 Pt|HBr(1mol · L^{-1})|AgBr|Ag 的都不同。当汞电极的电势较负时，在热力学上预期有氢析出的区间，但并没有电流流动。将电势移至很负时（ca. −0.92Vvs. NHE），才有反应发生（图 10-4）。由于半反应 $2H^+ + 2e^- \longrightarrow H_2$ 的平衡电势与金属电极无关，因而其热力学没有改变。电极是电化学反应发生的场所，当用汞电极时，其反应速率比 Pt 电极上小得多。为了使反应以可测的速率进行，必须施加相当高的电子能量（更负的电势）。为使一个反应在一定的速率下发生所多加的电势称为超（过）电势。因此，可以这样说，汞电极上的氢气析出反应具有更高的超电势。

当电势较正时，Hg 电极上发生阳极反应以及电势-电流图与 Pt 电极上也不相同。在 0.14V（vs. NHE 或 0.07Vvs. Ag | AgBr）附近汞被氧化成 Hg_2Br_2，特征半反应为 Hg_2Br_2+

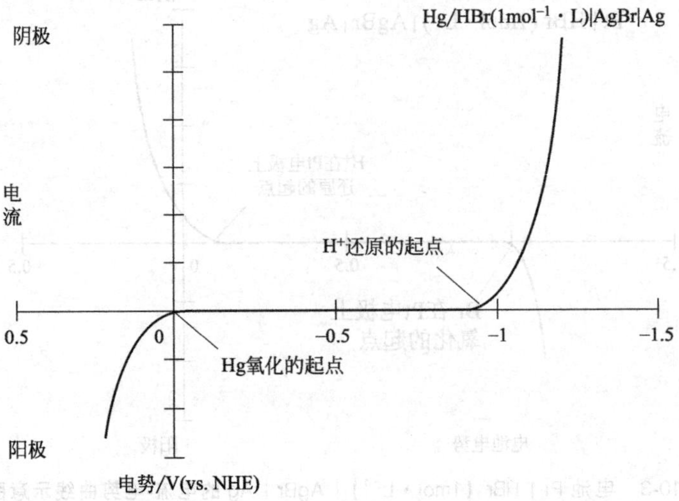

图 10-4　电池 Hg｜HBr（1mol·L^{-1}）｜AgBr｜Ag 的电流-电势曲线示意图

$2e^- \longrightarrow 2Hg + 2Br^-$。

通常，当电极电势从其开路电势值负移时，首先被还原的是具有最正标准电极电势 $E^{\ominus}$ 的氧化态。当电极电势从零电流移向较正时，首先被氧化的是具有最负标准电极电势 $E^{\ominus}$ 的还原态。

对于一个完整的电化学体系，为维持电化学反应顺利进行，必须保证系统内无剩余电荷积累，外电路电极间以导线连接，保证电子在电极间顺利流通，电解质在电解池内部的两电极间通过离子的定向迁移而起导电作用，形成了一个完整的闭合回路（图 10-5）。在这一系统中电荷始终处于平衡状态。电子在电路中的传递过程和电解池内部的传质过程是理解电化学过程的基础，也是研究与控制电化学过程的重点。电流实际上代表了电子在外电路中的传递速度，因而可以很直观地获得电极反应或整个电化学过程的一些信息。

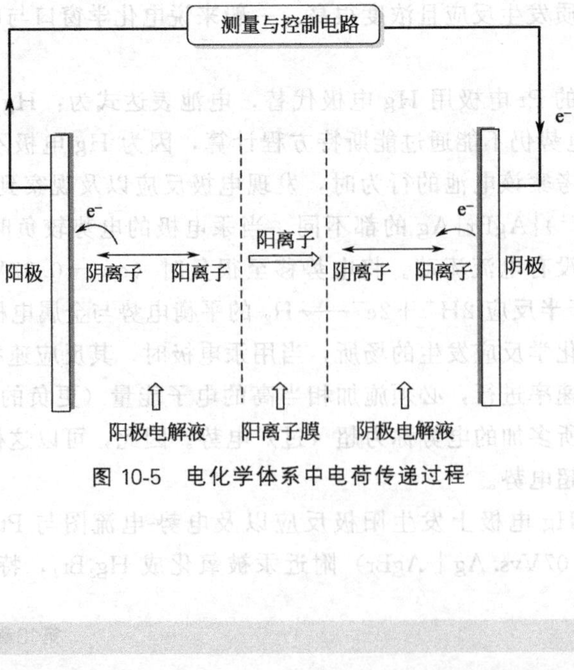

图 10-5　电化学体系中电荷传递过程

10.2 电化学反应的一般途径

总的电极反应 $O+ne^- \longrightarrow R$ 通常由下列几个步骤串联而成（图 10-6）：①反应粒子自溶液本体向电极表面传递，这一步骤称为液相传质步骤（例如 O 从本体溶液到电极表面）；②反应粒子在电极表面或电极表面附近的液层中进行某种转化，例如表面吸附或发生化学反应；③“电极｜溶液”界面上的电子传递，生成产物，这一步骤称为电化学步骤或电子转移步骤；④反应产物在电极表面或表面附近的液层中进行某种转化，例如表面脱附或发生化学反应；⑤反应产物自电极表面向溶液本体中传递。任何一个有机反应的电极过程都包括①、③、⑤三步，某些电极过程还包括②、④步骤或其中一步。其中电极表面电子转移或吸附过程的速率常数与电势有关。

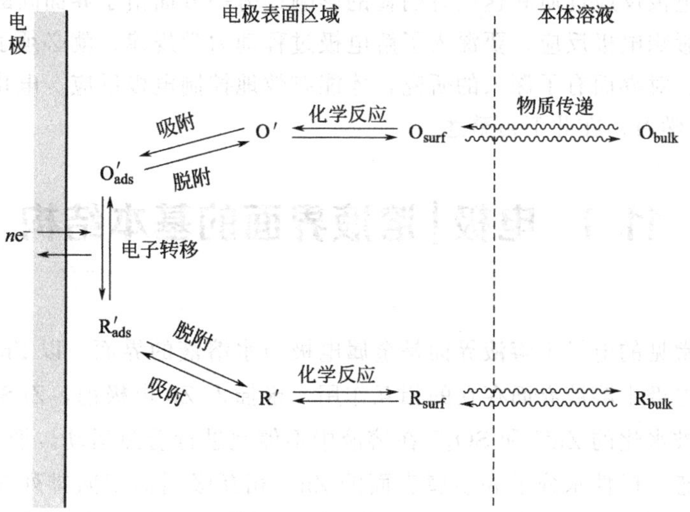

图 10-6　一般电极反应途径

本章提示

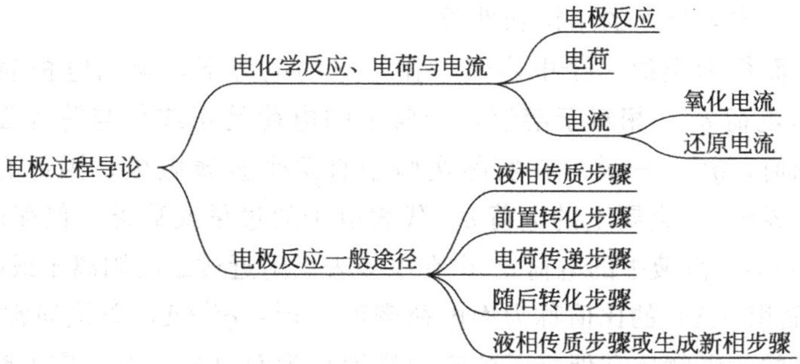

第 11 章 电势和电池热力学

电化学反应实际上发生在电极与溶液界面之间，因而电极｜溶液界面的性质必然会影响电极反应。一方面，电解质溶液性质和电极材料及其表面状态能影响电极｜溶液界面的结构和性质，从而对电极反应性质和速度有明显的影响；另一方面由于界面间的电场存在而引起的特殊效应也会影响电极反应。要深入了解电极过程动力学规律，就必须了解电极｜溶液界面的结构和性质。对界面有了深入的研究，才能有效地控制电极反应。电化学热力学基础在《物理化学》中已学习，在此不再赘述。

11.1 电极｜溶液界面的基本结构

电化学中最常见的电极｜溶液界面是金属电极与水溶液的界面。以 Zn 电极插入 $ZnSO_4$ 溶液中为例说明电极｜溶液界面存在的相互作用。未插入 Zn 电极前，$ZnSO_4$ 溶液存在极性很强的水分子，被水化的 Zn^{2+} 和 SO_4^{2-} 在溶液中不停地进行着热运动。插入 Zn 后打破了各自原有的平衡状态，极性水分子和金属表面的 Zn^{2+} 相互吸引而定向排列在金属表面；同时 Zn^{2+} 在水分子的吸引和不停地热运动冲击下，脱离晶格的趋势增大，即水分子对金属离子的水化作用。在 Zn｜$ZnSO_4$ 界面上，对 Zn^{2+} 来说存在两种作用力：①金属晶格中自由电子对锌离子的静电引力；②极性水分子的水化作用。同理，对任一电极｜溶液界面都存在两种相互作用：一种是电极与溶液两相中的剩余电荷所引起的静电作用；另一种是电极和溶液中各种粒子（离子、溶质分子和溶剂分子等）之间的短程作用，如特性吸附、偶极子定向排列等。这些相互作用决定着界面的结构和性质。

电极｜溶液界面行为类似一个电容器。在给定的电势下，金属电极表面上将带有电荷 q^M，在溶液一侧有电荷 q^S。相对于溶液，金属上的电荷是正或负与跨界面的电势及溶液的组成有关。无论如何，$q^M=-q^S$（在实际实验中有两个金属电极，因而有两个界面，在此集中考虑其中一个界面）。金属上的电荷 q^M 代表电子的过量或缺乏，仅存在于金属表面很薄的一层中（<0.01nm）。溶液中的电荷 q^S 由在电极表面附近过量的阳离子或阴离子构成。电荷 q^M 或 $-q^S$ 与电极面积（A）的比值称为面电荷密度，$\sigma^M=q^M/A$，单位通常为 $\mu C\cdot cm^{-2}$。在金属｜溶液界面上的荷电物质和偶极子的定向排列称为双电层。在给定电势下，电极｜溶液界面可用双电层电容 C_d 来表征，一般在 $10\sim40\mu F\cdot cm^{-2}$ 之间。C_d 通常是电势的函数，而电容器的电容与外加电势无关，这是两者的区别之处。

电极和电解质溶液之间的界面的最初模型是由 Helmholtz 提出的“平板电容器”模型[图 11-1(a)]。这一模型从静电作用角度出发，认为电极表面上出现的剩余电荷会迅速被邻近溶液中带相反电荷的离子单层平衡，宛如在界面上形成一个紧密的双电层。在紧密层内部电势急剧而呈线性变化。在紧密层外，溶液中的组成（及电势）与本体溶液一样，等浓度的阴、阳离子在溶液中随机运动。

这样的结构，其存储的电荷密度 σ 和两板间的电压降 V 之间存在如下关系：

$$\sigma=\frac{\varepsilon\varepsilon_0}{d}V$$

式中，ε 为介质的介电常数；ε_0 为真空的介电常数；d 为两板间的距离。

故微分电容为 $\frac{\partial\sigma}{\partial V}=C_d=\frac{\varepsilon\varepsilon_0}{d}$，该式表明 C_d 是个常数，而在真实体系中 C_d 并非常数。

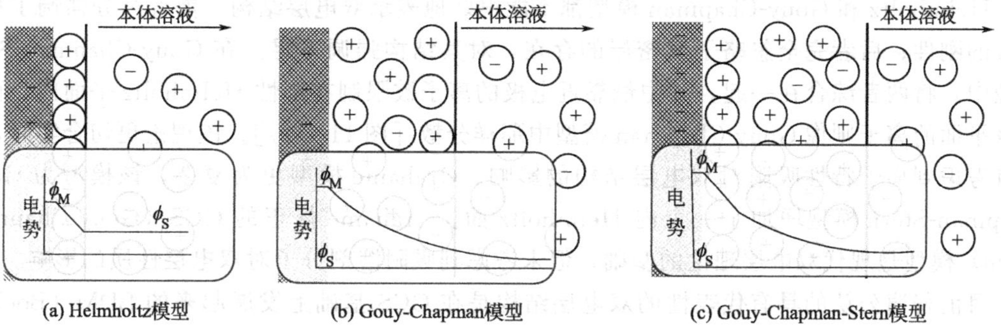

图 11-1　电极｜溶液界面双电层模型及垂直于表面方向的电势分布

图 11-2 生动地描述了不同浓度的 NaF 溶液中滴汞电极的电容随电势的变化关系。在

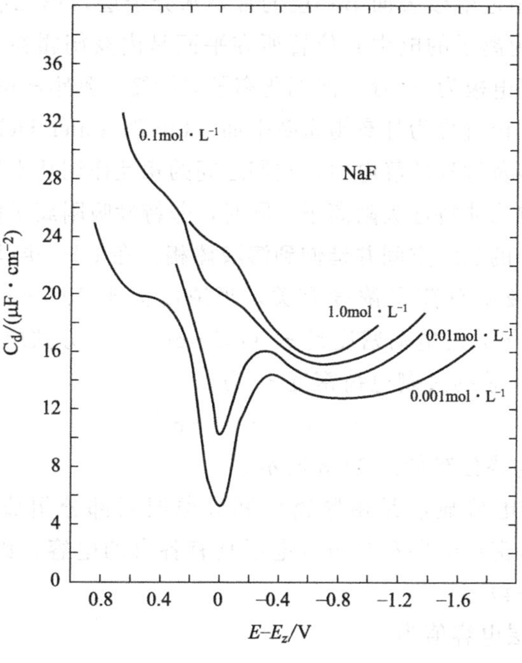

图 11-2　不同浓度的 NaF 溶液中滴汞电极的电容随电势的变化曲线

NaF 浓度较低时电容曲线在零电荷电势（E_{pzc}，指电极表面不带有剩余电荷时的电极电位，此时电极/溶液界面上不会出现由剩余电荷而引起的离子双电层，一般认为此时不存在紧密层和分散层）附近出现极小值，而且随着 NaF 浓度增加，E_{pzc} 处电容值随之增大。该实验表明在实际体系中 C_d 并不是常数，因此需要更完善的模型。

Helmholtz 层模型忽略了热运动的干扰，热运动往往会使电荷趋于分散。在 Gouy-Chapman 模型中，考虑热运动的无序效应，与 Debye-Hückel 模型描述离子的离子氛几乎相同。不同之处在于中心离子被无限大的平面电极代替。即电极表面电荷同样被溶液中带相反电荷的离子平衡，但这些离子可以自由移动，而不是完全被束缚在电极表面；在紧靠电极表面处阳离子的数量大大超过阴离子，这一浓度差异在几纳米区间内平滑地减小，直到溶液组成与本体相同。在该模型中，电势在整个溶液组成不同于本体的表面层内平滑下降，先是在表面处变化较快，然后不断缓慢地衰减［图 11-1(b)］。

Helmholtz 和 Gouy-Chapman 模型都不能很好地表示双电层结构。前者过分强调了局部溶液的刚性；后者完全忽略了紧密层的存在，对其结构强调不足。在 Gouy-Chapman-Stern 模型中，将两者综合在一起，其中最靠近电极的离子被限制在刚性 Helmholtz 平面内，而超出该平面的离子则像 Gouy-Chapman 模型中那样分散［图 11-1(c)］。该理论更切合实际，但没有考虑到离子特性吸附对双电层结构的影响。Grahame 模型更为复杂，该模型为 Gouy-Chapman-Stern 模型增加了一个内 Helmholtz 面。Grahame 修正的 GCS（Gouy-Chapman-Stern）模型是现代双电层理论的基础，但未考虑到吸附溶剂分子对双电层性质的影响。

目前普遍公认的具有代表性的双电层结构是在 GCS 基础上发展起来的 BDM（Bockris-Davanathan-Muller）模型。该模型认为：电极｜溶液界面双电层的溶液由若干“层”所组成。靠近电极的一层为内层，它包括含有机溶剂分子和特性吸附的物质（离子或分子），这种内层也称为紧密层、Helmholtz 层或 Stern 层。这一层常常是由强极性溶剂形成的，由于水是常用的溶剂，因此贴近电极表面第一层的常是水分子层，第二层才是由溶剂化离子组成的剩余电荷层。特性吸附离子的电中心位置所在平面是内亥姆霍兹平面（IHP，inner Helmholtz plane），它处在距离电极为 x_1 处。溶剂化离子只能接近到距离电极为 x_2 的距离处，这些最近的溶剂化离子中心的位置称为外亥姆霍兹平面（OHP，outer Helmholtz plane）。溶剂化离子与电极的相互作用仅涉及远程的静电力，它们之间的相互作用从本质上说与离子的化学性质无关，因此这些离子被称为非特性吸附离子。同时，非特性吸附离子由于溶液的热扰动会分布于称为扩散层（分散层）的三维空间并延伸到溶液体相。在 OHP 层与溶液本体之间即为分散层。分散层的厚度与溶液中总离子浓度有关，当浓度大于 $10^{-2}\,mol \cdot L^{-1}$ 时，其厚度小于 10nm。内层特性吸附离子总的电荷密度是 σ^i（$\mu C \cdot cm^{-2}$），分散层中过剩的电荷密度为 σ^d，因而在双电层的溶液侧，总的过剩电荷密度 σ^s 为

$$\sigma^s = \sigma^i + \sigma^d = -\sigma^M$$

双电层的 BDM 模型及电势分布如图 11-3 所示。

电极/溶液界面相间电势显然是由紧密层和分散层两部分组成：$\phi_M - \phi_S = (\phi_M - \phi_2) + (\phi_2 - \phi_S)$。此外，紧密双电层和分散双电层具有各自的电容，因此界面区相当于两个串联的双电层组成（图 11-4）。

因此，所测的双电层电容值为

$$\frac{1}{C_d} = \frac{d(\phi_M - \phi_s)}{dq} = \frac{d(\phi_M - \phi_2)}{dq} + \frac{d(\phi_2 - \phi_S)}{dq} = \frac{1}{C_{紧密}} + \frac{1}{C_{分散}} \tag{11-1}$$

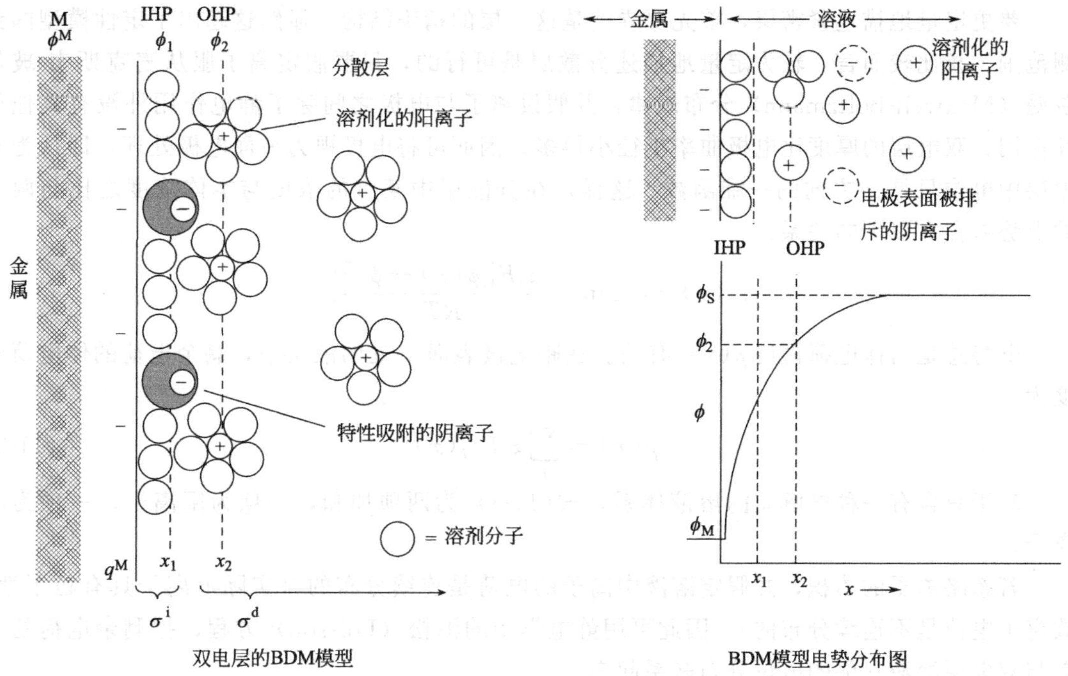

图 11-3　双电层的 BDM 模型及电势分布图

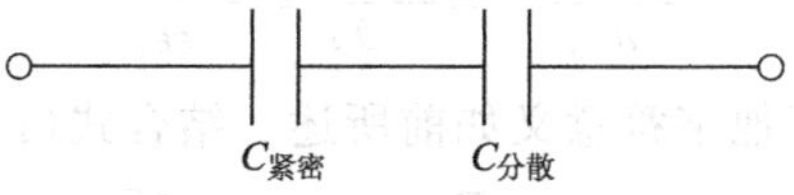

图 11-4　双电层微分电容的组成

式中，$C_{紧密}$ 和 $C_{分散}$ 分别代表紧密双电层的电容和分散双电层的电容。$C_{紧密}$ 的数值与电势无关，而 $C_{分散}$ 以 V 形变化。总电容 C_d 表现为一种复杂的行为，且由两个分电容中电容值较小的决定。在低浓度电解液体系中，零电荷电势（E_{pzc}）附近预期可看到 $C_{分散}$ 的 V 形函数特征。在较高浓度电解液或稀电解液中，较强极化作用情况下，$C_{分散}$ 会变得特别大，以至对 C_d 基本没有贡献，只能看到恒定的 $C_{紧密}$，如图 11-5 所示。

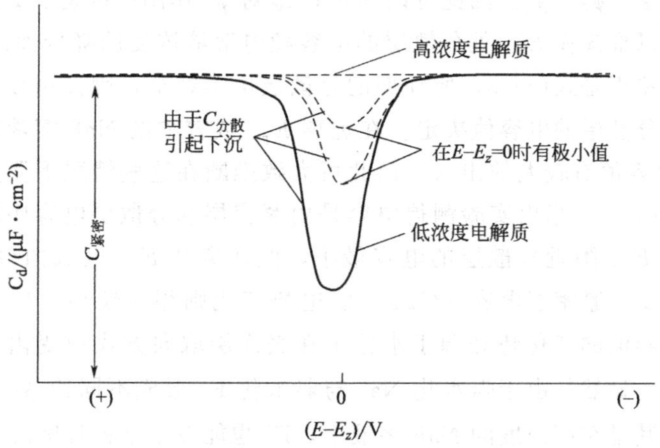

图 11-5　根据 GCS 理论预测 C_d 随电解质浓度变化行为

要更定量地描述紧密层，首先要弄清楚这一层的精确结构，显然这超出了定性模型的预测范围。相比较而言，较为定量地描述分散层是可行的，只要假定离子服从麦克斯韦-玻尔兹曼（Maxwell-Boltzmann）分布规律，并假设离子与电极之间除了静电作用外没有其他相互作用；双电层的厚度比电极曲率半径小得多，因而可将电极视为平面电极处理，即认为双电层中电位只是 x 方向的一维函数。这样，在分散层中某点的浓度与本体浓度之比与两点的电势差存在以下的关系：

$$c_i(x)=c_i\exp\left\{-\frac{z_iF[\phi(x)-\phi_S]}{RT}\right\} \tag{11-2}$$

电势总是与体电荷密度 $\rho(x)$ 有关。在距电极表面 x 处的液层中，剩余电荷的体电荷密度为

$$\rho(x)=\sum_i z_iFc_i(x) \tag{11-3}$$

对于只含有一种电解质的溶液体系，式(11-3) 为两项加和，一项为阳离子，一项为阴离子。

若忽略离子的体积，并假定溶液中离子的电荷是连续分布的（实际上离子具有粒子性，故离子电荷是不连续分布的）。因此可用静电学中的泊松（Poisson）方程，把剩余电荷的分布与双电层溶液一侧的电位分布联系起来。

当电位为 x 的一维函数时，泊松方程具有如下形式：

$$\frac{\partial^2\phi(x)}{\partial^2x}=-\frac{\partial E}{\partial x}=-\frac{\rho}{\varepsilon\varepsilon_0} \tag{11-4}$$

式中，E 为电场强度。其他字符意义如前所述。结合式(11-2) ～式(11-4) 可得：

$$-\frac{\partial^2\phi(x)}{\partial^2x}=-\sum_i\frac{z_iFc_i}{\varepsilon\varepsilon_0}\exp\left\{-\frac{z_iF[\phi(x)-\phi_S]}{RT}\right\} \tag{11-5}$$

将式(11-5) 从 $x=x_2$ 到 $x=\infty$ 积分，由 BDM 模型可知，$x=x_2$ 时，$\phi=\phi_2$；$x=\infty$时，$\phi=\phi_S$。对于 1-1 型电解质，将式(11-5) 积分得到：

$$C_{分散}=\frac{\partial q_{分散}}{\partial(\phi_2-\phi_S)}=F\left(\frac{2\varepsilon\varepsilon_0c}{RT}\right)^{\frac{1}{2}}\cosh\frac{F(\phi_2-\phi_S)}{2RT} \tag{11-6}$$

根据零电荷电势的定义，在 E_{pzc} 处电极表面不带电荷，故也不会产生电荷在表面的排列，即不存在双电层，$\phi_2=\phi_S$。因此可以推知 $C_{分散}$ 对 ϕ_2 作图应该是以 E_{pzc} 为最低点的一个反抛物线，并且可以推知在 E_{pzc} 处分散层的电容随电解液浓度的降低而减小。图 11-2 中低浓度电解液中的现象正是式(11-6) 所预期的分散层电容特征，因而可以合理地断定在 E_{pzc} 附近的实验响应由分散层的电容值决定。在远离 E_{pzc} 或较浓的 NaF 溶液中，实验数据与式(11-6) 所预期的电容值有较大的出入，由此可大致推断在这些情况下测量的电容值由紧密层电容值决定。式(11-1) 指出实验测得电容是由紧密层和分散层电容中较小者决定。因此可以得出结论，在 E_{pzc} 附近分散层的电容最小，但在离开 E_{pzc} 区域内分散层电容（$C_{分散}$）迅速增加，与之相反，紧密层电容（$C_{紧密}$）随电势变化则相对较小。在 E_{pzc} 附近双电层内离子很少，上述电容值的变化势必源于水分子在表面层取向方式的变化。在 E_{pzc} 两侧紧密层电容值并不相同，显然是由于强水化 Na^+ 与弱水化 F^- 形成不同的 ϕ_2 平面。并且当电极电势非常正时，尤其是在高浓度的 NaF 溶液中，F^- 也能发生某种程度的特性吸附。

当溶液中含有 Cl^-、Br^- 等诸如此类无机阴离子时，可以看到在正于 E_{pzc} 区域电容显著

增加，显然是由于阴离子在表面发生了特性吸附。这些卤素离子的特性吸附甚至可以在相当负的电势下发生，这一点表现在 E_{pzc} 随电解质浓度的增加发生负移（在图 11-2 所示的 NaF 溶液中无法看到），此时零电荷的出现则是由吸附阴离子与溶液中相邻阳离子形成的双电层所致。一般而言，无机阴离子在汞｜水溶液界面吸附程度按照以下顺序变化：$F^- < PF_6^- < BF_4^- < ClO_4^- < Cl^- < Br^- < I^-$。

汞｜水溶液界面上建立起来的包含紧密层和分散层的双电层模型，与实验数据十分吻合，为理解界面行为提供了良好的基础。

11.2 界面电势差

金属-溶液界面存在双电层，双电层上电荷排列使电荷穿过此界面需做功。因此在垂直于表面方向电势由 ϕ_M 到 ϕ_S 急剧变化。$\phi_M - \phi_S$ 的差值称为界面电势差（interfacial potential difference）。其数值大小与界面上电荷不平衡性和界面的物理尺寸有关，即取决于界面的电荷密度（$C \cdot cm^{-2}$）。改变这种界面电势差需要改变电荷密度。若球形汞滴（$A = 0.03cm^2$）被 $0.1mol \cdot L^{-1}$ 的强电解质溶液所包围，界面电势差变化 1V，大约需要 10^{-6}C 电量（或 6×10^{12} 个电子），这一数值比没有电解液的情况下大 10^7 倍以上。之所以出现这种差异，是因为任何表面电荷的库仑场在很大程度上被相邻电解质中的极化所抵消。

实际上，界面电势差在两相无过剩电荷时也可产生。考虑电极与电解质水溶液相接触的情况，由于电解质溶液与金属表面相互作用（例如：润湿），与金属接触的水偶极子通常具有某些择优取向。从库仑的观点来看，这种情况相当于界面上的电荷分离，因为偶极子不是随时间随机变化的。由于移动试验电荷通过界面需要做功，所以界面电势差不为零。

相互接触的两相的内电势差 $\Delta\phi$（又称 Galvani 电势差，定义为 $\phi^B - \phi^A$），是在界面上发生的电化学过程的一个重要因素。它的部分影响来自局部电场，反映了边界区域电位的巨大变化。这些电场梯度可高达 $10^7 V \cdot cm^{-1}$。它们大到足以改变反应物的反应活性，并且可以影响界面电荷转移动力学。另外，$\Delta\phi$ 直接影响界面两侧带电物种的相对能量。这样，$\Delta\phi$ 控制了两相的相对电子亲和力，从而控制了反应的方向。

单个界面的 $\Delta\phi$ 不可测量，因为如果不引入至少一个以上的界面就无法得到溶液的电性质。测量电势差的装置（例如电势计、伏特计或静电计）的特征是只能通过记录相同成分的两相电势差来进行校准，例如大多数仪器上可用的两个金属触点。考虑 $Zn | Zn^{2+}, Cl^-$ 界面的 $\Delta\phi$。图 11-6(a) 所示为测量 $\Delta\phi$ 的最简单方法，电势计使用铜作为引线。很显然，两个铜引线间的可测量电势差，除 $\Delta\phi$ 外，还包括 Zn｜Cu 界面和 Cu｜电解质界面的电势差。可以通过使用锌作为引线的伏特计来简化问题，如图 11-6(b) 所示。但是，可测量的电压仍然包含两个独立的界面上电势差的贡献。

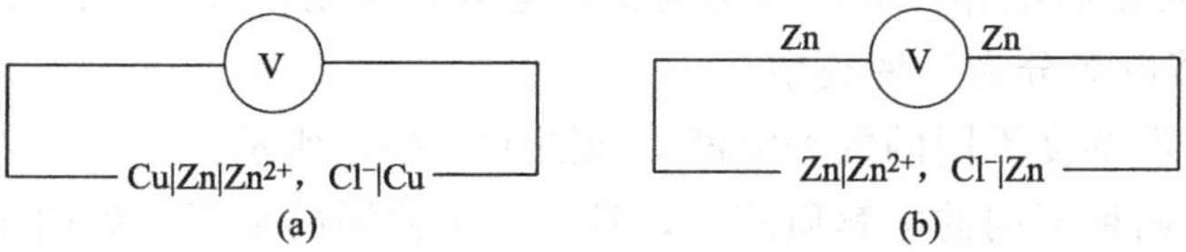

图 11-6　测量 $Zn | Zn^{2+}$ 界面电势的两种装置

由此可知，实际上所测得电池电动势是几个不能独立测量的界面电势差的总和。例如，可以根据图 11-7 所示的电势分布图表示下列电池的电势分布。

$$Cu \mid Zn \mid ZnCl_2 \mid AgCl \mid Ag \mid Cu'$$

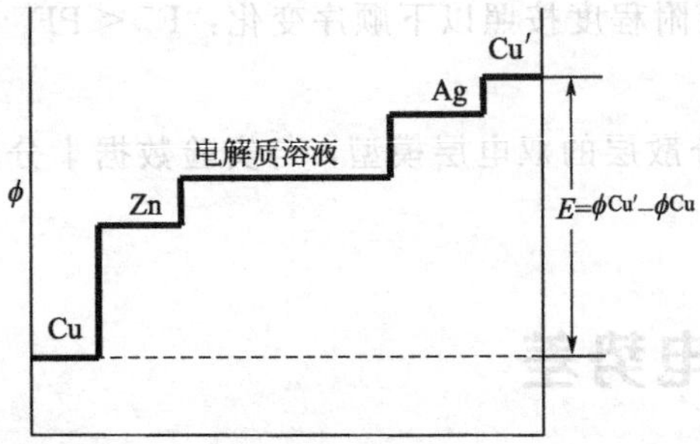

图 11-7 平衡时整个电池的电势分布图

对于这些复杂的情况，仍然可能集中研究单个界面的电势差，如上述电池中的 Zn | 电解质溶液之间的界面。如果保持电池中所有其他接界的界面电势不变，那么 E 的任何变化可归结为 Zn | 电解质溶液之间 $\Delta\phi$ 的变化。保证其他的接界电势不变是可以做到的，金属-金属的接界电势在没有特殊情况下，其界面电势差在恒温下保持恒定，对于 Ag | 电解质溶液界面；若参与半反应的物种的活度一定，其界面电势差也保持恒定。

11.3 液体接界电势

在两个溶液之间有一个界面，在此界面上物质传递过程使两种溶质混合。除非一开始两种电解质溶液相同，否则液体接界就会处于不平衡状态。例如电池：

$$Cu \mid Zn \mid \underset{\alpha}{Zn^{2+}} \mid \underset{\beta}{Cu^{2+}} \mid Cu'$$

对此可以给出如图 11-8 所示的平衡过程。整个电池在没有电流时的电势为：

$$E = (\phi^{Cu'} - \phi^{\beta}) - (\phi^{Cu} - \phi^{\alpha}) + (\phi^{\beta} - \phi^{\alpha})$$

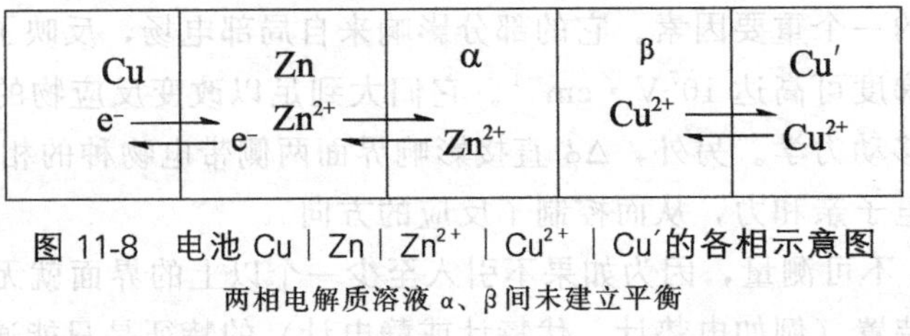

图 11-8 电池 Cu | Zn | Zn^{2+} | Cu^{2+} | Cu′的各相示意图

两相电解质溶液 α、β 间未建立平衡

显然，电势的前两项是 Cu 和 Zn 电极的界面电势差。第三项是电解质溶液之间的电势差，即液体接界电势（简称液接电势）。形成液体接界电势的原因是：由于两溶液相组成或浓度不同，溶质粒子将自发地从高浓度相向低浓度相迁移，这就是扩散作用；在扩散过程中，由于正负离子的迁移速率不同而在两相界面层中形成双电层，产生一定的电势差。按照其产生的原因，也可以将液体接界电势称为扩散电势，常用符号 E_j 表示。

Lingane 将液接电势分为三种类型：

① 电解质相同但浓度不同的两种溶液，如图 11-9(a) 所示。

② 相同浓度的两种不同的电解质溶液，且有一个共同的离子，如图 11-9(b) 所示。

③ 不满足①、②两种情况的两种溶液，如图 11-9(c) 所示。

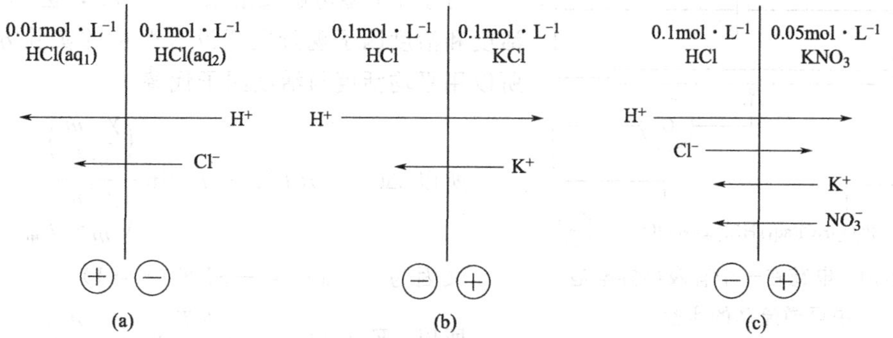

图 11-9 液接电势的类型

箭头表示每个离子净转移的方向，其长度表示相对迁移率。对于每种情况下的液接电势的极性用圆圈符号表示

下面以图 11-9 为例来说明液体接界电势产生的原因。图 11-9(a) 为两个不同浓度的 HCl（$c_{左}<c_{右}$）相接触。由于在两种溶液的界面上存在着浓度梯度，所以溶质将从高浓度向低浓度扩散，即 H^+、Cl^- 由右向左扩散。由于 H^+ 的扩散速率比 Cl^- 大得多，导致在一定的时间间隔内通过界面的 H^+ 要比 Cl^- 多，因而破坏了两溶液的电中性。界面左方 H^+ 过剩，右方 Cl^- 过剩，于是形成左正右负的双电层。界面的双侧带电后，静电作用对 H^+ 的通过产生一定的阻碍，结果 H^+ 通过界面的速率逐渐降低。相反，电势差使得 Cl^- 通过界面的速率逐渐增大，最后达到一个稳定的状态，H^+、Cl^- 以相同的速率通过界面，在界面上存在的与这一稳定状态相对应的稳定电势差就是液体接界电势。

又如浓度相同的 HCl 和 KCl 溶液相接触时，由于在界面的双方都存在 Cl^- 且浓度相同，所以可以认为 Cl^- 不发生扩散，从图 11-9(b) 可看出，H^+ 向 KCl 溶液扩散，而 K^+ 向 HCl 溶液中扩散。因为 H^+ 扩散速率比 K^+ 快，故在一定的时间间隔通过界面的 H^+ 要比 K^+ 多，形成左负右正的双电层，离子的扩散达到稳定状态时，界面上建立起一个稳定的液接电势。

再如两溶液中所含电解质不同，浓度也不同，它们相接触形成的液接电势的原则与前两个例子相同，但问题要复杂些。从图 11-9(c) 看出 H^+、Cl^- 向 KNO_3 溶液中扩散，K^+、NO_3^- 向 HCl 中扩散。由于 K^+、NO_3^-、Cl^- 三者电迁移率（或离子淌度）相近，近似认为 NO_3^- 与 Cl^- 两者作用相互抵消，其净结果相当于 H^+ 向右边 KNO_3 溶液中扩散，K^+ 向左边 HCl 中扩散，与图 11-9(b) 一致，形成左负右正的双电层。

对于液接电势的计算，以类型①为例来说明。设图 11-9(a) 的电池为：

$$Pt \mid O_2(p^{\ominus}) \mid HCl(aq_1) \mid HCl(aq_2) \mid O_2(p^{\ominus}) \mid Pt'$$

假设该电池与一个方向相反而电动势几乎相同的电池相接，以对抗原电池的电动势如图 11-10 所示，通过调节变阻器可使得检流计 G 的电流 $I\rightarrow 0$，在这样的情况下当电池放出 1mol e^- 的电量，则在界面处的变化为：

$$t_+ \text{ mol } H^+,\ aq_1 \longrightarrow aq_2:\quad t_+H^+\ (aq_1) \longrightarrow t_+H^+\ (aq_2)$$

$$t_- \text{ mol } Cl^-,\ aq_2 \longrightarrow aq_1:\quad t_-Cl^-\ (aq_2) \longrightarrow t_-Cl^-\ (aq_1)$$

所以总变化为：$t_+\ H^+\ (aq_1)+t_-\ Cl^-\ (aq_2) \xrightarrow{\Delta G_m} t_+H^+\ (aq_2)+t_-\ Cl^-\ (aq_1)$

$$\Delta G_m=[t_+\ \mu_+\ (aq_2)+t_-\ \mu_-\ (aq_1)]-[t_+\ \mu_+\ (aq_1)+t_-\ \mu_-\ (aq_2)]$$

$$\Delta G_m=t_+\ RT\ln\frac{a_+\ (aq_2)}{a_+\ (aq_1)}+t_-\ RT\ln\frac{a_-\ (aq_1)}{a_-\ (aq_2)}$$

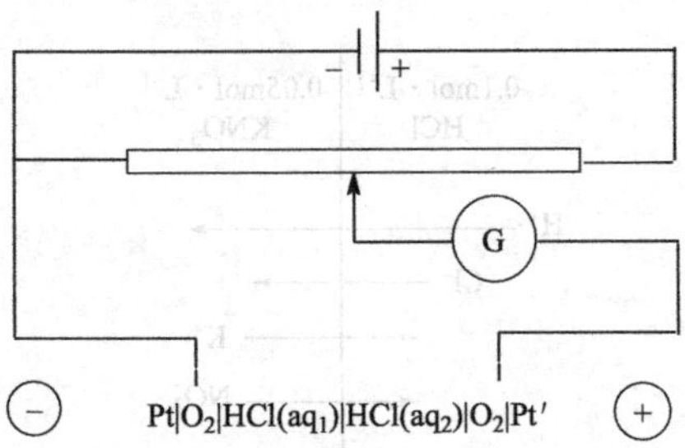

图 11-10　电荷在一个有液接界电池中可逆流动的实验

对于 1-1 型电解质溶液 $a_+ = a_-$，但单个离子的活度和活度因子现阶段还没有严格的实验方法测定，所以用平均活度与活度因子代替。

$$\text{所以}\ \Delta G_m = RT(t_+ - t_-)\ln\frac{\left(\frac{\gamma_\pm m}{m^\ominus}\right)_{阴}}{\left(\frac{\gamma_\pm m}{m^\ominus}\right)_{阳}}$$

$$\text{又因为}\quad \Delta G_m = -zFE_j\ (z=1)$$

$$\text{所以}\quad E_j = (t_+ - t_-)\frac{RT}{F}\ln\frac{(\gamma_\pm m)_{阴}}{(\gamma_\pm m)_{阴}} \tag{11-7}$$

式(11-7) 适用于 1-1 型的同种电解质的不同浓度溶液间的液接电势的求算。由式(11-7) 可以看出 E_j 与正负离子的迁移数密切相关，如果 $t_+ = t_-$，实际上 $E_j = 0$。在 25℃时，对于 1-1 型电解质，当 $a_1/a_2 = 10$ 时，E_j 与 t_+ 的关系式为

$$E_j = 59.1\ (2t_+ - 1),\ \text{mV} \tag{11-8}$$

例如，对于电池 Ag｜AgCl｜KCl（0.1mol·L⁻¹）｜KCl（0.01mol·L⁻¹）｜AgCl｜Ag，$t_+ = 0.49$，由式(11-8) 可得 $E_j = -1.2\text{mV}$。t_+ 与 t_- 相差较小时，液接电势 E_j 也较小。若 t_+ 与 t_- 相差较大时，液接电势 E_j 也较大。例如，25℃时 $a_1 = 0.01$ 和 $a_2 = 0.1$ 的 HCl 溶液，$t_+ = 0.87$；利用式(11-7) 可得 $E_j = -39\text{mV}$。对于整个电池：

$$E_{总} = E_{无} + E_j \tag{11-9}$$

式中，$E_{无}$ 是加盐桥时电池的电动势；$E_{总}$ 是不加盐桥时电池的电动势。

$$\text{所以}\qquad E_{总} = \frac{RT}{F}\ln\left(\frac{a_2}{a_1}\right) + E_j = 59.1\lg\left(\frac{a_2}{a_1}\right) - 39 = 20.1(\text{mV})$$

可见，液接电势是所测得电池电动势的一个重要组成部分。

对非 1-1 型的同种电解质的不同浓度的溶液，如 $M^{z+}A^{z-}$ (a_1) /$M^{z+}A^{z-}$ (a_2)，则当电池产生 1mol 元电荷时有 $t_i/|z_i|$ mol 物种 i 的传质，即有 t_+/z_+ mol 的正离子由左通过界面向右迁移；同时有 $t_-/|z_-|$ mol 负离子由右通过界面向左迁移，可以证明：

$$E_j = \left(\frac{t_+}{z_+} - \frac{t_-}{z_-}\right)\frac{RT}{F}\ln\frac{a_1}{a_2} \tag{11-10}$$

对于类型②液接界，电解质类型为 1-1 型的 E_j 可利用 Lewis-Sargent 关系式计算：

$$E_j = \frac{RT}{zF}\ln\frac{\Lambda_{m,1}}{\Lambda_{m,2}} \tag{11-11}$$

式中，$\Lambda_{m,1}$ 和 $\Lambda_{m,2}$ 是左右两电解质溶液的摩尔电导率，z 是离子的价数，如是负离子，则用负值。

由此可见液接电势的计算公式比较复杂，需具体问题具体分析。

由于液接电势是一个不稳定的、难以计算和测量的数值，其存在往往使体系的电化学参数（如电动势、平衡电位等）的测量值失去热力学意义。因而大多数情况下在测量过程中设法消除液接电势或使之减小到可以忽略的程度。为了减小液接电势，通常在两种溶液之间连接一个高浓度的电解质溶液作为“盐桥”。盐桥溶液中正、负离子具有几乎相等的迁移速率。因为正负离子的迁移速率越接近，其迁移数也越接近，液接电势越小。此外，使用高浓度的溶液作为盐桥，在两溶液界面处离子迁移由高浓度的盐桥完成，在正负离子迁移速率接近相等的条件下，液接电势就可降低到忽略不计的程度。例如对于体系 HCl（c_1）｜NaCl(c_2) 可用

HCl (c_1) | KCl(c) | NaCl(c_2) 代替。KCl 的浓度对电池 Hg | Hg_2Cl_2 | HCl(0.1mol·L^{-1}) | KCl(0.1mol·L^{-1}) | Hg_2Cl_2 | Hg 液接电势的影响如表 11-1 所示。

表 11-1 盐桥中 KCl 的浓度对液接电势的影响

浓度/(mol·L^{-1})	E_j/mV
0.1	27
0.2	20
0.5	13
1.0	8.4
2.5	3.4
3.5	1.1
4.2(饱和)	<1

由表 11-1 中数据可以看出，随着 KCl 浓度的增加，液接电势 E_j 显著降低。当在两电解质溶液间使用 3.5mol·L^{-1} 的 KCl 溶液作为盐桥时，测得 E_j 为 1.1mV。而两种溶液直接接触时，E_j 利用 Lewis-Sargent 关系式［式(11-11)］计算。298K 0.1mol·L^{-1} 的 HCl 和 KCl 的 Λ_m 分别为 0.039132S·m^2·mol^{-1}、0.012896S·m^2·mol^{-1}，代入数值可得 E_j 为 28.5mV。可见以高浓度的 KCl 溶液作为盐桥，可大大降低液接电势。

在水溶液中通常使用浓的 KCl 溶液作为盐桥 ($t_+=0.49$)，或在 Cl^- 有干扰时，采用浓的 KNO_3($t_+=0.51$) 或 NH_4NO_3($t_+=0.51$) 溶液作为盐桥。其他可用作盐桥的浓溶液包括 CsCl($t_+=0.5025$)、RbBr($t_+=0.4958$) 和 NH_4I ($t_+=0.4906$)。

本章提示

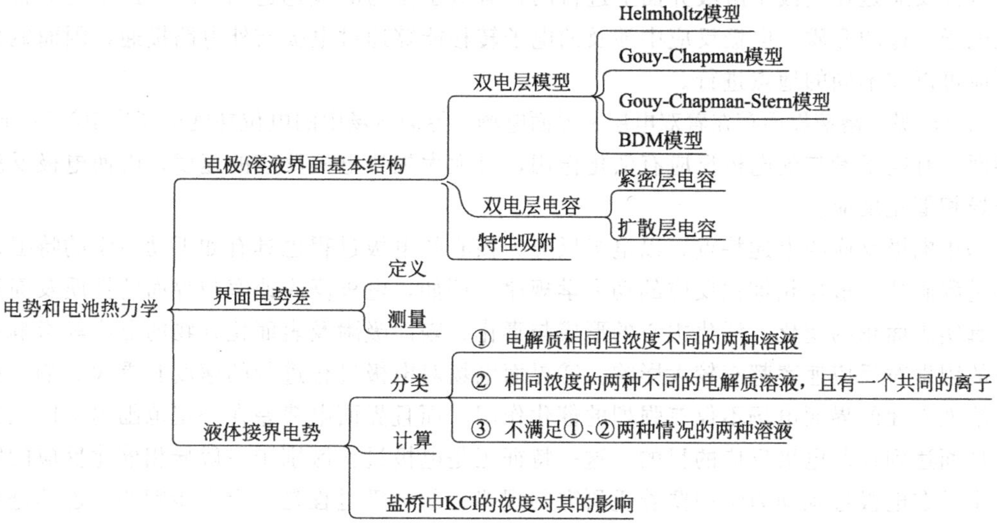

第12章 电极反应动力学

无论在原电池还是电解池中，整个电池体系的电化学反应（电池反应）过程至少包含阳极反应过程、阴极反应过程和反应物质在溶液中的传递过程（液相传质过程）三部分。就稳态进行的电池反应而言，上述每一个过程传递净电荷的速度都是相等的，因而上述三个过程是串联进行的。但是，这三个过程又往往是在不同的区域进行，并有不同的物质变化（或化学反应）特征，因而彼此又具有一定的独立性。由于液相传质过程不涉及物质的化学变化，而且对电化学反应过程有影响的主要是电极表面附近液层中的传质作用。因此，在上述三个过程中，前两个过程被着重研究。电极反应动力学的任务主要是确定电极过程的各步骤，阐明反应机理和速度方程，从而掌握电化学反应的规律。

12.1 电极过程动力学特征

电极反应是在电极｜溶液界面上进行的、有电子参与的氧化还原反应。由于电极材料本身是电子传递的介质，电极反应中涉及的电子转移能够通过电极与外电路接通，因而氧化还原反应可以在不同的地点进行。

由于电极｜溶液界面存在着双电层和界面电场，界面电场中的电位梯度可高达 $10^8\,V \cdot cm^{-1}$，对界面上有电子参与的电极反应有活化作用，可大大加快电极反应的速度，因而电极反应类似于异相催化反应。

基于电极反应的上述特点，以电极反应为核心的电极过程也具有如下动力学的特征。①电极过程服从一般异相催化反应的动力学规律。例如，电极反应速率与界面的性质及面积有关。真实表面积的变化、活化中心的形成与毒化、表面吸附及表面化合物的形成等影响界面状态的因素对反应速率都有较大影响。②界面电场对电极过程进行的速度有重大影响。在电极｜溶液界面的界面电场不仅有强烈的催化作用，而且界面电势差在一定范围内可以人为调控，从而达到控制电极反应的目的。这一特征正是电极过程区别于一般异相催化反应的特殊性，也是在电极过程动力学中要着重研究的规律。③电极过程是一个多步骤的、连续进行的复杂过程。每个步骤都有其特定的动力学规律。

12.2 电极动力学 Butler-Volmer 模型及应用

阴极是还原反应的场所，阳极是氧化反应的场所，这种命名法也用于电流密度的分类。来自电极的电子导致溶液中电活性物质的还原，称为阴极电流密度 j_c。由于电活性物质的氧化，从溶液到电极的流动称为阳极电流密度 j_a。净电流密度 j 是这两种电流密度之差，$j=j_c-j_a$。若 $j_c>j_a$，则 $j>0$，还原占主导地位，j 称为“阴极电流密度”。若 $j_c<j_a$，则 $j<0$，氧化作用占主导地位，j 称为“阳极电流密度”（图 12-1）。

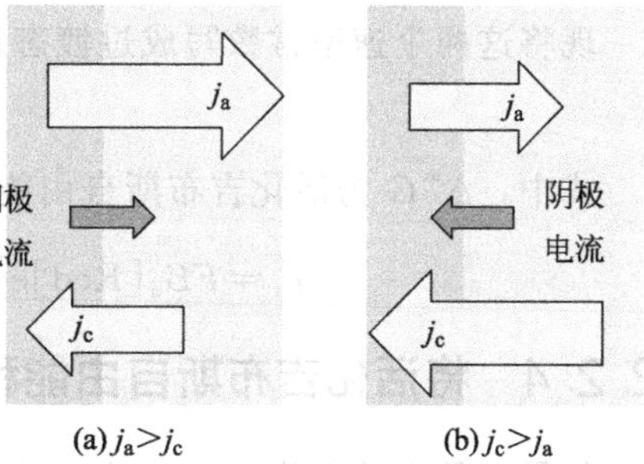

图 12-1　净电流密度 $j=j_c-j_a$

当电极处于平衡状态时，没有净电流通过。该平衡是一个动态平衡，其中阳极和阴极过程同时发生，但其电流密度相等。平衡时的阳极（或阴极）电流密度称为交换电流密度 j_0。如果界面处的电位差 $\Delta\phi$ 与电极电势 E 不同，则净电流流过电极。过电势 η 定义为 $\eta=E'-E$。其中 E' 是施加在电池上的电势差或其在工作条件下的电势差。因此，$\Delta\phi=E+\eta$。

电子传递过程中带电物质的能量取决于界面两边的电势，因此受到界面间电位差的影响。电子转移速率也会受到类似的影响，因此需将产生的电流密度与过电位联系起来。

接下来以反应式(12-1) 为模型，推导电流密度和过电位之间的关系。电流密度取决于在电极上发生的氧化种 Ox^+ 和还原种 Red 之间的电子转移过程的速率。还原步骤（阴极过程）的速率常数为 k_c，而其逆过程氧化步骤（阳极过程）的速率常数为 k_a。

$$Ox^+ + e^- \underset{k_a}{\overset{k_c}{\rightleftharpoons}} Red \tag{12-1}$$

12.2.1 写出氧化和还原速率的表达式

电极反应是非均相的，因此其速率由物质的通量决定。该通量是在一段时间内电极表面某一区域产生的物质的量，除以该区域的面积和间隔时间。一阶非均相速率定律为

$$产物通量=k_r[X]$$

式中，[X] 是溶液中相关电活性物质的物质的量浓度。速率常数具有长度/时间的维度（单位如：$cm\cdot s^{-1}$）。如果氧化态和还原态的物质的量浓度分别为 $[Ox^+]$ 和 [Red]，则 Ox^+ 的还原速率为 $k_c[Ox^+]$，而还原态的氧化速率为 k_a[Red]。

12.2.2 根据速率写出电流密度的表达式

阴极电流密度 j_c 等于通量乘以法拉第常数 $F=N_Ae$，即每摩尔电子的电荷量。对于还原反应 $Ox^+ + e^- \longrightarrow Red$ 的阴极电流密度 j_c 表达式为

$$j_c=Fk_c[Ox^+]$$

同理对于氧化反应 $Red \longrightarrow Ox^+ + e^-$ 的阳极电流密度 j_a 表达式为

$$j_a = Fk_a[\text{Red}]$$

电极上的净电流密度是两者之差

$$j = j_a - j_c = Fk_a[\text{Red}] - Fk_c[\text{Ox}^+]$$

12.2.3 根据活化吉布斯自由能写出速率常数

现将这两个速率常数写成过渡态理论所建议的形式

$$k_r = B e^{-\Delta^{\neq} G/RT}$$

式中，$\Delta^{\neq} G$ 为活化吉布斯自由能；B 为与 k_r 维度相同的常数。因此

$$j_a = FB_a[\text{Red}]e^{-\Delta^{\neq} G_a/RT} \qquad j_c = FB_c[\text{Ox}^+]e^{-\Delta^{\neq} G_c/RT}$$

12.2.4 将活化吉布斯自由能和电势差联系起来

如果一种电荷数为 z（对于 Ox^+，$z=+1$；对于 Red，$z=0$；对于 e^-，$z=-1$）的物种存在于电势 ϕ 的区域中，其标准化学势为

$$\bar{\mu}^{\ominus} = \mu_0^{\ominus} + zF\phi$$

式中，$\mu_0^{\ominus}$ 是在没有电势的情况下的标准化学势，$\bar{\mu}$ 称为电化学势。物种 Ox^+ 和 Red 都存在于溶液中，因此电势为 ϕ_S，而电子在金属电极中，因此电势为 ϕ_M。还原的物种是电中性的。因此，这三种物质的标准电化学势为

$$\bar{\mu}^{\ominus}(\text{Ox}^+) = \mu_0^{\ominus}(\text{Ox}^+) + F\phi_s$$

$$\bar{\mu}^{\ominus}(\text{Red}) = \mu_0^{\ominus}(\text{Red})$$

$$\bar{\mu}^{\ominus}(e^-) = \mu_0^{\ominus}(e^-) - F\phi_M$$

因此，在反应 $\text{Ox}^+ + e^- \longrightarrow \text{Red}$ 中，反应物的标准吉布斯自由能为

$$G_m^{\ominus}(\text{反应物}) = \bar{\mu}^{\ominus}(\text{Ox}^+) + \bar{\mu}^{\ominus}(e^-) = \mu_0^{\ominus}(\text{Ox}^+) + \mu_0^{\ominus}(e^-) + \overbrace{F\phi_S - F\phi_M}^{-F\Delta\phi}$$

$$= G_m^{\ominus}(0，\text{反应物}) - F\Delta\phi$$

式中，$G_m^{\ominus}(0，\text{反应物})$ 是不施加电势时的标准摩尔吉布斯自由能，$\Delta\phi = \phi_M - \phi_S$。

如果活化络合物出现在反应路径的早期，意味着它的结构与反应物（$\text{Ox}^+ + e^-$）差别不大，那么它的吉布斯自由能也会受到外加电位的影响。由于势能差对反应物和活化络合物的吉布斯自由能有相同的影响，因此活化吉布斯自由能不受 $\Delta\phi$ 值的影响［图 12-2(a)］。相反，如果活化络合物在反应过程中出现较晚，并且与电中性产物 Red 相似，则其吉布斯自由能不受电位差的影响。随着 $\Delta\phi$ 的增加，反应物的标准摩尔吉布斯自由能（$\text{Ox}^+ + e^-$）降低了 $F\Delta\phi$，因此在这种情况下，活化吉布斯自由能增加了 $F\Delta\phi$ ［图 12-2(b)］。

如果将阴极（还原）过程的吉布斯自由能写成 $\Delta^{\neq} G_c = \Delta^{\neq} G_c(0) + \alpha F\Delta\phi$，则可以将这两种特殊情况结合一起。其中 $\Delta^{\neq} G_c(0)$ 是当 $\Delta\phi = 0$ 时的活化吉布斯自由能。参数 α 为转移系数，取值范围在 0～1 之间。如果活化的络合物与反应物非常相似，则 $\alpha=0$ ［图 11-2(a)］；如果络合物与产物极为相似，则 $\alpha=1$ ［图 12-2(b)］。在实验中，通常发现 $\alpha \approx 0.5$。

类似的论点适用于阳极过程，即氧化 $\text{Red} \longrightarrow \text{Ox}^+ + e^-$，这与阴极过程相反。从图 12-2(a) 可以明显看出，如果活化络合物类似于 $\text{Ox}^+ + e^-$（$\alpha=0$），则阳极步骤的吉布斯自由能降低了 $-F\Delta\phi$。另一方面，如果活化络合物类似还原态 Red ［图 12-2(b)，$\alpha=1$］，则阳极的吉布斯自由能不受 $\Delta\phi$ 变化的影响。因此，可以将对阳极过程的活化吉布斯自由能的总体影响

表示为：$\Delta^{\neq} G_a = \Delta^{\neq} G_a(0) - (1-\alpha) F\Delta\phi$。

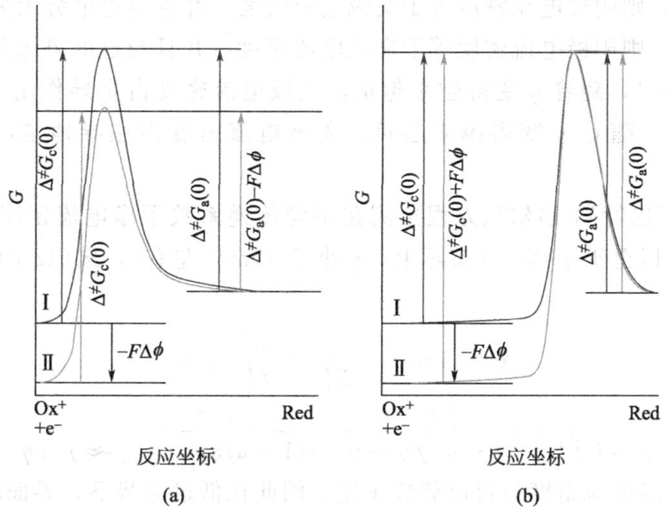

图 12-2　(a) 过渡态类似于氧化态；(b) 过渡态类似于还原态

其中Ⅰ 表示电极上氧化物种（$Ox^+ + e^-$）和还原物种（Red）之间吉布斯自由能变化的剖面图，Ⅱ表示电势差 $\Delta\phi$ 改变时的图形变化

12.2.5 利用吉布斯自由能的表达式写出速率常数

现将吉布斯自由能插入 j_a 和 j_c 的表达式中

$$j_a = FB_a[\mathrm{Red}]e^{-\Delta^{\neq} G_a(0)/RT} e^{(1-\alpha)f\Delta\phi}$$

$$j_c = FB_c[\mathrm{Ox}]e^{-\Delta^{\neq} G_c(0)/RT} e^{-\alpha f\Delta\phi}$$

其中，$f = F/RT$。

12.2.6 考虑过电势的影响

如果施加电势差，使得净电流密度为零，则 $\Delta\phi$ 可认为是电极电势 E。阴、阳极电流密度均等于交换电流密度 j_0：

$$j_0 = FB_a[\mathrm{Red}]e^{-\Delta^{\neq} G_a(0)/RT} e^{(1-\alpha)fE} = FB_c[\mathrm{Ox}]e^{-\Delta^{\neq} G_c(0)/RT} e^{-\alpha fE}$$

现在可以通过代入 $\Delta\phi = E + \eta$ 来确定过电势的作用：

$$j_c = FB_c[\mathrm{Ox}]e^{-\Delta^{\neq} G_c(0)/RT} e^{-\alpha f\Delta\phi} = FB_c[\mathrm{Ox}]e^{-\Delta^{\neq} G_c(0)/RT} e^{-\alpha f(E+\eta)}$$

$$= \overbrace{FB_c[\mathrm{Ox}]e^{-\Delta^{\neq} G_c(0)/RT} e^{-\alpha fE}}^{j_0} e^{-\alpha f\eta} = j_0 e^{-\alpha f\eta}$$

同理，阳极电流密度：

$$j_a = j_0 e^{(1-\alpha)f\eta}$$

净电流密度为 $j = j_a - j_c$，所以

$$j = j_0\left[e^{(1-\alpha)f\eta} - e^{-\alpha f\eta}\right] \tag{12-2}$$

式(12-2) 为巴特勒-福尔默方程（Butler-Volmer equation），也称为电化学反应基本方程。其解释如下：

① 当过电势 $\eta=0$ 时，净电流密度 $j=0$（存在相等且相反的流动）。

② 如果 $\alpha=0$，则阴极电流密度等于交流电流密度，并且与过电势无关。

③ 如果 $\alpha=1$，则阳极电流密度等于交流电流密度，并且与过电势无关。

④ 假设 $0<\alpha<1$，随着 η 变得越来越正，阳极电流密度占主导作用，主要过程是氧化 $Red \longrightarrow Ox^{+}+e^{-}$。随着 η 变得越来越负，阴极电流密度占主导地位，主导过程是还原 $Ox^{+}+e^{-} \longrightarrow Red$。

图 12-3 显示了巴特勒-福尔默方程预测在不同传递系数下净电流密度与过电势的关系。当过电势非常小，以至于 $f\eta \ll 1$（实际上，η 小于 10mV 左右），式(12-2) 中的指数可以使用泰勒公式展开

$$e^{x}=1+x+\frac{x^{2}}{2!}+\frac{x^{3}}{3!}+\cdots$$

得出：
$$j=j_0[\overbrace{1+(1-\alpha)f\eta+\cdots}^{e^{(1-\alpha)f\eta}}-\overbrace{(1-\alpha f\eta+\cdots)}^{e^{-\alpha f\eta}}] \approx j_0 f\eta \tag{12-3}$$

该方程表明，净电流密度与过电势成正比，因此在低过电势下，界面服从欧姆定律。如果某个外部电路已经确定了电流密度 j，则该关系也可以反过来计算存在的过电势：

$$\eta=\frac{j}{j_0 f}=\frac{RTj}{Fj_0} \tag{12-4}$$

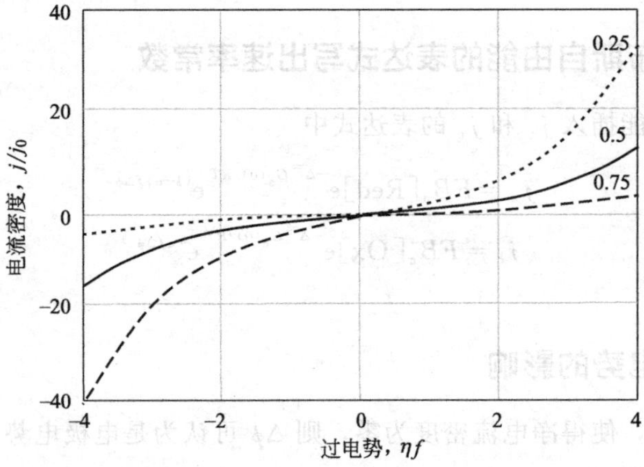

图 12-3 不同传输系数下电流密度与过电势的关系

表 12-1 给出了巴特勒-福尔默参数的一些实验值。从表中可以看出，交换电流密度可以在很宽的范围内变化。当氧化还原过程不涉及键断裂时（例如 $[Fe(CN)_6]^{3-}$，$[Fe(CN)_6]^{4-}$ 氧化还原电对），或仅弱键断裂（例如在 Cl_2，Cl^- 中），交换电流密度的值通常较大。当需要转移一个以上的电子时，或当多个键或强键断裂时，例如在 N_2，N_3^- 偶合及有机化合物的氧化还原反应中，交换电流密度通常较小。

表 12-1 298K 时的交换电流密度和传递系数

反应	电极	$j_0/(A \cdot cm^{-2})$	α
$2H^{+}+2e^{-} \longrightarrow H_2$	Pt	7.9×10^{-4}	
	Ni	6.3×10^{-6}	0.58
	Pb	5.0×10^{-12}	
$Fe^{3+}+e^{-} \longrightarrow Fe^{2+}$	Pt	2.5×10^{-3}	0.58

图 12-4 分别将阴极、阳极电流密度相对于过电势作图，其曲线说明了巴特勒-福尔默方程的另一个结果，当过电势为零时，两极交换电流密度相等。随着过电势的增加，阴极电流密度减少，而阳极电流密度增加。但值得注意的是，对于适当的过电势（$|\eta f|\leqslant 3$），阴、阳两极的电流密度都很大。

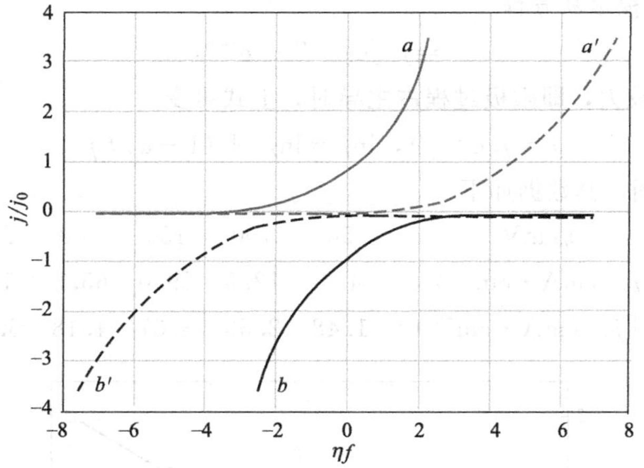

图 12-4 阳极（曲线 a）和阴极（曲线 b）电流密度与过电势关系曲线（$\alpha=0.5$），虚线（a'、b'）是交换电流密度为实线值的 1/10 时的关系曲线

如果减小交换电流密度，虽然曲线具有相同的大致形状，但为了达到相同的电流密度，需要更大的过电位。这种依赖性导致了不同电极类型之间的区别。如果交换电流密度很大，那么适当的过电位会导致显著的净电流，认为这种电极是可逆的，因为阴极和阳极过程在很大程度上都发生。相反，如果交换电流密度很小，则需要更大的过电位来获得相同的电流。在这样的过电位下，阳极电流或阴极电流占主导地位，这种电极则认为是不可逆的。

12.3 Tafel 公式

当过电势较大且为正（实际上 $\eta\geqslant 0.12\text{V}$）时，阳极过程占主导地位。电流密度由式(12-2) 中的第一项可得：

$$j=j_0\text{e}^{(1-\alpha)f\eta}$$

所以，

$$\ln j=\ln j_0+(1-\alpha)f\eta$$

电流密度的对数 $\ln j$ 与过电势 η 的关系图称为塔菲尔（Tafel）曲线。曲线斜率等于 $(1-\alpha)f$，根据斜率值可得转移系数 α 值，根据 $\eta=0$ 处的截距可得交换电流密度 j_0。如果过电位大且为负时（实际上，$\eta\leqslant -0.12\text{V}$），则阴极过程占主导地位。电流密度由式(12-2) 中的第二项得到：

$$j=j_0\text{e}^{-\alpha f\eta}$$

所以，

$$\ln j=\ln j_0-\alpha f\eta$$

在这种情况下，Tafel 曲线的斜率为 $-\alpha f$。

例 12.1 298K 在含有 Fe^{3+}、Fe^{2+} 的水溶液，测得通过面积为 $2.0cm^2$ 的铂电极上的阳极电流数据如下，利用塔菲尔关系分析并确定该电极过程的交换电流密度和转移系数。

η/mV	50	100	150	200	250
I/mA	8.8	25.0	58.0	131	298

解：由巴特勒-福尔默方程

$$j=j_0[e^{(1-\alpha)f\eta}-e^{-\alpha f\eta}]$$

当正的过电势较大，即阳极过程占主导时，上式可变为

$$j=j_0e^{(1-\alpha)f\eta},\ \ln j=\ln j_0+(1-\alpha)f\eta$$

以 $\ln j$ 对 η 作图，其数据如下

η/mV	50	100	150	200	250
$j/(mA\cdot cm^{-2})$	4.4	12.5	29.0	65.5	149
$\ln[j/(mA\cdot cm^{-2})]$	1.48	2.53	3.37	4.18	5.00

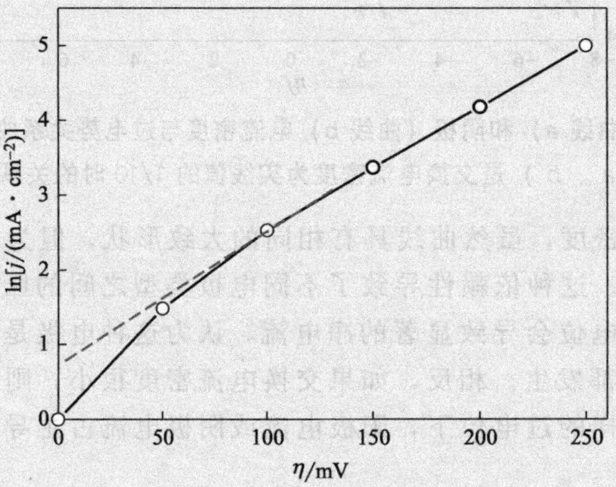

由图可知当 $\eta\geqslant100mV$ 时，η 与 $\ln j$ 呈线性关系即 $\ln j=0.01644\eta+0.893$。即 $\ln j_0=0.893$，$j_0=2.44mA\cdot cm^{-2}$。直线斜率为 $(1-\alpha)f=0.01644mV^{-1}$，其中 $f=F/RT=38.94V^{-1}$，$\alpha=0.578$。

12.4 电荷转移的微观解释

为了探讨电极过程动力学如何受反应物质、溶剂、电极材料和电极吸附层性质及结构等因素的影响，需要一个微观的理论去描述分子结构和环境如何影响电子转移过程。微观理论的目的是使预测的结果能够被实验证实，以便人们理解反应在动力学上或快或慢的基本结构和环境因素，同时为设计具有科学和技术应用价值的优越新体系提供更坚实的理论基础。在此领域 Marcus、Hush、Levich、Dognadze 等做出了重要贡献。本部分所采用的方法主要基于 Marcus 模型，它在电化学领域已有广泛应用，并可应用于量化计算，预测结构对动力学影响。Marcus 因此贡献获得了 1992 年诺贝尔化学奖。

Marcus 提出的电子转移模型认为：电子转移反应速率取决于电子给体与受体间的距离、

反应自由能的变化以及反应物与周围溶剂重组能的大小。经典的 Marcus 理论起源于对溶液中外层电子转移反应速率的研究。根据 Marcus 理论，对一个外层电子转移反应来说，反应体系的自由能变化可以用 2 条开口大小相同（即力学常数相同）的自由能抛物线来描述（图 12-5）：左边的抛物线指反应物体系（反应物＋周围的溶剂，用 R 表示），右边的抛物线指产物体系（产物＋周围的溶剂，用 P 表示）。在 2 条自由能抛物线交点处，反应物体系和产物体系具有相同的反应坐标和能量。这个交点被定义为反应的过渡态，到达交点所需的能量为反应的活化能。

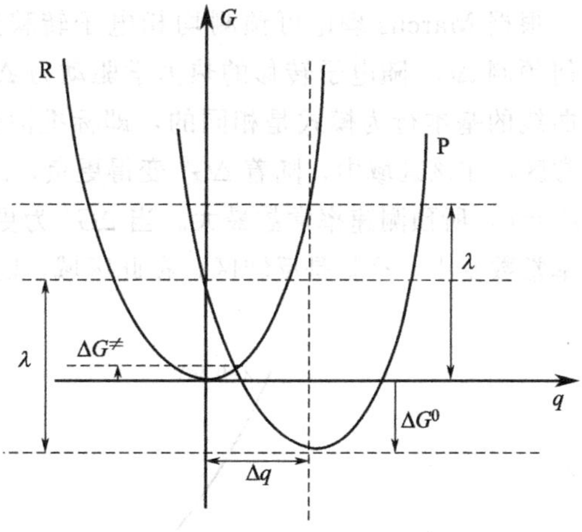

图 12-5　Marcus 电子转移模型

由图 12-5 可知，ΔG^0 为反应的吉布斯自由能变化，即基态反应物与产物之间的能差。$\Delta G^{\neq}$ 为电子转移反应活化能。λ 为反应的重组能，即在电子没有转移的情况下，使平衡态（或基态）的反应物体系（R）具有与平衡态（或基态）的产物体系（P）相同反应坐标所需的能量；或者在电子没有转移的情况下，使平衡态（或基态）的产物体系（P）具有与平衡态（或基态）的反应物体系（R）相同反应坐标所需的能量。$\lambda=\frac{1}{2}k\Delta q$，其中 k 为 Marcus 自由能抛物线的力学常数。对于两个抛物线的交点，假设它们的形式相同，经过一些代数处理可得到：

$$\Delta G^{\neq}=\frac{\lambda}{4}\left(1+\frac{\Delta G^0}{\lambda}\right)^2 \tag{12-5}$$

电荷转移系数为

$$\alpha=\frac{RT}{F}\left|\frac{\partial \ln k}{\partial E}\right|=\frac{\partial G^{\neq}}{\partial E} \tag{12-6}$$

只要电流与速率常数成比例，这就是塔菲尔关系的一种形式。这是一个线性自由能关系的例子（动力学参数 $\ln k$ 与热力学参数 E 呈线性相关）。代入 $\Delta G^{\neq}$ 可得：

$$\begin{aligned}\alpha&=-\frac{1}{2F}\left(1+\frac{\Delta G^0}{\lambda}\right)\frac{\partial \Delta G}{\partial E}\\&=\frac{1}{2}\left(1+\frac{\Delta G^0}{\lambda}\right)\end{aligned} \tag{12-7}$$

考虑极限情况：

① 当 $\lambda \gg \Delta G^0$：动力学过程很慢，$\alpha \approx 0.5$（很多反应属于这种情况）。

② 当 λ 较小（快反应）

$\Delta G^0 \approx 0$（$E \sim E^{\ominus}$），$\alpha \approx 0.5$。

$\lambda \approx \Delta G^0$，$\alpha \to 1$［图 12-2(b)］。

$\lambda \approx -\Delta G^0$，$\alpha \to 0$［图 12-2(a)］。

所以，对于非常快的反应，这个理论预测了转移系数 α 随电势的变化。有一些证据表明会发生这种情况，但鉴于任何电极反应的多步骤性质，不能得出明确的结论，以及阐述具有恒定电荷转移系数的机理。

根据 Marcus 理论可预测均相电子转移反应存在一个反转区。图 12-6 显示了式(12-5)如何预测 $\Delta G^{\neq}$ 随电子转移的热力学驱动力 ΔG^0 而变化。曲线显示了几种不同的 λ 值，但所有曲线的基本行为模式是相同的，即标准活化能中存在一个最小值。在最小值的右侧有一个正常区，在该区域中，随着 ΔG^0 变得更负，$\Delta G^{\neq}$ 减小，因此速率常数增加。当 $\Delta G^0=-\lambda$ 时，$\Delta G^{\neq}=0$，所预测速率常数最大。当 ΔG^0 为更大的负值时，即对于强驱动反应，活化能变大，速率常数变小。这就是反转区，在此区域，随着热力学驱动力的增加，电子转移速率减小。

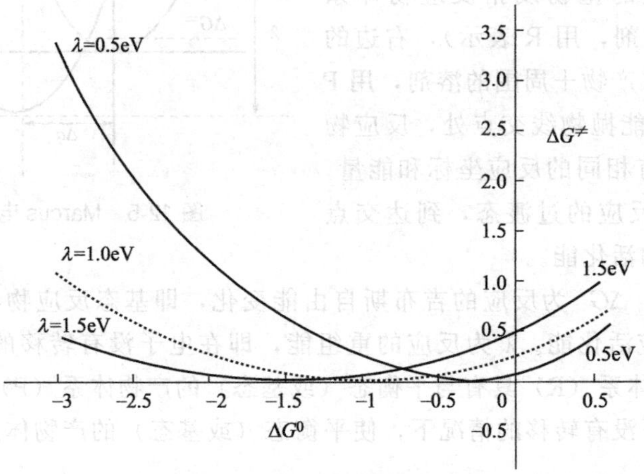

图 12-6　不同 λ 下 ΔG^0 对均相电子反应 $\Delta G^{\neq}$ 的影响

能级是影响电子转移的另一个方面，该方面随着半导体电极（例如太阳能转换）的日益使用而变得更为重要，且适用于金属电极。电子转移发生在电极的最高占有能级（费米能级 E_F）和溶液中氧化还原对的能级（E_{redox}）之间。电子占据能量为 E 的能级的概率 f 为：

$$f=1/[1+\exp(E-E_F)/k_BT]$$

式中，E 为以价带底部为起点计算的电子能量；E_F 为某一特定的能级的能量，该能级称为费米能级；k_B 为玻尔兹曼常数。当 $E=E_F$ 时，费米能级上被电子充满的概率只有 1/2。费米能级的能量就是自由电子在金属中的电化学势。

但是，由于 O 和 R 具有不同的电荷，不同的溶剂化，因此与 E_{redox} 相关联的电子能级实际上有两种分布。R 的能量略低于 O 的能量，态密度如图 12-7 所示。E_F 和 E_O 的分布之间的重叠表明氧化的物种可以被还原。

为了将 E_{redox}、E_F 和电极电位联系起来，必须使用相同的参考状态，即真空。相对于真空，标准氢电极的能量为－4.44eV（图 12-8）。当测量电极间的电位关系时，可通过关系式 $E_F=eU$ 测量相应的 E_F 值，其中 e 是电荷，U 是电势。

因此，在描述电极反应机理时，将氧化还原电对相关的能量与被转移溶液中电子的能量相对应，并等于溶剂重组后实际电子转移步骤中的费米能量，这似乎是合乎逻辑的，在这个问题上有一些争议，但可以认为 $E_F=E_{redox}-e\chi$。其中 χ 是电极的表面电势。表面电势是界面（ψ，Volta 电势）与电极内部（ϕ，Galvani 电势）之间的电势差。因此，在平衡时且具有单位活度的情况下，E_{redox} 等效于 Volta 电势的能量，而 E_F 与 Galvani 电势相关。χ 反映了固体结构的断裂以及随后的电子分布变化（图 12-9）。

如果 $\chi\to0$，则 $E_F=E_{redox}$。因此，E_F 与该物种的电极电势相关，而 E_{redox} 与该物种的氧化还原电势相关。由于通常情况下 $\chi\neq0$，不能假定它们的等效性。电势的测量给出的是电

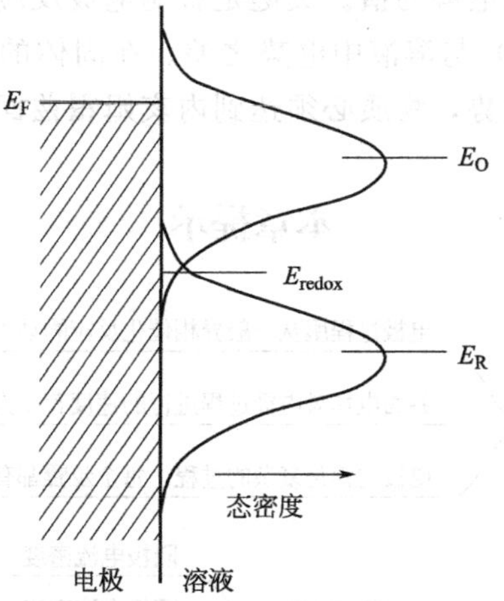

图 12-7　金属电极表面上的物种 O 和 R 的氧化还原对的能量分布；E_F 被施加电势的改变，促进 O 的还原或 R 的氧化

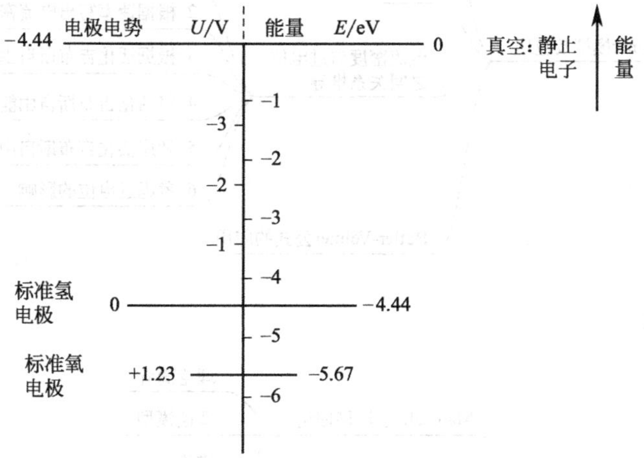

图 12-8　电极电位、相应能量与真空的关系

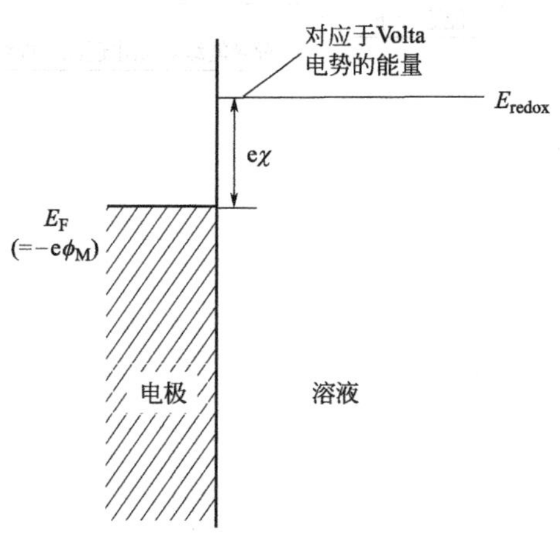

图 12-9　Galvani 电势 ϕ_M、Volta 电势 ψ 和表面电势 χ 之间的关系图

极电势的值，而不是氧化还原电势的值。关键是影响电极反应和克服活化势垒的电位差不仅仅是 Galvani 电势（即费米能）与溶液中电势之差。在固体的一侧是 Volta 电势，在溶液的一侧是内亥姆霍兹平面上的电势，物质必须达到内亥姆霍兹面才能使电子转移成为可能。

本章提示

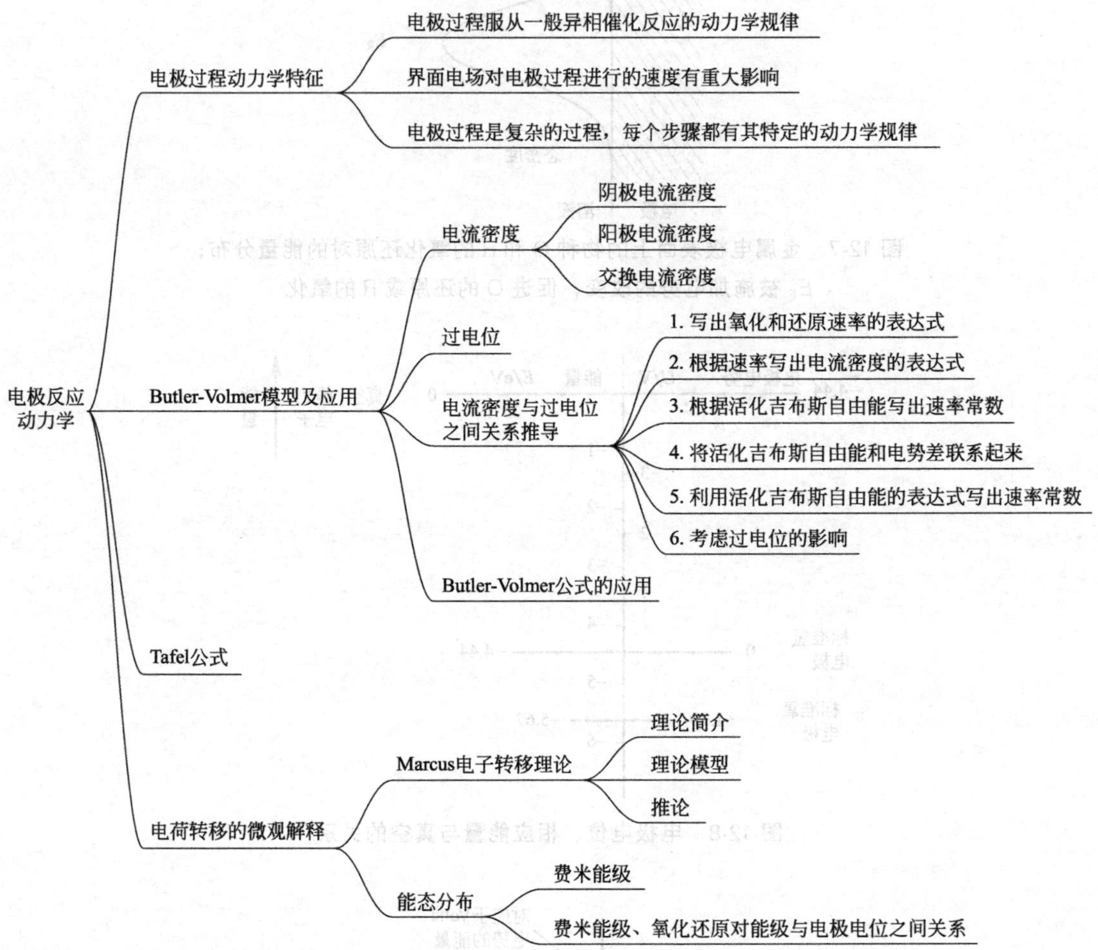

第 13 章 电势扫描法

在 Butler-Volmer 方程的推导中，假定电活性物质的浓度与本体溶液的浓度相同。这种假设在低电流密度下近似认为是正确的，因为只有少量的电活性物质会从一种形式转变为另一种形式。但是，在高电流密度下这种假设则不适用，因为靠近电极的电活性物质的消耗会导致浓度梯度。物质从本体向电极扩散很慢，并且可能成为速度决定因素；如果是这种情况，增加过电位将导致电流不再增加，这种效应称为浓度极化。在解释伏安行为时，浓差极化是很重要的。

13.1 伏安扫描法

伏安扫描法是一种电势扫描技术，即在一定电位下测量体系的电流，得到的 $i \sim E$ 曲线称为伏安特性曲线。测量过程中所施加的电位称为激励信号，如果电位激励信号为线性电位激励［图 13-1(a)］，所得的电流响应与电位的关系称为线性伏安扫描［图 13-1(b)］。如果施加的电位差随着扫描的进行变得更负，则由于还原而产生的阴极电流增加，阳极电流减小。当施加的电位差比电极电位更负时，过电位变为负，Butler-Volmer 方程预测阴极电流将呈指数增加。这就是图 13-1(b) 所示电流快速增加的原因。

如果溶液本体中 Ox^+ 的浓度增加，阴极峰电流随之增加。峰电流值与 Ox^+ 的物质的量浓度成正比。另外，扫描速率增加，峰电流也会随之增加［图 13-1(b)］。这是还原和扩散速率之间平衡的结果。靠近电极的分子发生还原，导致电极表面和本体溶液之间出现浓度梯度。由浓度梯度驱动扩散过程，且梯度越大，扩散越快，因此可以维持的电流就越大。快速扫描会导致电极上的 Ox^+ 更快地耗尽，从而导致更大的浓度梯度和更快的扩散，从而产生更大的电流。根据线性扩散方程［式(13-1)］，分子迁移的净距离（x）与时间（t）的平方根成正比，利用 Laplace 变化方法可推导出峰电流与扫描速率平方根成正比［式(13-2)］。

$$\langle x \rangle = 2\left(\frac{Dt}{\pi}\right)^{1/2} \tag{13-1}$$

$$i_p = 0.4958 \times nF^{\frac{3}{2}} A (RT)^{-\frac{1}{2}} D^{\frac{1}{2}} c_0^{\infty} v^{\frac{1}{2}} (\alpha n)^{\frac{1}{2}} \tag{13-2}$$

式中，i_p 是反应的峰电流，A；A 是电极表面积，cm^2；D 是扩散系数，$cm^2 \cdot s^{-1}$；c_0^{∞} 是本体中电活性物质的浓度，$mol \cdot L^{-1}$；v 是扫描速率，$V \cdot s^{-1}$；α 是转移系数；n 是总反应电子数，是控制步骤的反应电子数；R 是摩尔气体常数；T 是热力学温度；F 是法拉第常数。

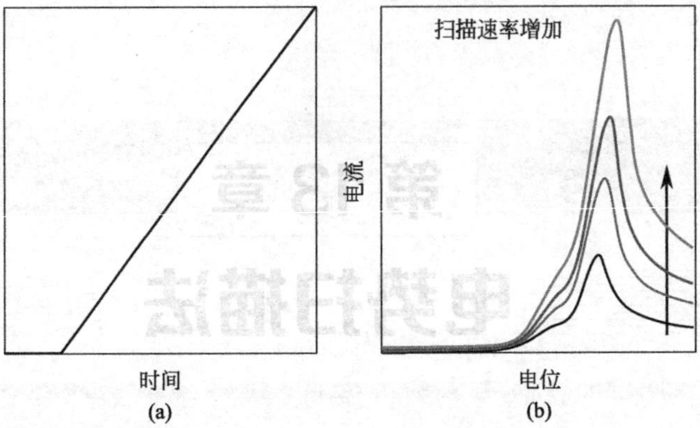

图 13-1 (a) 施加电位随时间的变化；(b) 线性伏安实验中得到的电流-电位曲线

在循环伏安扫描中，电位激励信号是如图 13-2(a) 所示的三角波。因此循环伏安法也叫三角波电位扫描伏安法，就是电位扫描到一定值，再反扫至原来的起始电位值。循环伏安法在扫描过程中，电极表面的电位是随时间变化的。当电极表面发生反应消耗反应粒子时，反应粒子必然由溶液本体向电极表面扩散，这时电极表面就有一个浓度梯度存在了（当扫描进行到一定阶段，反应处在扩散控制下），这时与这个浓度梯度成正比的回路中的电流增大。随着电极表面的电位继续变化，反应粒子在电极表面的浓度继续减小，电极表面的浓度梯度继续增大，电流也继续增大，此时扩散层在变厚。当电极表面反应粒子的浓度变为零时，此时的浓度梯度最大，电流也就最大。在此之后，由于松弛作用，扩散层继续增厚，浓度梯度减小，电流也减小。总的来说，此变化过程产生一个峰形的电流-电位响应。随着扫描速率逐渐增大，扩散层松弛的时间越来越短，当电极表面反应粒子的浓度变为零时，浓度梯度最大，峰电流最大，所以增大扫描速率，峰电流也会增大。

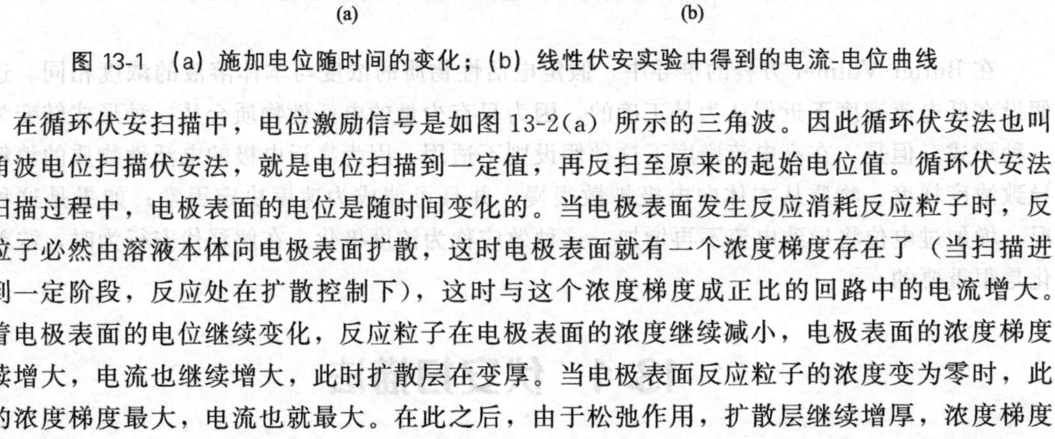

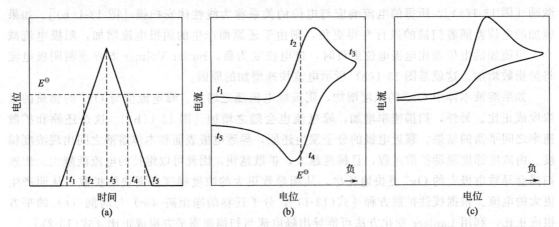

图 13-2 (a) 施加电位随时间的变化；(b) 可逆循环伏安曲线；(c) 不可逆循环伏安曲线

典型的循环伏安曲线如图 13-2(b) 所示。值得注意的是在实验开始时只有氧化物种存在。该图用于可逆电子转移过程，即仅需要很小的过电势即可产生较大的电流。在此图上能看到完全对称的氧化还原峰。对于可逆电子转移过程，有以下特点：

① 峰电位值（E_p/V）与标准电极电位（$E^{\ominus}$/V）呈现式(13-3) 的关系，由此可见，E_p 与扫描速率无关，用式(13-4) 表示。

$$E_p - E^{\ominus} = -1.11\frac{RT}{nF} \quad (13\text{-}3)$$

$$dE_p/d(\lg v) = 0 \quad (13\text{-}4)$$

② 峰电位（E_p）与半峰电位（$E_{p/2}$）的关系如式(13-5) 所示。

$$E_p - E_{p/2} = -2.20\frac{RT}{nF} \quad (13\text{-}5)$$

③ 峰电流（i_p）与扫描速率的平方根成正比，关系如式(13-6) 所示。

$$i_p = 0.4463nFACD^{\frac{1}{2}}v^{\frac{1}{2}}\left(\frac{nF}{RT}\right)^{\frac{1}{2}} \quad (13\text{-}6)$$

④ 氧化还原峰电位差（ΔE_p）符合式(13-7)，其中 E_p^{ox} 为氧化峰电位（V），E_p^{red} 为还原峰电位（V）。

$$\Delta E_p = E_p^{ox} - E_p^{red} = 2\times 1.11\frac{RT}{nF} \quad (13\text{-}7)$$

⑤ 氧化还原峰电流的比值固定，与扫描速率无关，通常为 1。

⑥ $E^{\ominus}$可以按式(13-8)，通过氧化还原峰电位的平均值求得。

$$E^{\ominus} = (E_p^{ox} + E_p^{red})/2 \quad (13\text{-}8)$$

$Fe(CN)_6^{3-}$ | $Fe(CN)_6^{4-}$ 氧化还原电对属于可逆电子转移体系。

如果电极过程是不可逆的［图 13-2(c)］，则需要较大的过电势以提供较大的电流，并且循环伏安曲线的形状也会受到影响。由图 13-2(c) 可以看出，直到时间 t_3 为止，循环伏安图的第一段与可逆情况［图 13-2(b)］基本相同。当扫描反向时，电流减小，反映了较慢的阴极过程。然而，由于阳极过程需要一个显著的（正）过电位，当阴极过程变慢时，电流回落到零。阳极过程不显著，电流不会因此改变符号。所以不可逆电极过程的伏安曲线与可逆情况的非常不同，有不对称的氧化还原峰。对于不可逆电子转移过程，有以下特点：

① E_p 与 $E^{\ominus}$之间的差值与转移系数（α）、电子转移速率常数（$k^{\ominus}$，$cm\cdot s^{-1}$）、D 和 v 有关，如式(13-9) 所示。E_p 与 v 的具体关系如式(13-10) 所示。

$$E_p - E^{\ominus} = \left(-0.783 + \ln\frac{k^{\ominus}}{D^{\frac{1}{2}}} - \frac{1}{2}\ln\frac{\alpha vnF}{RT}\right)\frac{RT}{\alpha nF} \quad (13\text{-}9)$$

$$\frac{dE_p}{d(\lg v)} = -\frac{1}{2}\frac{RT}{\alpha nF}\ln 10 \quad (13\text{-}10)$$

② E_p 与 $E_{p/2}$ 的关系如式(13-11) 所示。

$$E_p - E_{p/2} = -1.857\frac{RT}{\alpha nF} \quad (13\text{-}11)$$

③ i_p 与 $v^{1/2}$ 成正比，与可逆反应相似，但是具体值不同，如式(13-2) 所示。

伏安曲线的整体形状提供了电极处理动力学的详细信息。此外，曲线的形状可能取决于扫描的时间，因为如果扫描太快，某些过程可能没有时间发生。例如在液氨中电还原 1-溴-4-硝基苯的机理如下：

(1) $BrC_6H_4NO_2 + e^- \longrightarrow BrC_6H_4NO_2^-$

(2) $BrC_6H_4NO_2^- \longrightarrow \cdot C_6H_4NO_2 + Br^-$

(3) $\cdot C_6H_4NO_2 + e^- \longrightarrow C_6H_4NO_2^-$

(4) $C_6H_4NO_2^- + H^+ \longrightarrow C_6H_5NO_2$

利用循环伏安扫描发现在不同扫描速率下，所得的伏安曲线很不一样（图 13-3）。如前所述，伏安曲线的形状受扫描时间尺度上过程是否可逆的影响。这种区别取决于所涉及步骤的相对速率，包括氧化还原步骤和其他反应。

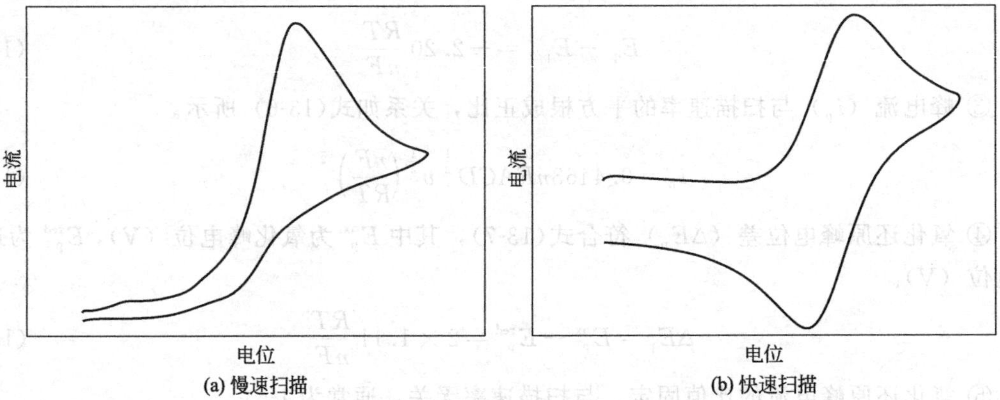

图 13-3　不同扫描速率下的循环伏安曲线

慢速扫描的伏安曲线［图 13-3(a)］中只有一个不可逆的还原峰。在这种情况下，该过程是不可逆的，因为在步骤（1）中形成的还原物种 $BrC_6H_4NO_2^-$，继续进一步反应生成硝基苯自由基（$\cdot C_6H_4NO_2$）和 Br^-，因此没有 $BrC_6H_4NO_2^-$ 在反向扫描过程中的氧化过程。此过程中电流符号不改变。如果步骤（2）很快，则硝基苯自由基（$\cdot C_6H_4NO_2$）可在步骤（3）中进一步还原，通过在步骤（4）中去除还原物种使该过程变得不可逆。在快速扫描下，如图 13-3（b）所示，伏安曲线类似于可逆电极过程中描述的伏安曲线。在这种情况下，步骤（2）不够快，无法完全消耗步骤（1）中形成的还原物种 $BrC_6H_4NO_2^-$，导致在反向扫描中仍有部分可以氧化，从而导致电流方向的改变。

13.2　循环伏安法应用实例分析

下面以 CO_2 在不同有机溶剂中的电还原为例说明循环伏安实验包含的研究思想。在这个例子中选用 MeCN、DMF 和 DMSO 为溶剂，以 0.1mol · L^{-1} 四乙基溴化铵（TEABr）为支持电解质，以 Cu 为工作电极，Ag | AgI | I^- 为参比电极，Pt 为对电极。

如图 13-4(a) 所示，曲线 a 是饱和了 N_2 后溶液（以 MeCN 溶剂为代表）的循环伏安曲线即基底的循环伏安曲线，曲线 b、c 和 d 是饱和 CO_2 后的循环伏安曲线。与曲线 a 相比较，曲线 b、c 和 d 可以明显看出，CO_2 在 MeCN、DMF 和 DMSO 三种溶剂中，都出现了明显的还原峰，峰电位分别为－2.195V、－2.299V 和－2.276V。但在逆方向扫描时没有出现氧化峰，说明 CO_2 在三种溶剂中的还原都是不可逆的还原反应，此还原峰对应于 CO_2 得到电子生成了 $CO_2^{\cdot -}$。由图 13-4(a) 还可以看出，峰电流的变化趋势为：i_p(MeCN) ＞i_p (DMF) ＞i_p (DMSO)。此顺序与 CO_2 在其中的溶解度顺序相一致（见表 13-1）。CO_2 在 MeCN 中溶解度最大，浓度最大，产生的还原峰电流最大。将常压、25℃下，CO_2 在 Cu 电极上三种溶剂中的还原峰电位和峰电流等数据列于表 13-1。

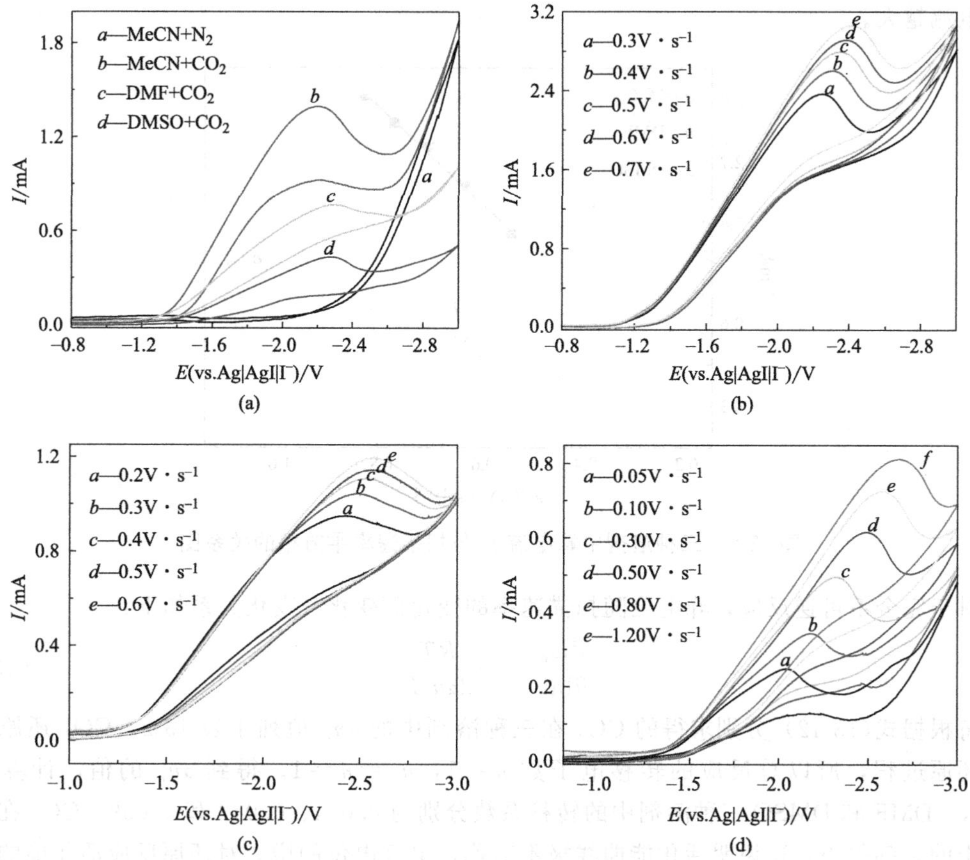

图 13-4　循环伏安法研究电还原 CO_2

(a) 溶剂对 CO_2 电还原影响；MeCN (b)、DMF (c)、DMSO (d) 中扫描速率对 CO_2 电还原行为的影响

表 13-1　CO_2 在三种溶剂中峰电流、峰电位、转移系数和扩散系数数据

项目	MeCN	DMF	DMSO
$c_{CO_2}/(\mathrm{mol \cdot L^{-1}})$	0.282	0.196	0.134
E_p(vs. Ag|AgI|I^-)/V	−2.195	−2.299	−2.276
i_p/mA	1.355	0.745	0.424
αn_α	0.064	0.042	0.059
α	0.064	0.042	0.059
$D/(\times 10^{-6}\mathrm{cm^2 \cdot s^{-1}})$	8.981	1.019	1.032

图 13-4(b)～(d) 是 CO_2 在不同扫描速率下不同溶剂中还原的循环伏安曲线。由图可以看出，在不同溶剂中，随着扫描速率的变化，峰电流和峰电位的变化趋势相同。当扫描速率增加时，峰电流逐渐增大，峰电位逐步负移，反向扫描时没有氧化峰出现，进一步表明 CO_2 还原是不可逆过程。

图 13-5 是 CO_2 在三种溶剂中，峰电流与扫描速率的平方根（$v^{1/2}$）的线性关系图，峰电流 i_p 与 $v^{1/2}$ 成正比，说明 CO_2 在电极界面的传质是线性扩散，电极动力学过程由 CO_2 向电极｜溶液界面的扩散所控制。相同电位下，电流随扫描速率加快而增大，是因为电极过程

为扩散控制，扫描速率加快达到同样的电位所需的时间越短，扩散层越薄，扩散流量越大，所以电流越大。

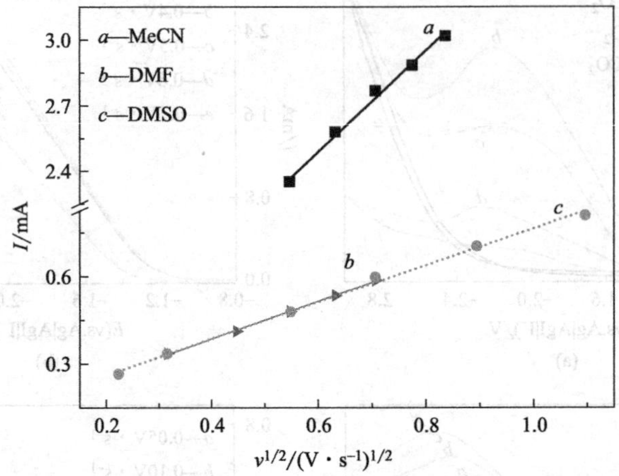

图 13-5　三种溶剂中峰电流 i_p 与扫描速率平方根的关系图

对于完全不可逆反应，峰电位随扫描速率的变化而变化，变化关系如下：

$$\frac{\partial E_p}{\partial \ln v} = -\frac{RT}{2\alpha n_\alpha F} \tag{13-12}$$

将根据式(13-12)分别求得的 CO_2 在三种溶剂中的 αn_α 值列于表 13-2。CO_2 还原是单电子还原过程，所以总反应的转移电子数 $n=1$，$n_\alpha=n=1$。得到 αn_α 的值，计算出在 MeCN、DMF 和 DMSO 三种溶剂中的转移系数分别为 0.064、0.042 和 0.059。CO_2 在三种溶剂中的 α 都很小。这说明活化能曲线极不对称，电极电位的增大对还原反应活化能的降低影响不明显，而对氧化反应活化能的升高影响明显。

本章提示

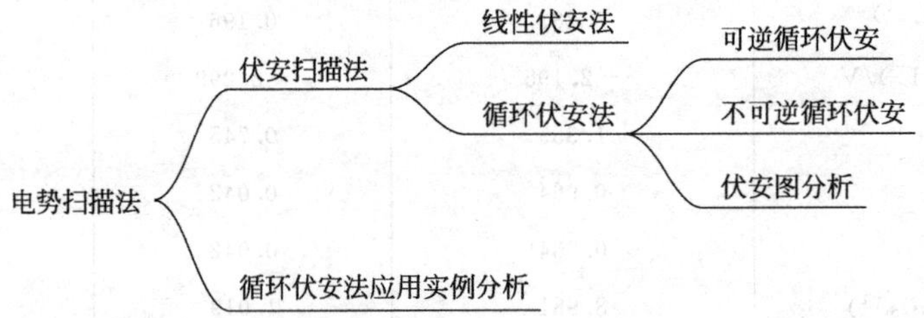

习　题

1. 一个有液接电势的浓差电池：Ag (s) | AgCl (s) | HCl (0.1mol·kg^{-1}，$\gamma_\pm=$ 0.795) | HCl (0.01mol·kg^{-1}，$\gamma_\pm=0.904$) | AgCl (s) | Ag (s)。其电动势在 298.2K 时是 0.09253V。求 HCl 溶液中在此浓度范围内 H^+ 和 Cl^- 的迁移数，并计算浓度分别为 0.1mol·kg^{-1} 和 0.01mol·kg^{-1} 的 HCl 溶液时的液体接界电势。

2. 对于同一个正离子浓差电池（有液接电势）：

甲：Pt，$H_2(p_1)$ | HCl(0.001mol・kg^{-1}) | HCl(0.01mol・kg^{-1}) | $H_2(p_1)$，Pt

乙：Pt，$H_2(p_1)$ | HCl(0.001mol・kg^{-1}) ‖ HCl(0.01mol・kg^{-1}) | $H_2(p_1)$，Pt

甲未消除液接电势，乙已消除液接电势，已知 $t(H^+)=0.82$，$t(Cl^-)=0.18$，试计算两电池电动势。

3. 对于同一个负离子浓差电池（有液接电势）：

甲：Pt，$Cl_2(p_1)$ | HCl(0.01mol・kg^{-1}) | HCl(0.001mol・kg^{-1}) | $Cl_2(p_1)$，Pt

乙：Pt，$Cl_2(p_1)$ | HCl(0.01mol・kg^{-1}) ‖ HCl(0.001mol・kg^{-1}) | $Cl_2(p_1)$，Pt

甲未消除液接电势，乙已消除液接电势，已知 $t(H^+)=0.82$，$t(Cl^-)=0.18$，试计算两电池电动势。

4. 298K 时电极 Pt | $H_2(p_1)$ | H^+(aq) 的交换电流密度为 0.79mA・cm^{-2}，当过电位为+5.0mV 时，其电流密度为多少？若电极面积为 5.0cm^2，其通过的电流为多少？

5. 298K 下记录的阴极电流数据如下表所示，其对应的电极面积为 2.0cm^2，利用塔菲尔关系分析并确定该电极过程的交换电流密度和转移系数。

η/mV	50	−100	−150	−200	−250	−300
I/mA	0.3	1.5	6.4	27.6	118.6	510

6. 测得电极反应 $O+2e^- \longrightarrow R$ 在 25℃ 时的交换电流密度为 2×10^{-12}A・cm^{-2}，$\alpha=0.46$。当在−1.44V 下阴极极化时电极反应速率是多少？已知电极过程为电子转移步骤所控制，未通电时电极电位为−0.68V。

7. 25℃时，锌从 $ZnSO_4$(1mol・L^{-1}) 溶液中电解沉积的速度为 0.03A・cm^{-2} 时，阴极电位为−1.013V。已知电极过程的控制步骤是电子转移步骤，转移系数 $\alpha=0.45$ 以及 $ZnSO_4$ 溶液的活度 $\gamma_\pm=0.044$。试问 25℃时该电极反应的交换电流密度是多少？

8. 利用 Au 电极在含有 0.1mol・L^{-1} Ce^{4+} +0.05mol・L^{-1} Ce^{3+} +3mol・L^{-1} CH_3SO_3H 的溶液中，测得以下稳态数据：

E(vs. SCE)/mV	I/mA	E(vs. SCE)/mV	I/mA	E(vs. SCE)/mV	I/mA
1290	+0.91	1160	−0.39	1100	−1.23
1270	+0.62	1140	−0.57	1080	−1.81
1250	+0.39	1120	−0.84	1050	−3.20

估算溶液的平衡电势和 Ce^{4+} | Ce^{3+} 电对的表观电势、交换电流密度、标准速率常数和转移系数。

9. 25℃测得反应 $O+e^- \rightleftharpoons R$ 的阴极极化电流与过电位的数据如下表所示，求该电极反应的交换电流密度和转移系数。

j_c/(A・cm^{-2})	0.002	0.006	0.010	0.015	0.020	0.030
η/V	0.593	0.789	0.853	0.887	0.901	0.934

10. 计算在含 1mol・L^{-1} 铜离子的溶液中以 20mA・cm^{-2} 进行电镀 Cu 时阴极的电势：

(1) 使用酸性硫酸盐镀液表观电势为＋340mV(vs. SHE)，交换电流密度为 0.1mA · cm^{-2}，塔菲尔斜率为 120mV/dec；

(2) 使用含 5mol · L^{-1} 氰化物的镀液，其中主要的铜离子为 $[Cu(CN)_4]^{3-}$，其稳定常数为 10^{25}。Cu^+ | Cu 电对在不含络合剂的介质中的表观电势为＋522mV(vs. SHE)。在氰化物镀液中，交换电流密度为 0.01mA · cm^{-2}，塔菲尔斜率为 120mV/dec。

11. 推导公式：$\Delta G^{\neq}=\frac{\lambda}{4}\left(1+\frac{\Delta G^0}{\lambda}\right)^2$。

12. 图中显示 Ni 电极在 1mol · L^{-1} KOH 溶液中得到的一组循环伏安曲线，电极不做清洁处理而反复进行循环伏安扫描得到的曲线没有变化。注意当 Ni 置入碱液时会自发地快速反应，在表面形成一层 $Ni(OH)_2$。解释上述现象。

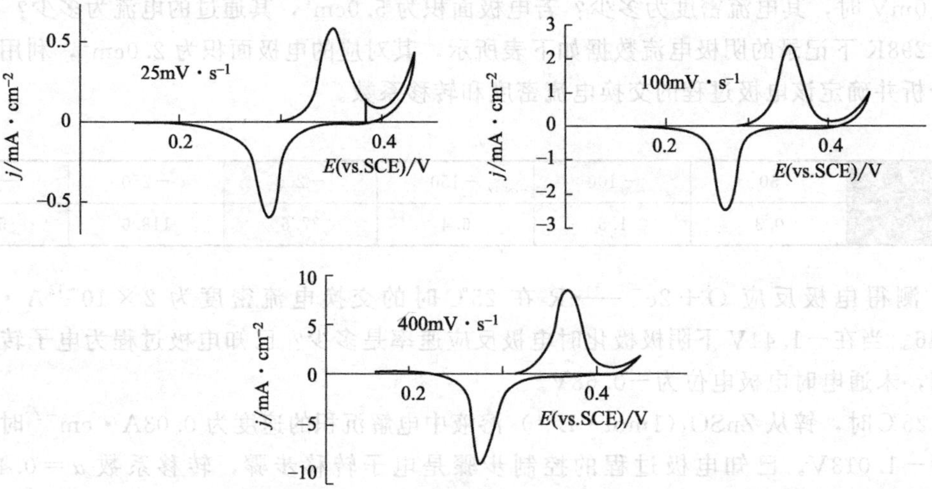

13. 根据 ClC_6H_4CN 在酸性溶液中的反应历程（a～c），对下面的循环伏安图进行解释。

a. $ClC_6H_4CN + e^- \rightleftharpoons ClC_6H_4CN^-$

b. $ClC_6H_4CN^- + H^+ + e^- \longrightarrow C_6H_5CN + Cl^-$（可逆）

c. $C_6H_5CN + e^- \rightleftharpoons C_6H_4CN^-$

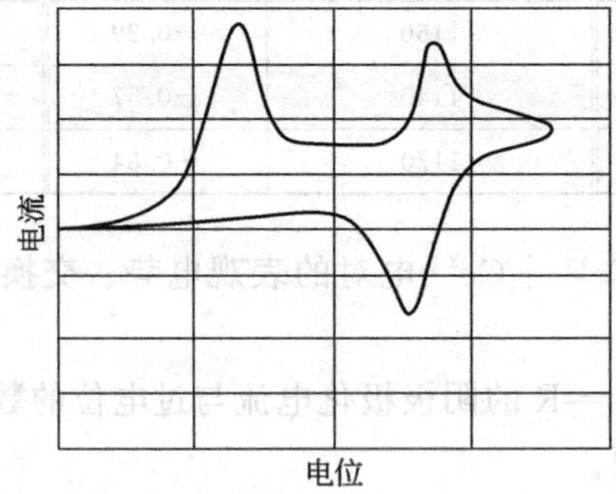

第三篇

多相催化反应动力学

催化反应无处不在。自然界中，植物的光合作用正是以叶绿素作为催化剂，将二氧化碳和水转化为富能有机物。光合作用是地球生物赖以生存的基础。人类对催化剂的使用历史也非常悠久，可以追溯到8000年前开始的对于酵母的使用。通过对谷物和葡萄的发酵，可以酿制啤酒和白酒。多相催化在工业生产上最重要的一个应用是合成氨反应。氨是制造化肥并且工业用途众多的基本化工原料。用氢气和氮气合成氨气的反应在通常情况下速度极慢，没有经济价值。但如果选取合适的催化剂，氢气和氮气就能以较快的速度生成氨气。工业合成氨技术最早是由德国人哈伯实现的。他的发明使大气中的氮变成生产氮肥永不枯竭的廉价来源，从而减少了农业生产对土壤的依赖程度，为解决世界粮食危机做出巨大贡献。哈伯本人也因此获得了1918年诺贝尔化学奖。多相催化反应在整个国民经济中占有极为重要的地位。

第 14 章 化学反应动力学基础

相比于普通的化学反应，多相催化反应虽然有独特之处，但仍然遵守化学反应动力学的基本原理。反应动力学主要研究化学反应的两个方面。一方面研究化学反应的速率以及影响反应速率的因素，比如温度、浓度、光照、催化剂等。另一方面研究反应经历的具体步骤，即反应的历程或者称为反应机理。

14.1 反应速率

反应速率从字面意义上理解，指的是反应的快慢，可以用单位时间内参与反应的物质的物质的量的改变来表示：

$$r=\frac{\mathrm{d}n_{\mathrm{B}}}{\mathrm{d}t} \tag{14-1}$$

式中，r 指反应速率；n_{B} 指物质 B 的物质的量；t 是时间。这种定义虽然直观，但带来一个问题。同一个化学反应，由于化学反应方程式当中不同物质的计量系数不同，其物质的量的改变也不同，导致用不同物质表示的反应速率有差异。为了消除这种分歧，可以用反应进度来定义反应速率：

$$r=\frac{\mathrm{d}\xi}{\mathrm{d}t} \tag{14-2}$$

其中反应进度的定义为：

$$\mathrm{d}\xi=\frac{\mathrm{d}n_{\mathrm{B}}}{\nu_{\mathrm{B}}} \tag{14-3}$$

式中，ν_{B} 为化学反应方程式当中 B 物质的计量系数，并且规定对于产物取正值，对于反应物取负值。这样一来，用参与反应的任一物质的物质的量的改变来计算反应速率，结果都是一样的。不过反应速率的这种定义还存在一个问题。物质的量是广度性质，导致反应速率也是广度性质，具有加和性。从实用的角度，反应速率应具备强度性质。所以实际使用的反应速率指单位体积的反应速率：

$$r=\frac{\mathrm{d}\xi}{V\mathrm{d}t} \tag{14-4}$$

当反应系统体积不变时：

$$r=\frac{dc_B}{\nu_B dt} \tag{14-5}$$

式中，c_B 为物质 B 的物质的量浓度。在反应动力学当中，物质的量浓度可以用物质的化学式外加中括号表示，所以反应速率也可以表示成：

$$r=\frac{d[B]}{\nu_B dt} \tag{14-6}$$

根据反应速率的定义可知，要测定反应速率，需要测量不同时刻参与反应的物质的浓度，绘制浓度随时间的变化曲线即动力学曲线。某一时刻动力学曲线的斜率即该时刻的反应速率。

对于多相催化反应，反应的快慢取决于表面活性中心数目的多少。因此，合理的反应速率应该用单位数量的活性中心所导致的物质的量的改变来表示：

$$r=\frac{d[B]}{n_s \nu_B dt} \tag{14-7}$$

式中，n_s 为催化剂表面活性中心的数目。然而，表面活性中心的数量很难精确测量。所以更普遍的做法是，用单位质量、单位体积或单位表面积的催化剂所引起的反应进度的改变来表示多相催化反应的反应速率：

$$r_m=\frac{d\xi}{m dt} \tag{14-8}$$

$$r_V=\frac{d\xi}{V dt} \tag{14-9}$$

$$r_A=\frac{d\xi}{A dt} \tag{14-10}$$

式中，m、V 和 A 分别是催化剂的质量、体积和表面积；r_m、r_V、r_A 分别称为单位质量催化剂的反应速率、单位体积催化剂的反应速率和单位表面积催化剂的反应速率。

14.2 反应速率方程

表示反应速率与温度、参与反应的物质的浓度间关系的等式称为反应速率方程。例如，氢气与碘合成碘化氢的反应：

$$H_2+I_2 = 2HI$$

速率与氢气浓度和碘浓度的乘积成正比，速率方程的形式为：

$$r=k[H_2][I_2]$$

式中的比例系数 k 称为速率常数，能够反映温度对反应速率的影响（大多数情况下可由阿伦尼乌斯公式描述）。需要强调的是，反应速率方程的形式是通过实验确定的，与化学反应方程式之间没有直接的联系。与上述反应方程式相似的氯化氢的合成反应：

$$H_2+Cl_2 = 2HCl$$

其速率方程的形式为：

$$r=k[H_2][Cl_2]^{\frac{1}{2}}$$

速率方程中浓度项的指数称为反应级数。以氯化氢的合成反应为例，对氢气是 1 级，对氯气是0.5级，总反应是1.5级。将反应速率的定义代入速率方程当中可以发现，上述速率方程都是微分方程，对微分方程进行求解可得到速率方程的积分式。以一级反应为例：

$$\mathrm{R} \longrightarrow \mathrm{P}$$

假设起始时刻反应物的浓度为 a，产物的浓度为0，反应进行到某一时刻产物的浓度为 x。则速率方程写成：

$$\frac{\mathrm{d}x}{\mathrm{d}t} = k(a - x)$$

该微分方程的解为：

$$\ln(a - x) = -kt + I$$

这就是速率方程的积分式，其中 I 为积分常数，可由边界条件求得。

14.3 反应机理

前述碘化氢和氯化氢的合成反应，虽然化学反应方程式相似，反应的速率方程却有不同的形式，说明这两个反应的内在机理不同。在介绍反应机理之前，首先要弄清基元反应和复杂反应的概念。基元反应指通过分子间的一次碰撞就能完成的反应，而复杂反应则是指经过两个或两个以上的基元反应才能完成的反应。基元反应中直接发生作用的微观粒子数称为反应分子数，有单分子反应、双分子反应和三分子反应。要区分反应分子数与反应级数，只有基元反应才有反应分子数的概念。

构成一个复杂反应所有基元反应的总和称为反应历程或反应机理。以碘化氢的合成为例，研究表明该反应包含两个步骤：

$$\mathrm{I_2} = 2\mathrm{I}\cdot$$

$$\mathrm{H_2} + 2\mathrm{I}\cdot = 2\mathrm{HI}$$

这两个基元反应就构成了碘化氢合成反应的机理。相比于复杂反应，基元反应遵循两个基本规律，一个是质量作用定律，另外一个是阿伦尼乌斯定理。质量作用定律描述了基元反应的速率与反应物浓度间的关系。对于任一基元反应：

$$a\mathrm{A} + b\mathrm{B} \longrightarrow \mathrm{P}$$

质量作用定律指出，其速率方程不需要通过实验测量，可以直接由化学反应方程式写出：

$$r = k[\mathrm{A}]^a[\mathrm{B}]^b \tag{14-11}$$

质量作用定律只对基元反应有效。某些反应，比如之前提到的碘化氢合成反应，速率方程的形式也符合质量作用定律，但事实上却是复杂反应。

阿伦尼乌斯定理讨论的是浓度不变的情况下，基元反应速率对温度的依赖关系。该定理有三种形式：指数式、对数式与微分式，这里给出最为人们所熟悉的指数式：

$$k = A\exp(-E_\mathrm{a}/RT) \tag{14-12}$$

式中，A 称为指数前因子，E_a 称为活化能。如果假定活化能与温度无关，那么以 $\ln k$ 对 $1/T$ 作图将得到一条直线，通过直线的截距和斜率可以计算指数前因子与活化能。虽然阿伦尼乌斯定理是描述基元反应的，但很多复杂反应，包括多相催化反应，其速率常数与温度的关系也符合阿伦尼乌斯定理。为了区别于基元反应，将这类复杂反应的速率常数和活化能称为表观速率常数与表观活化能。只有基元反应的活化能才有明确的物理意义，复杂反应的表观活化能只是构成该复杂反应的各基元反应活化能的特定数学组合。

14.4 复杂反应的近似处理

处理复杂反应之前，需要用到基元反应的反应独立共存原理。该原理表明，构成复杂反应的基元反应仍然遵循基元反应的基本动力学规律，比如质量作用定律、阿伦尼乌斯定理，不会因为其他基元反应的存在而受影响。现在来处理一个相对比较简单的复杂反应：

$$A \underset{k_{-1}}{\overset{k_1}{\rightleftharpoons}} B \xrightarrow{k_2} C$$

写出每个物种速率方程的微分式：

$$\frac{d[A]}{dt} = k_{-1}[B] - k_1[A]$$

$$\frac{d[B]}{dt} = k_1[A] - k_{-1}[B] - k_2[B]$$

$$\frac{d[C]}{dt} = k_2[B]$$

复杂反应当中某个物种的净反应速率，等于所有生成该物种的基元反应速率之和减去消耗该物种的基元反应速率之和。上述三个微分方程中都含有中间物的浓度，很难与动力学实验数据联系起来。为此，需要将中间物的浓度表示成实验能够测量的物理量的函数。对微分方程进行求解，假设反应起始时刻只有反应物 A，浓度为 $[A]_0$，得到解析解：

$$[B] = \frac{[A]_0}{\beta - \alpha}(e^{-\alpha t} - e^{-\beta t})$$

其中

$$\alpha = \frac{1}{2}\{(k_1 + k_{-1} + k_2) + [(k_1 + k_{-1} + k_2)^2 - 4k_1k_2]^{\frac{1}{2}}\}$$

$$\beta = \frac{1}{2}\{(k_1 + k_{-1} + k_2) - [(k_1 + k_{-1} + k_2)^2 - 4k_1k_2]^{\frac{1}{2}}\}$$

可以看出，解析解形式上相当复杂，说明两个问题。一方面，上述反应还是比较简单的，对于更为复杂的反应，求解微分方程组将会更加麻烦甚至根本不存在精确的解析解；另一方面，对于如此复杂的速率方程积分式，很难将其与动力学实验数据关联起来，也就是说，这种解析解没有实用价值。因此，需要采取合理的假设，对速率方程进行近似处理，使速率方程的形式简化。常用的近似处理方法有两种。

(1) 稳态近似

对于连串反应中的活泼中间产物（比如自由基等），当反应达到稳态之后，可以假定中间产物的浓度保持不变。如果对上述反应的中间物采取稳态近似：

$$\frac{d[B]}{dt}=k_1[A]-k_{-1}[B]-k_2[B]=0$$

可以很轻松地将中间物的浓度表示成反应物浓度的函数：

$$[B]=\frac{k_1}{k_{-1}+k_2}[A]$$

（2）速率控制步骤与平衡假设

在连串反应中，如果有一步的反应速率相较于其他步骤要慢很多，那么总反应速率就可以近似地由最慢步骤的反应速率来代替，最慢的一步称为速率控制步骤。

连串反应中如果存在速率控制步骤，那么可以认为在速率控制步骤之前的快平衡反应近似地处于平衡状态。对上述反应采取平衡假设，可得中间物浓度：

$$[B]=\frac{k_1}{k_{-1}}[A]$$

14.5 催化剂概述

能改变反应速率而自身在反应前后数量和化学组成不发生变化的物质称为催化剂。通常所说的催化剂都是指能加快反应速率的物质。如果反应产物也能对反应起到催化作用，则称为自催化反应。根据催化剂与参与反应的物质是否在同一相中，可将催化反应分为均相催化与多相催化。不过有一个例外，就是酶催化。酶通常是大分子蛋白质，所以酶催化介于两者之间，同时具备均相催化与多相催化的部分特点。本章所述多相催化，特指固体催化剂对气相反应的催化作用。

催化剂之所以能改变反应速率，是因为参与了化学反应，改变了反应机理。通常，由于催化剂的参与，反应步骤会增多。每一步的活化能都不大，总的表观活化能相比于没有催化剂作用时要小得多，从而加快反应速率。以合成氨反应为例，如果不采用催化剂，要使得反应发生，需要将稳定的氢气或氮气分子分解，难度非常大。加入铁作为催化剂之后，其可能的反应机理如下；

$$N_2+2Fe \longrightarrow 2N\text{-}Fe$$

$$H_2+2Fe \longrightarrow 2H\text{-}Fe$$

$$N\text{-}Fe+H\text{-}Fe \longrightarrow Fe_2NH$$

$$Fe_2NH+H\text{-}Fe \longrightarrow Fe_3NH_2$$

$$Fe_3NH_2+H\text{-}Fe \longrightarrow Fe_4NH_3$$

$$Fe_4NH_3 \longrightarrow 4Fe+NH_3$$

首先发生的是氮气与氢气在催化剂表面的吸附，之后表面的氢原子再逐步与氮原子生成氮氢化物，直到最终形成氨气。由于生成表面中间物，改变了反应途径，降低了反应活化能，反应速率因此加快。

本章提示

化学反应动力学基础

- 1. 反应速率
  - 单位体积催化剂的反应速率
  - 单位质量催化剂的反应速率
  - 单位表面积催化剂的反应速率
- 2. 反应速率方程
  - 微分
  - 反应级数
  - 积分式
- 3. 反应机理
  - 质量作用定律
  - 阿伦尼乌斯定理
- 4. 复杂反应的近似处理
  - 稳态近似
  - 速率控制步骤与平衡假设
- 5. 催化剂概述——催化剂可改变反应机理

第 15 章
固体表面的吸附

多相催化反应十分复杂，由于理论和实验研究上的困难，人们对于反应机理与反应中间物结构的认识还很不足。不过可以肯定的是，一个完整的多相催化反应至少会包含一种反应物的化学吸附过程。所谓吸附，指的是由于吸附质（气体分子）与吸附剂（固体催化剂）存在物理或化学相互作用，导致吸附质在相界面上的浓度大于其本体浓度的一种现象。根据吸附质与吸附剂之间相互作用的不同，将吸附分为物理吸附与化学吸附。

15.1 物理吸附与化学吸附

发生物理吸附时，吸附质与吸附剂之间的相互作用属于范德华力，本质是物理作用，不涉及化学键的断裂与形成。物理吸附有吸附速率快、吸附作用力弱、没有选择性、可形成多分子层吸附等特点。发生化学吸附时，吸附质分子与固体表面会形成化学键，本质上是化学反应。因此，化学吸附通常需要活化能，吸附过程放出的热量大，吸附剂对于吸附质具有选择性，并且只能形成单分子层吸附。现在，通过氢气在金属镍表面吸附过程的势能曲线示意图（图 15-1）来讨论物理吸附与化学吸附的关系。

图中横坐标代表氢与镍表面的间距，纵坐标是氢与镍之间的相互作用势能。当氢离镍表面无穷远时，两者之间没有相互作用，势能为零。随着氢逐渐向镍表面靠近，势能也随之降低，直至势能曲线的第一个极小点（图中 A 点），对应于物理吸附的平衡构型。可以看出，物理吸附的吸附热（吸附放出的热量，图中 Q_p 所示）很小，固体表面对氢的束缚能力很弱。当氢与镍表面间距进一步减小时，由于电子云的相互排斥，势能反而升高。但是当氢与镍表面靠近到一定程度，越过一个能垒（势能零点到势能曲线极大点的高度，图中 E_a 所示），之后系统的势能随着氢与表面间距的减小而迅速降低，直到势能曲线的第二个极小点（图中 B 点），对应于化学吸附的平衡构型。发生化学吸附的吸附热（图中 Q_c 所示）比物理吸附的吸附热大得多，与化学反应的热效应相当，表明氢与镍之间形成了化学键。从物理吸附过渡到化学吸附需要吸收能量，越过势能曲线当中的能垒，相当于我们通常说的化学反应的活化能。

化学吸附依据其所需活化能的大小可分为快化学吸附与慢化学吸附。慢化学吸附所需活化能较大，吸附速率很慢，又称为活化吸附。快化学吸附只需很小的活化能甚至不需要活化能，吸附速率很快，又称为非活化吸附。快化学吸附过程的势能曲线示意图如图 15-2 所示。物理吸附在多相催化反应中所起的作用不大。化学吸附是多相催化反应能够发生的必要条

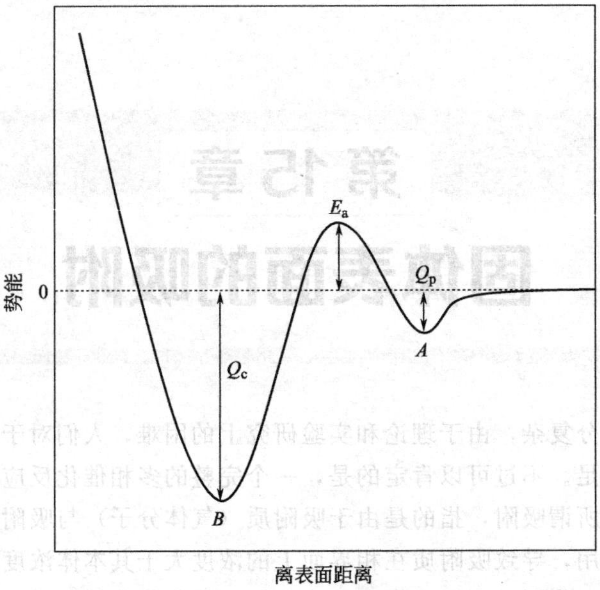

图 15-1 吸附过程势能曲线示意图

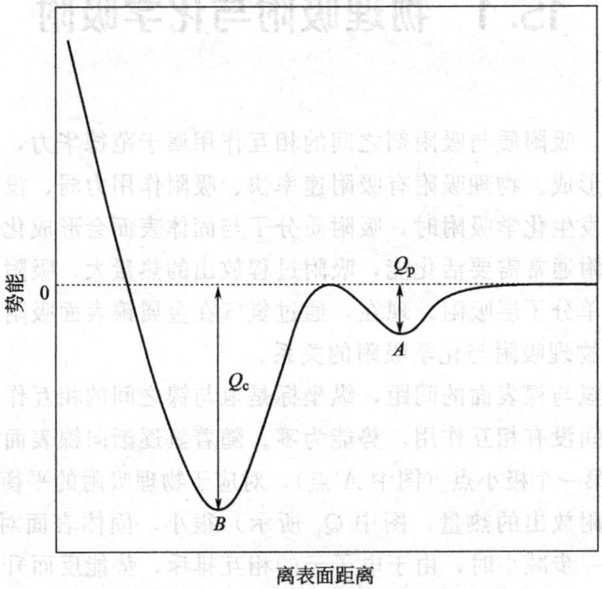

图 15-2 快化学吸附过程势能曲线示意图

件，对多相催化反应的动力学行为起着重要作用。人们对化学吸附现象的认识深度在相当程度上决定了多相催化反应研究的发展水平，接下来主要讨论化学吸附。

15.2 解离吸附与缔合吸附

解离吸附指的是分子与固体表面发生化学吸附之后，分子内部的化学键发生断裂，形成单个原子或自由基。以氢气在镍表面的吸附为例，发生化学吸附前后系统可能的构型如图 15-3 所示。发生化学吸附之前，系统处于物理吸附的稳定构型［图 15-3(a)］，氢气分子内部的共价键保持完好。处于物理吸附稳定构型的吸附质，进一步向固体表面靠拢时，系统能量逐渐升高，达到过渡态，构型如图 15-3(b) 所示。处于过渡状态时，两个氢原子之间的共价键遭到了破坏，但没有完全断裂；同时，氢原子与固体表面镍原子之间的电子云开始重叠，但又没有形成稳定的化学键。过渡态当中将断未断、将成未成的化学键用虚线表示。越过过渡态的能垒之后，氢原子之间的化学键彻底断裂，同时氢原子与镍原子之间的化学键完全形成，如图 15-3(c) 所示。

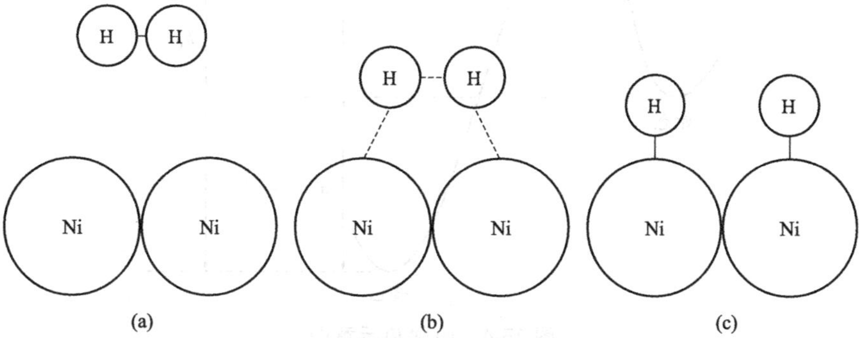

图 15-3　解离吸附过程构型示意图

缔合吸附即非解离吸附。发生缔合吸附时，吸附质分子不解离。物理吸附原则上也属于缔合吸附，不过这里讨论的缔合吸附特指非解离化学吸附。缔合吸附主要适用于具有孤对电子或 π 电子的吸附质分子。烯烃在很多催化剂上的化学吸附都是缔合吸附。常用催化剂的金属都是过渡金属，由于空的 d 轨道的存在，可以接受吸附质分子的孤对电子或 π 电子，形成配位吸附键。

解离吸附可使反应物分子分解成具备反应活性的单个原子或自由基，从这个角度看，解离吸附对于多相催化反应更有意义。实验表明，高温有利于解离吸附的发生。

15.3　定位吸附与非定位吸附

被固体表面吸附的分子有可能从一个吸附部位迁移到相邻的吸附部位。如果这种表面迁移的活化能较小，那么在不发生脱附的前提下，可以发生非定位吸附。对于化学吸附，表面迁移所需的活化能较大，通常都是定位吸附。高温下易于发生非定位吸附。

15.4　化学吸附热

吸附过程的热效应即吸附热，可用吸附前后的焓变来表示。吸附是自发过程；同时，被吸附的气体分子从三维空间运动变成二维平面运动，熵是减少的。根据式(15-1) 可判断，吸附过程是放热的。在吸附领域，吸附热习惯上取正值。一些教材将吸附热 q 看成脱附过程

活化能 E_d 与吸附过程活化能 E_a 的差（图 15-4）。需要注意的是，E_d 与 E_a 的差严格来讲并不等于吸附热（焓变），而是吸附前后能量的变化。将吸附热等价成脱附与吸附过程活化能的差，实际上是进行了近似处理。

$$\Delta G = \Delta H - T\Delta S \tag{15-1}$$

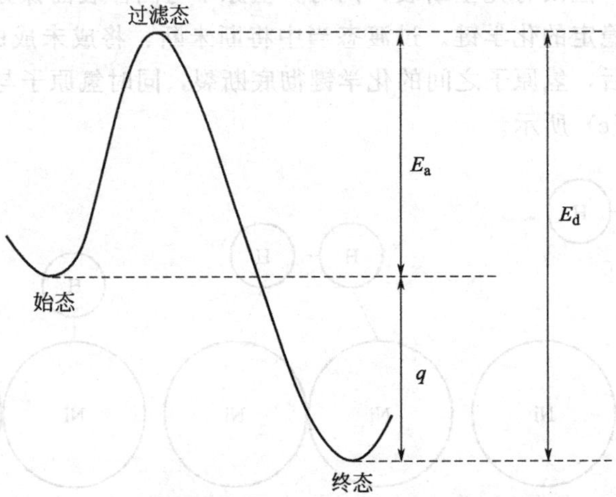

图 15-4　吸附热示意图

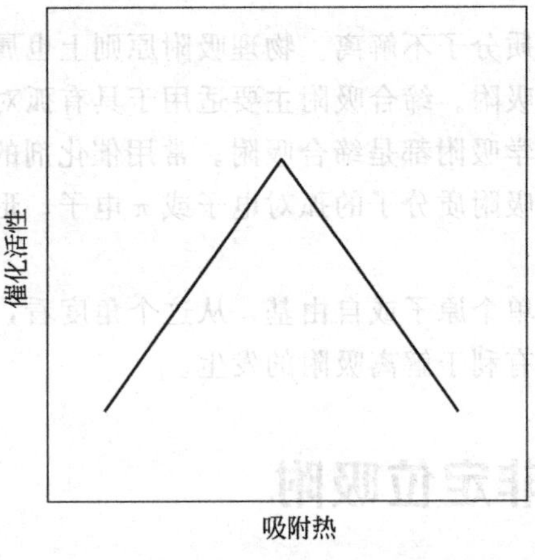

图 15-5　火山型曲线示意图

吸附热的大小可用来表征吸附键的强弱。吸附太强或太弱都不利于表面催化反应。化学吸附不是多相催化的终点。发生化学吸附之后，吸附键还要再次断裂，与其他物质生成中间物或最终产物。如果吸附键太牢固，则很难断裂，也就很难再与其他物质进行反应。如果吸附太弱，脱附容易发生，则表面上被活化的组分数量不足，反应速率也会很慢。只有中等强度的化学吸附才能得到最大的反应速率。以催化活性对吸附热作图，会得到一条有极大点的曲线（图 15-5），人们形象地称之为火山型曲线。火山型曲线在多相催化领域较为常见。

15.5　表面吸附模型

吸附发生在气体分子与固体表面之间。对于气体分子的结构，借助于光谱等实验技术与计算机理论模拟，人们对此有比较清晰的认识。而对于固体，其表面非常复杂，尽管对其进行了长期研究，有些问题迄今仍然不是十分清楚。对于固体表面的描述，在吸附领域，有理想表面模型与真实表面模型两种方式。

理想表面模型，即 Langmuir 表面模型，假定固体表面吸附部位的分布以及各吸附部位的吸附能力是均匀的，并且被固体表面吸附的气体分子间没有相互作用。理想模型简单直观，能够定性地解释吸附与多相催化过程中的许多实验现象。检验理想表面模型是否合理的最常用依据是观测吸附过程中吸附热是否保持不变。除理想表面模型之外的其他模型都称为真实表面模型，都是针对理想表面模型的两个假定进行修正。

一方面，固体表面原有的吸附部位分布不可能完全均匀。有些部位吸附能力强，有些部位吸附能力相对较弱。根据能量最低原理，气体分子优先被吸附能力最强的部位吸附，放出的吸附热最大。随着吸附能力强的部位逐渐被占据，吸附只能在活性较低的部位发生，相应的吸附热自然也会降低。另一方面，当表面吸附的分子不多时，吸附质间隔较远，认为吸附质之间没有相互作用是合理的。然而，随着吸附质数目越来越多，吸附质之间的相互作用（通常是排斥作用）开始显现，相应地，吸附热必然减小。

在多相催化动力学的处理过程中，除少数情况外，大多采用理想表面模型。

15.6 吸附与脱附速率方程

化学吸附本质上是化学反应，反应速率主要与反应物浓度以及吸附活化能 E_a 有关。对于表面吸附，气体分子与固体表面可看成是反应物，其浓度可用气体的压力 p 与表面未被占据吸附部位的浓度表示。表面未被占据吸附部位的浓度与表面被覆盖的分数即表面覆盖度 θ 有关，两者间的关系可表示为 $f(\theta)$。因此，吸附速率 r_a 可用下式表示：

$$r_a=\rho_a p f(\theta)\exp\left(-\frac{E_a}{RT}\right) \tag{15-2}$$

相应的，脱附过程与反应物的浓度以及脱附活化能 E_d 有关。此时，反应物的浓度可用表面已经被气体所占据的吸附部位的浓度表示，也是表面覆盖度的函数，用 $f'(\theta)$ 表示。因此

$$r_d=\rho_d f'(\theta)\exp\left(-\frac{E_d}{RT}\right) \tag{15-3}$$

ρ_a、ρ_d 都是与表面覆盖度有关的比例系数。上面所列两个方程只是吸附与脱附速率的基本方程。由于真实的表面吸附过程非常复杂，各种参数与表面覆盖度之间的函数关系没有统一的表达式。因此需要针对具体情况做出各种假定，从而推导出对于处理多相催化反应动力学有用的吸附与脱附速率方程。首先来看 $f(\theta)$ 与 $f'(\theta)$ 的形式。

当一种气体在单个吸附部位上发生非解离吸附时，无论是定位吸附还是非定位吸附，都有

$$f(\theta)=1-\theta \tag{15-4}$$

$$f'(\theta)=\theta \tag{15-5}$$

如果一个气体分子在两个吸附部位发生解离吸附，则对于非定位吸附

$$f(\theta)=(1-\theta)^2 \tag{15-6}$$

$$f'(\theta)=\theta^2 \tag{15-7}$$

对于定位吸附

$$f(\theta)=\frac{z}{z-\theta}(1-\theta)^2 \tag{15-8}$$

$$f'(\theta)=\frac{(z-1)^2}{z(z-\theta)}\theta^2 \tag{15-9}$$

其中 z 是一个吸附部位邻近可迁移的吸附部位数目。在覆盖度 θ 不大的情况下，定位吸附的表达式可以近似采用非定位吸附的表达式。在实际处理固体表面吸附的问题时，通常都采用这种近似。

对于竞争吸附，如果第 i 种气体发生的是非解离吸附，则

$$f(\theta_i)=1-\Sigma\theta_j \tag{15-10}$$

$$f'(\theta_i)=\theta_i \tag{15-11}$$

如果第 i 种气体发生的是解离吸附，则

$$f(\theta_i)=(1-\Sigma\theta_j)^2 \tag{15-12}$$

$$f'(\theta_i)=\theta_i^2 \tag{15-13}$$

现在根据 $f(\theta)$ 与 $f'(\theta)$ 的形式，讨论具体的吸附与脱附速率方程。

15.6.1 理想表面

理想表面上发生的吸附与脱附速率方程称为 Langmuir 速率方程。首先来看气体在固体表面发生的非解离吸附。将 $f(\theta)$ 与 $f'(\theta)$ 的表达式代入速率方程当中

$$r_a=\rho_a p(1-\theta)\exp\left(-\frac{E_a}{RT}\right) \tag{15-14}$$

$$r_d=\rho_d\theta\exp\left(-\frac{E_d}{RT}\right) \tag{15-15}$$

在定温下，将指数项合并到比例系数当中

$$r_a=k_a p(1-\theta) \tag{15-16}$$

$$r_d=k_d\theta \tag{15-17}$$

k_a、k_d 称为吸附速率常数与脱附速率常数。观察这两个方程可以发现，它们在形式上是符合质量作用定律的，称为表面质量作用定律。对于表面吸附过程，通常假设它是一步完成的，也就是基元反应。这样一来，今后在写吸附或脱附的速率方程时，应该先写出吸附或脱附过程的反应方程式，然后根据表面质量作用定律，可以很方便地写出相应的速率方程。比如一个气体分子 A_2 与两个表面吸附部位 S 结合，发生解离吸附

$$A_2+2S \underset{k_d}{\overset{k_a}{\rightleftharpoons}} 2A\text{-}S$$

两种反应物的浓度可分别用压力与表面空余吸附部位占总表面的比例表示，生成的产物浓度可用表面覆盖度表示。根据表面质量作用定律，可以写出

$$r_a=k_a p(1-\theta)^2$$

$$r_d=k_d\theta^2$$

15.6.2 真实表面

固体表面是不均匀的。随着吸附的进行，表面覆盖度逐渐增大，吸附过程的各种参数，特别是活化能与吸附热，都会跟随覆盖度一起改变，导致吸附与脱附的速率方程并不满足 Langmuir 速率方程。依据真实表面模型推导出的速率方程统称为非 Langmuir 速率方程，其中最为著名的是 Elovich 方程，推导过程可参阅有关专著。根据 Elovich 方程，吸附、脱附速率与覆盖度成指数关系。对于单一气体的非解离吸附有

$$r_a=k_a p\exp\left(-\frac{\alpha\theta}{RT}\right) \tag{15-18}$$

$$r_d = k_d \exp\left(\frac{\beta\theta}{RT}\right) \tag{15-19}$$

15.7 常见的化学吸附

借助于新型实验技术与理论计算方法，人们对于固体催化剂表面吸附物种的构型与形成机理进行了广泛的研究。了解常见分子的化学吸附行为对于分析多相催化反应动力学是很有帮助的。

15.7.1 氢气

氢气在金属表面会发生均裂解离吸附，有两种可能的方式。一种吸附方式是与之前提到的氢气在金属镍表面的吸附类似，氢气解离得到的两个氢原子分别被两个镍原子吸附。另外一种吸附方式是解离得到的两个氢原子吸附在同一个金属原子上。在金属氧化物表面，氢气可能会发生异裂解离吸附，比如在 ZnO 表面，解离得到的两个氢原子分别被表面的锌原子和氧原子吸附。

15.7.2 氧气

在金属表面，氧气能将金属完全氧化。并且这种氧化可能不仅仅停留在表面，而是可以深入金属体相内部，形成多层氧化物。生成的 M—O 键主要表现为共价键，同时带有相当程度的离子键性质。

在金属氧化物表面，氧气的吸附形态比较丰富，可以通过缔合吸附形成电中性的分子氧(O_2)。电中性的分子氧可进一步经过还原、解离等步骤转变为带负电的离子氧，如 O_2^-、O^-、O^{2-} 等。O_2^- 与 O^- 含有未成对电子，有很强的催化活性。

15.7.3 一氧化碳

通常情况下，一氧化碳在金属表面主要形成缔合吸附，有线式与桥式两种吸附构型(图 15-6)。如果温度足够高，一氧化碳也可能解离成碳原子和氧原子。在金属氧化物表面，一氧化碳主要通过 σ 键与金属离子键合。

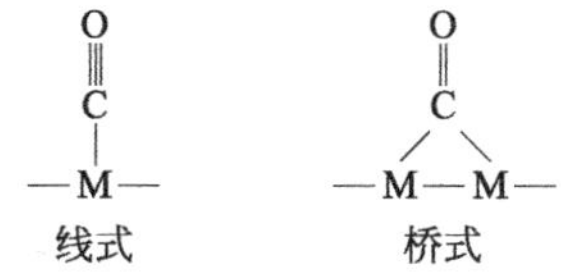

图 15-6　一氧化碳在金属表面吸附构型示意图

15.7.4 烯烃

烯烃在金属表面既可发生缔合吸附也可发生解离吸附，取决于温度、表面是否有预先吸附氢以及氢的分压大小。以乙烯在预吸附氢的镍表面吸附为例，可以形成 σ-型与 π-型两种缔合吸附（图 15-7）。而如果镍表面没有预吸附氢，则乙烯将发生解离吸附。烯烃在金属氧化物表面的吸附强度通常要弱于在金属表面的吸附，而过渡金属氧化物对烯烃的吸附相比于其他金属氧化物又要强一些，并且解离吸附总是伴随缔合吸附同时发生。

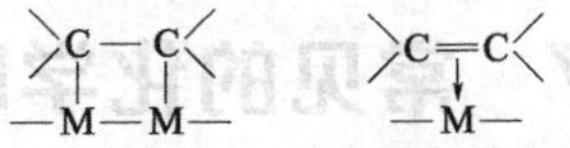

σ-型缔合吸附　　π-型缔合吸附

图 15-7　烯烃在金属表面缔合吸附构型示意图

本章提示

固体表面的吸附

- 1. 物理吸附与化学吸附
  - 物理吸附本质上是物理作用
  - 化学吸附本质上是化学反应
  - 化学吸附是多相催化反应能够发生的必要条件
- 2. 解离吸附与缔合吸附——解离吸附对于多相催化反应更有意义
- 3. 定位吸附与非定位吸附——化学吸附通常是定位吸附
- 4. 化学吸附热
  - 吸附热的大小可用来表征吸附键的强弱
  - 火山型曲线
- 5. 表面吸附模型
  - 理想表面模型——Langmuir表面模型
  - 真实表面模型
    - 固体表面不均匀
    - 吸附物种之间相互作用
- 6. 吸附与脱附速率方程——表面质量作用定律
- 7. 常见的化学吸附

第 16 章

表面催化模型与反应动力学方程

动力学方程的获取有两种途径，一种是通过实验测量动力学数据进行拟合，另一种是以假设的反应机理为基础进行推导，这里我们讨论后者。与均相反应的动力学方程的推导类似，推导多相催化反应的动力学方程，首先也要假定一个反应机理，然后依据各种近似推导出速率方程，其中最为常用的是平衡态近似。相比于均相反应，多相催化反应最大的特点是涉及表面吸附物种。要确定这类物种的浓度需要用到第 15 章中的表面吸附模型。在多相催化领域，通常采用的是理想表面模型。

多相催化反应的机理十分复杂。多相催化既包含化学反应，又涉及物质的物理传递过程，需要考虑吸附、脱附、扩散等多个方面。另外，受限于理论与实验的发展水平，我们对表面活性部位与吸附物种的结构和性质的认识都有很多不确定的地方。尽管如此，人们还是总结出了多相催化反应共同具备的一些特点，并据此对反应机理进行假设。多相催化反应大体上会经历如下几个步骤：

① 反应物从气相到表面吸附部位的扩散。如果催化剂是多孔结构，则包含从气相到催化剂外表面以及从外表面到孔道内表面的两个扩散过程。

② 一种或多种表面附近的反应物与表面吸附部位发生化学吸附。

③ 被吸附的物种之间或被吸附物种与气相分子之间发生表面化学反应。

④ 产物从表面脱附。

⑤ 产物从固体表面扩散到气相。如果催化剂具备多孔结构，则与第一个步骤类似，也包含从催化剂内表面到催化剂外表面再由外表面到气相的两个扩散过程。

需要注意的是，并不是所有的多相催化反应都完整地包含这五个步骤。有些多相催化反应，表面化学反应生成的产物没有被表面吸附而是直接进入气相。对于这类催化反应，就不包含上述第四个步骤。第一个步骤和第五个步骤是物质的传递过程，这一节当中我们假定扩散不是速率控制步骤，不予讨论。接下来，就以上述多相催化反应的步骤为基础，推导几类常见的多相催化反应的动力学方程。如果表面反应、吸附或者脱附过程是速率控制步骤，则推导过程需要用到平衡假设；如果三个步骤的速率相差不大，不存在速率控制步骤，则需要用到稳态近似。

16.1 表面反应是速率控制步骤

16.1.1 单分子反应

首先需要说明的是，由于历史习惯，在接下来的讨论中提到的所谓单分子、双分子反应并不是指反应分子数，而是特指反应物的分子个数。有一单分子反应：

$$A \longrightarrow B$$

假设产物不为表面吸附，反应机理如下：

$$A + S \underset{k_d}{\overset{k_a}{\rightleftharpoons}} A\text{-}S$$

$$A\text{-}S \xrightarrow{k} B + S$$

在接下来的讨论中，S都表示表面吸附部位。对于这个反应，假定表面反应是速率控制步骤，则总反应速率可以用表面反应速率表示，根据表面质量作用定律：

$$r = k\theta_A \tag{16-1}$$

θ_A 是表面覆盖度，表征催化中间产物的浓度。在最终的速率方程中，需要将中间产物的浓度用易于测量的初始反应物与最终产物的浓度表示。由于表面化学反应是速率控制步骤，因此该步骤之前的可逆反应可认为接近平衡状态，即正反应速率与逆反应速率相等，所以有：

$$k_a p_A(1-\theta_A) = k_d\theta_A \tag{16-2}$$

解得

$$\theta_A = \frac{ap_A}{1+ap_A} \tag{16-3}$$

其中

$$a = \frac{k_a}{k_d} \tag{16-4}$$

a 为吸附平衡常数。将式(16-3) 代入式(16-1) 得到速率方程的最终形式：

$$r = \frac{kap_A}{1+ap_A} \tag{16-5}$$

根据不同情况，式(16-5) 可以进行简化，因而表现出不同的反应级数。若反应物压力很小或吸附很弱，$ap_A \ll 1$，则表现为一级反应：

$$r = kap_A \tag{16-6}$$

反过来，高压下，或者反应物吸附很强，$ap_A \gg 1$，则表现为零级反应，此时表面几乎完全被反应物所覆盖：

$$r = k \tag{16-7}$$

如果产物也能被表面吸附，则会占据一部分表面活性部位，相当于同反应物竞争吸附，此时反应机理应该写成：

$$A + S \underset{k_d}{\overset{k_a}{\rightleftharpoons}} A\text{-}S$$

$$A\text{-}S \xrightarrow{k} B\text{-}S$$

$$B\text{-}S \underset{k'_d}{\overset{k'_a}{\rightleftharpoons}} B + S$$

动力学方程的推导过程与产物不发生吸附时的情形类似，唯一不同的是 θ_A 应该采用竞争吸附时的公式：

$$\theta_A = \frac{a_A p_A}{1 + a_A p_A + a_B p_B} \tag{16-8}$$

16.1.2 双分子反应

对于表面反应是速率控制步骤的双分子反应，有两种常见的机理模型，即 Langmuir-Hinshelwood 模型与 Eley-Rideal 模型。

Langmuir-Hinshelwood 模型是英国化学家 Hinshelwood 在 Langmuir 有关表面吸附和多相催化动力学思想的基础上发展起来的。该模型认为两个反应物分子首先被表面吸附，表面反应发生在两个表面吸附物种之间，且表面反应是速率控制步骤。比如反应：

$$A + B \longrightarrow C$$

按照 Langmuir-Hinshelwood 模型，其可能的机理为：

$$A + S \rightleftharpoons A\text{-}S$$

$$B + S \rightleftharpoons B\text{-}S$$

$$A\text{-}S + B\text{-}S \xrightarrow{k} C\text{-}S + S$$

$$C\text{-}S \rightleftharpoons C + S$$

由于表面反应是速率控制步骤，则总反应速率等于表面反应速率：

$$r = k\theta_A\theta_B \tag{16-9}$$

而

$$\theta_A = \frac{a_A p_A}{1 + a_A p_A + a_B p_B + a_C p_C} \tag{16-10}$$

$$\theta_B = \frac{a_B p_B}{1 + a_A p_A + a_B p_B + a_C p_C} \tag{16-11}$$

代入式(16-9) 得到

$$r = k\frac{a_A p_A a_B p_B}{(1 + a_A p_A + a_B p_B + a_C p_C)^2} \tag{16-12}$$

若产物吸附很弱，则

$$r = k\frac{a_A p_A a_B p_B}{(1 + a_A p_A + a_B p_B)^2} \tag{16-13}$$

接下来针对式(16-13) 做一些讨论。首先考虑反应物能做近似处理的情况。当两种反应物在表面的吸附都很弱时，有

$$r = k a_A a_B p_A p_B = k' p_A p_B \tag{16-14}$$

此时的反应整体上表现为二级反应，k'为表观速率常数。根据阿伦尼乌斯公式，表观活化能等于表面反应的活化能 E_3 减去两种反应物的吸附热：

$$E_a = E_3 - q_A - q_B \tag{16-15}$$

若反应物 B 为强吸附，则

$$r=k\frac{a_A p_A}{a_B p_B} \tag{16-16}$$

可以发现，B的压力越大，反应速率越慢，说明B的强吸附对反应有抑制作用。接下来讨论如果反应物的吸附强度适中，不能做近似处理的时候，反应物的压力对反应速率有何种影响呢？保持B的压力不变，以反应速率对A的压力作图（图16-1）。由图可见，反应速率随着A压力的变化会出现一极大值。同时，如果固定B的压力为不同数值，用同样的方法绘制反应速率与A的压力的曲线图，可以发现，曲线最高点的高度与位置会因为所固定的B的压力不同而不同。B的压力越大，曲线最高点的高度越低，同时最高点对应的A的压力也会越大。反过来，如果保持A的压力不变，反应速率也会表现出同样的规律。现在来讨论极大值出现的条件。在极大值处

$$\frac{dr}{dp_A}=0$$

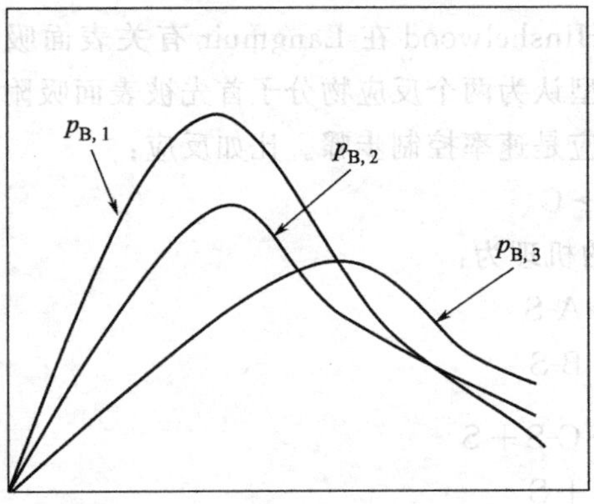

图 16-1　反应速率与压力关系示意图

$p_{B,1}<p_{B,2}<p_{B,3}$

将速率方程的表达式代入可解得

$$a_A p_A=1+a_B p_B$$

把上式代入A的覆盖度的表达式可得

$$\theta_A=0.5$$

有些参考书将反应速率极大值出现的条件表述为

$$a_A p_A=a_B p_B$$

上式意味着

$$\theta_A=\theta_B=0.5$$

说明这些参考书的结论成立的前提是总覆盖度等于1，意味着两种反应物分子覆盖了催化剂所有表面，显然这是一个很大的近似。

Eley-Rideal模型是由Eley与Rideal在研究氢与金属表面发生催化反应的过程中提出来的。该模型认为双分子发生反应时，其中一个分子首先被表面化学吸附，然后该吸附物种同气相中另一分子发生反应。比如反应：

$$A+B\longrightarrow C$$

依照Eley-Rideal模型，该催化反应的可能机理如下：

$$A+S\rightleftharpoons A\text{-}S$$

$$A\text{-}S+B\xrightarrow{k}C\text{-}S$$

$$C\text{-}S\rightleftharpoons C+S$$

第二步表面反应为速率控制步骤，依据质量作用定律

$$r=k\theta_A p_B \tag{16-17}$$

将反应物A的表面覆盖度表达式代入得到

$$r=ka_A\frac{p_A p_B}{1+a_A p_A+a_C p_C} \tag{16-18}$$

如果产物的吸附很弱，则

$$r=ka_A\frac{p_A p_B}{1+a_A p_A} \tag{16-19}$$

若保持 p_B 不变，以反应速率对 p_A 作图。随着 p_A 的增大，反应速率逐渐增大，直至达到极限，过程中没有极大值出现。这是 Eley-Rideal 模型与 Langmuir-Hinshelwood 模型最直观的区别，常据此来判断双分子反应适于何种动力学模型。

16.2 吸附或脱附过程是速率控制步骤

有很多催化反应，比如以铁为催化剂催化氮气和氢气合成氨，以锌铬为催化剂催化氢气合成甲醇，反应物的吸附过程都是速率控制步骤。对于脱附过程是速率控制步骤的反应，其处理方法与吸附是速率控制步骤时类似，在此不做介绍。首先来看一个吸附为速率控制步骤的单分子反应的例子：

$$\mathrm{A} \longrightarrow \mathrm{B}$$

假设其机理如下：

$$\mathrm{A}+\mathrm{S} \underset{k_-}{\overset{k_+}{\rightleftharpoons}} \mathrm{A\text{-}S}$$

$$\mathrm{A\text{-}S} \rightleftharpoons \mathrm{B\text{-}S}$$

$$\mathrm{B\text{-}S} \rightleftharpoons \mathrm{B}+\mathrm{S}$$

其中第一步是速率控制步骤，因此总反应速率可以表示为

$$r=r_+-r_-=k_+ p_A\theta_0-k_-\theta_A \tag{16-20}$$

其中 θ_0 表示空白表面所占比例。由于吸附是慢过程，反应过程中没有达到平衡，因此 θ_A 与 A 的压力 p_A 之间不满足 Langmuir 等温式。不过肯定有一个压力与 θ_A 之间符合 Langmuir 等温式，将这个压力记为 p^*，并将 θ_A 用 p^* 表示出来。同时假定，速率控制步骤之后的过程，比如表面反应、产物的吸附脱附，都接近于平衡状态。因此有

$$\theta_A=\frac{a_A p^*}{1+a_A p^*+a_B p_B} \tag{16-21}$$

$$\theta_0=1-\theta_A-\theta_B=\frac{1}{1+a_A p^*+a_B p_B} \tag{16-22}$$

将 θ_A 与 θ_0 代入速率方程当中得到

$$r=\frac{k_+ p_A-k_- a_A p^*}{1+a_A p^*+a_B p_B} \tag{16-23}$$

现在的问题是 p^* 还是未知，可根据总包反应平衡常数求得。当总包反应达到平衡时，包括反应物吸附与脱附在内的各个步骤，都已达到平衡，此时 p^* 与 A 的真实压力 p_A 等价。假设总包反应平衡常数为 K，则

$$K=\frac{p_B}{p^*} \tag{16-24}$$

代入速率方程得到

$$r=\frac{Kk_+ p_A-k_- a_A p_B}{K+a_A p_B+Ka_B p_B} \tag{16-25}$$

如果忽略反应物的脱附，则式(16-25) 可简化为

$$r=\frac{Kk_+ p_A}{K+a_A p_B+Ka_B p_B} \tag{16-26}$$

对于式(16-26) 可分情况讨论。当反应物的吸附远强于产物时

$$r=\frac{Kk_+ p_A}{a_A p_B} \tag{16-27}$$

由式(16-27) 可以看出，虽然产物吸附较弱，但产物的存在仍然会抑制反应的进行。反过来，如果产物的吸附远强于反应物，则

$$r=\frac{k_+ p_A}{a_B p_B} \tag{16-28}$$

可以看得出来，这两种情形反应的级数有共同点，对于反应物都是一级，对于产物都是负一级。

16.3 没有速率控制步骤时的速率方程

对于这种情形，应用最多的是 Mars-Van Krevelen 模型。该模型认为，在催化反应的多个连续过程中，没有速率控制步骤，速率方程可用稳态近似处理，当反应达到稳态之后，中间产物的浓度接近不变。Mars-Van Krevelen 模型主要适用于烃类的氧化反应，近年来也用于处理其他类型的反应如加氢脱硫以及氮氧化物的去除等。对于反应：

$$A \longrightarrow B$$

假设其反应机理如下：

$$A+S \underset{k_{-1}}{\overset{k_1}{\rightleftharpoons}} A\text{-}S$$

$$A\text{-}S \underset{k_{-2}}{\overset{k_2}{\rightleftharpoons}} B+S$$

当反应达到稳态后，总反应速率与各步骤的净速率都相等。

$$r=r_1=r_2=k_1 p_A\theta_0-k_{-1}\theta_A=k_2\theta_A-k_{-2}p_B\theta_0 \tag{16-29}$$

速率方程中的表面覆盖度不易测量，需要替换掉。对 A 的表面覆盖度采用稳态近似

$$\frac{d\theta_A}{dt}=0 \tag{16-30}$$

增加 A 的表面覆盖度的基元反应速率之和等于消耗 A 的表面覆盖度的基元反应速率之和，即

$$k_1 p_A\theta_0+k_{-2}p_B\theta_0=k_{-1}\theta_A+k_2\theta_A \tag{16-31}$$

再联合方程

$$\theta_A+\theta_0=1 \tag{16-32}$$

可以解出

$$\theta_A=\frac{k_1 p_A+k_{-2}p_B}{k_1 p_A+k_{-2}p_B+k_{-1}+k_2} \tag{16-33}$$

$$\theta_0=\frac{k_{-1}+k_2}{k_1 p_A+k_{-2}p_B+k_{-1}+k_2} \tag{16-34}$$

代入总反应速率方程中得到

$$r=\frac{k_1k_2p_A-k_{-1}k_{-2}p_B}{k_1p_A+k_{-2}p_B+k_{-1}+k_2} \tag{16-35}$$

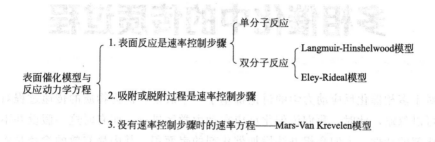

可以看得出来，用稳态近似法推导出来的速率方程，相比于速率控制步骤法与平衡假设，在形式上要复杂很多。

本章提示

- 表面催化模型与反应动力学方程
  - 1. 表面反应是速率控制步骤
    - 单分子反应
    - 双分子反应
      - Langmuir-Hinshelwood模型
      - Eley-Rideal模型
  - 2. 吸附或脱附过程是速率控制步骤
  - 3. 没有速率控制步骤时的速率方程——Mars-Van Krevelen模型

第 17 章

多相催化中的传质过程

之前对于多相催化反应动力学的讨论都基于一个假设，认为物质的传递过程对于反应速率的影响可以忽略，此时，我们说催化反应在动力学区进行。而有时这一假设并不成立。为了提高催化剂的活性，人们会想办法增加催化剂的表面积，其中最有效的途径是将催化剂制造成多孔结构，并且孔径越小，表面积越大，然而小孔内物质的扩散将会变慢。当传质过程成为速率控制步骤时，我们说催化反应在扩散区进行，扩散将会对反应动力学产生决定性影响。物质的传递有扩散与对流两种基本形式，在接下来的讨论中，我们采用简化模型，只考虑扩散传质。

新制备的催化剂大都呈粉末或颗粒状，为了便于使用，需将其压制成型。因此，多孔固体催化剂通常包含两种孔结构。颗粒内部的孔称为内孔，其表面称为内表面；压制过程中颗粒与颗粒之间形成的孔称为外孔，相应的表面称为外表面。催化剂的总表面积主要是由内孔提供的。外孔虽然对表面积贡献不大，却能影响物质由气相向催化剂内表面的传递。多相催化过程中，物质的传递可分为两个步骤。反应物由气相扩散到催化剂外表面孔口处，称为外传质或外扩散；再由催化剂外表面孔口处扩散到催化剂内表面，称为内传质或内扩散。产物的传递过程正好相反。

17.1 外扩散的影响

催化反应过程中，气体总是以一定速度流过催化剂床，物质在气相的浓度是均匀的。但是在催化剂外表面附近，气体的线速度接近于零，形成一层气膜或称为界面层。表面反应消耗反应物，使得在界面层内垂直于表面的方向产生了浓度差，浓度差是发生扩散的推动力。所谓外扩散，指的就是反应物由气相穿过界面层到达催化剂外表面的过程，或者反过来，产物由催化剂外表面穿过界面层扩散到气体体相。

如果外扩散是速率控制步骤，就说反应是在外扩散区进行。此时，总反应速率可用外扩散速率表示。扩散速率，即单位时间内通过单位面积的物种的量，可用 Fick 第一扩散定律表示：

$$r_{\text{diff}} = -D\,\frac{\mathrm{d}c}{\mathrm{d}x} \tag{17-1}$$

式中，D 是扩散系数，与温度有关；x 是扩散方向上的位移；负号表示扩散方向与浓度

增加的方向相反。如果界面层内浓度梯度均匀，则式(17-1) 可写为

$$r_{\text{diff}}=D\frac{c_0-c_s}{L} \tag{17-2}$$

式中，c_0 和 c_S 分别为物质在气相和催化剂外表面的浓度；L 是界面层的厚度。现在来讨论外扩散对动力学行为的影响。假设表面反应是一级反应，当外扩散为速率控制步骤时，总反应速率可用扩散速率表示：

$$r=kc_s=D\frac{c_0-c_s}{L} \tag{17-3}$$

解出

$$c_s=\frac{D}{kL+D}c_0 \tag{17-4}$$

代入速率方程当中，得

$$r=k\frac{D}{kL+D}c_0 \tag{17-5}$$

可以看出，若表面反应是一级反应，外扩散不会影响反应级数。再来看表面反应是二级反应的例子：

$$r=kc_s^2=D\frac{c_0-c_s}{L} \tag{17-6}$$

解出

$$c_s=\frac{-D+D\sqrt{1+4kLDc_0}}{2kL} \tag{17-7}$$

当外扩散为速率控制步骤，即

$$D\ll k$$

$$c_s=\sqrt{\frac{D}{kL}c_0} \tag{17-8}$$

代入速率方程，得

$$r=\frac{D}{L}c_0 \tag{17-9}$$

上式说明对于级数是二级的表面反应，若外扩散是速率控制步骤，整体的催化过程在实验上表现为一级反应，传质过程对催化反应的本征反应速率有掩盖作用。因此，可以得出一般性的结论，即在外扩散区进行的反应，其级数与扩散过程的级数一致，都是一级反应，与表面反应的级数无关。增加气体流速，能够降低界面层的厚度，从而削弱外传质的影响。

17.2 内扩散对反应速率的影响

内扩散有体相扩散与 Knudsen 扩散两种形式。当孔径大于气体分子的平均自由程，气相压力很大，气体分子间的碰撞数远大于气体分子与孔壁的碰撞数，这时发生的是体相扩散。当孔径明显小于分子的平均自由程，同时气体稀薄，气体分子与孔壁的碰撞数远大于分子间的碰撞数，则发生 Knudsen 扩散。体相扩散与 Knudsen 扩散的速率都用 Fick 第一扩散

定律描述，但两者扩散系数的表达式不同。

对于体相扩散，其扩散系数：

$$D=\frac{1}{3}\tilde{v}\lambda \tag{17-10}$$

$\tilde{v}$ 是分子的平均速度，λ 是气体分子平均自由程：

$$\lambda=\frac{0.707}{\pi d^2 C} \tag{17-11}$$

式中，d 是分子直径；C 是气体浓度。可见平均自由程与浓度成反比。

对于 Knudsen 扩散，其扩散系数：

$$D=\frac{2}{3}\tilde{v}r_p \tag{17-12}$$

式中 r_p 是平均孔径。

接下来讨论内扩散对反应速率的影响。催化剂的孔道结构多样，为使问题简化，假设催化剂内孔为平行排布的孔径均一的圆柱形孔。如图 17-1 所示，孔道总长度为 $2L$，孔道两端开口，气体由孔口向内扩散，在孔道中心，浓度达到极小，即浓度梯度为零。由于沿孔道方向物质浓度不同，反应速率也不相同，首先求出物质沿孔道方向的浓度分布情况。分析图中高为 $\mathrm{d}x$ 的体积元内的物料守衡。当反应达稳态时，扩散进入体积元的量等于扩散出去的量与表面反应消耗的量之和，存在如下关系：

$$-\pi r_p^2 D\left(\frac{\mathrm{d}C}{\mathrm{d}x}\right)_x=-\pi r_p^2 D\left(\frac{\mathrm{d}C}{\mathrm{d}x}\right)_{x+\mathrm{d}x}+r2\pi r_p\mathrm{d}x \tag{17-13}$$

r 为表面反应速率。假设表面反应为一级反应，同时对扩散相合并，得到

$$\pi r_p^2 D\frac{\mathrm{d}^2 C}{\mathrm{d}x^2}\mathrm{d}x=kC2\pi r_p\mathrm{d}x \tag{17-14}$$

k 为一级反应速率常数。解此微分方程得到

$$\frac{C}{C_0}=\frac{\cosh[\phi(1-x/L)]}{\cosh\phi} \tag{17-15}$$

cosh 为双曲余弦符号，C_0 为孔入口处浓度，ϕ 称为 Thiele 模数：

$$\phi=\sqrt{\frac{2k}{r_p D}}L \tag{17-16}$$

Thiele 模数反映了扩散阻力的大小。在扩散系数一定的前提下，孔径越大，孔道长度越短，表面反应越慢，则 Thiele 模数越小，其结果是孔道内浓度变化平缓，扩散阻力小。反过来，若 Thiele 模数很大，则浓度沿孔道下降速度快，扩散阻力大。图 17-2 显示了不同 Thiele 模数情况下，浓度沿孔道长度的变化趋势。

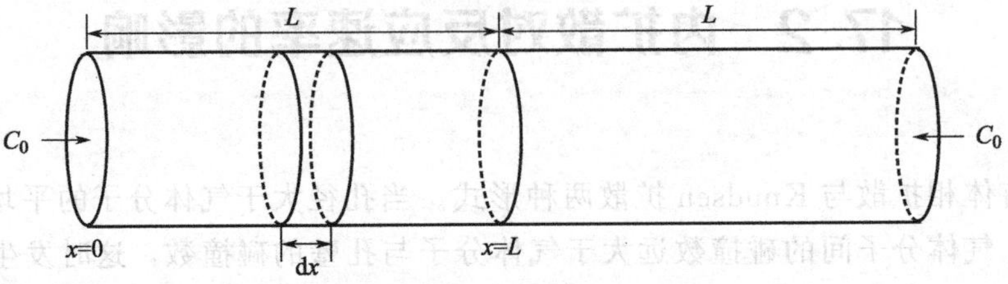

图 17-1　内孔扩散示意图

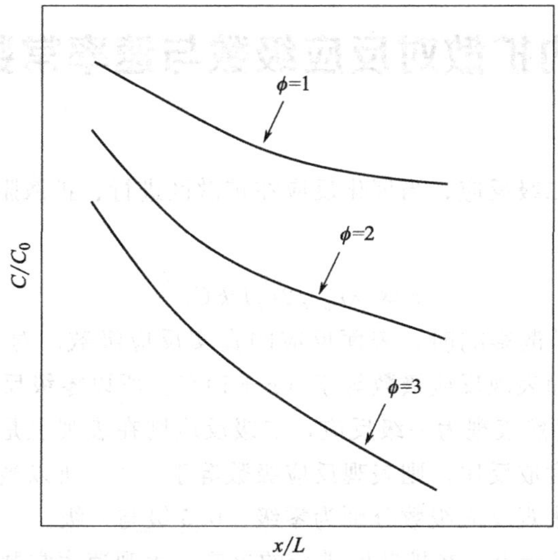

图 17-2　Thiele 模数对扩散的影响

由于沿孔道方向不同长度处，反应速率不等，所以我们讨论孔道内的整体反应速率。同时，孔道左右对称，只用分析半孔内的反应速率 $r_{1/2}$。根据物料守衡，半孔内扩散进入的量等于表面反应的量

$$r_{1/2}=-\pi r_{\mathrm{p}}^{2}D\left(\frac{\mathrm{d}C}{\mathrm{d}x}\right)_{x=0} \tag{17-17}$$

现在来求入口处的浓度梯度。将式(17-14) 写成

$$\mathrm{d}\frac{\mathrm{d}C}{\mathrm{d}x}=\frac{2k}{r_{\mathrm{p}}D}C\,\mathrm{d}x \tag{17-18}$$

等式左右两边在 $x=0$ 和 $x=L$ 之间进行定积分可得

$$\left(\frac{\mathrm{d}C}{\mathrm{d}x}\right)_{x=0}=-\frac{C_0\phi}{L}\tanh(\phi) \tag{17-19}$$

其中 tanh 为双曲正切符号。代入式(17-17) 可得半孔反应速率

$$r_{1/2}=\pi r_{\mathrm{p}}^{2}D\,\frac{C_0\phi}{L}\tanh(\phi) \tag{17-20}$$

现在考虑一种极限情况，如孔径无限大，扩散完全没有阻力，则孔内浓度处处相等，皆为 C_0。此时的反应速率为半孔内极限反应速率

$$r_0=2\pi r_{\mathrm{p}}LkC_0 \tag{17-21}$$

定义表面利用率

$$\eta=\frac{r_{1/2}}{r_0}=\frac{\tanh(\phi)}{\phi} \tag{17-22}$$

表面利用率体现了反应过程中催化剂内表面的利用情况。当 ϕ 较小（<0.2）时，$\tanh(\phi)\approx\phi$，表面反应慢而孔径大、扩散快，催化剂所有内表面都被充分利用。当 ϕ 较大（>2）时，$\tanh(\phi)\approx1$，$\eta=1/\phi$，Thiele 模数越大，扩散阻力越大，表面利用率越低。以上讨论的是圆柱形颗粒内一级反应的情形，对于零级与二级反应以及球形颗粒内反应的处理更为复杂，可查阅相关专著。

17.3 内扩散对反应级数与速率常数的影响

对于零级、一级与二级反应，当催化反应在扩散区进行、扩散阻力较大时，反应速率具备如下统一特点：

$$r \propto \pi r_{\mathrm{p}} \sqrt{2 r_{\mathrm{p}} D k}\, C_0^{\frac{n+1}{2}} \tag{17-23}$$

式中，n 为不考虑扩散影响时，表面反应的真实反应级数。对于 Knudsen 扩散，其扩散系数与浓度无关，因而表观反应级数等于 $(n+1)/2$。所以零级反应在实验观测时表现为 0.5 级反应，一级反应仍然表现为一级反应，二级反应则在表观上是 1.5 级反应。对于体相扩散，其扩散系数与浓度成反比，则表观反应级数等于 $n/2$。所以当真实反应级数分别是零级、一级与二级时，其表观反应级数分别为零级、0.5 级与一级。

由式(17-23) 还可以看出，在扩散区进行的反应，表观速率常数与真实反应速率常数的 1/2 次方成正比。相应地，其表观活化能应该等于真实反应活化能的一半。

传质过程不仅影响真实反应速率参数的测定，还会掩盖表面反应动力学图像，对于多孔催化剂，传质的影响不得不考虑。不过催化剂孔道结构十分复杂，孔道形状、孔径、孔道长度不一，很难做到精确分析。如果能控制反应条件，使得反应在动力学区进行，从而忽略扩散的影响，则动力学过程处理起来会容易很多。通过对圆柱形孔道的分析可知，当孔径较大、孔道长度较短（颗粒小）时，扩散阻力小，扩散的影响相对较小。

本章提示

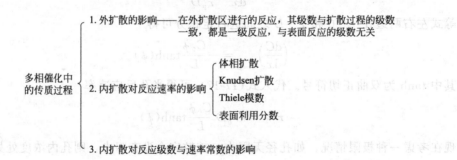

多相催化中的传质过程
- 1. 外扩散的影响——在外扩散区进行的反应，其级数与扩散过程的级数一致，都是一级反应，与表面反应的级数无关
- 2. 内扩散对反应速率的影响
  - 体相扩散
  - Knudsen扩散
  - Thiele模数
  - 表面利用分数
- 3. 内扩散对反应级数与速率常数的影响

习 题

1. 处理复杂反应动力学时有哪些近似处理方法？
2. 简述物理吸附与化学吸附的特点以及各自在多相催化中的作用。
3. 画出氢气在金属镍表面解离吸附过程的构型示意图及各构型对应的状态。
4. 一个气体分子 A_2 与两个表面吸附部位 S 结合，发生如下解离吸附：

$$A_2 + 2S \underset{k_d}{\overset{k_a}{\rightleftharpoons}} 2A\text{-}S$$

请写出吸附与脱附速率方程。

5. 有一单分子反应 $A \longrightarrow B + C$，假设其反应机理如下：

$$A + S \rightleftharpoons A\text{-}S$$

$$A\text{-}S + S \xrightarrow{k} B\text{-}S + C\text{-}S$$

$$B\text{-}S \longrightarrow B + S$$

$$C\text{-}S \longrightarrow C + S$$

其中表面反应是速率控制步骤，请写出该催化反应速率方程。

6. 反应 $A_2 \longrightarrow C$ 按如下机理进行：

$$A_2 + 2S \rightleftharpoons 2A\text{-}S$$

$$2A\text{-}S \xrightarrow{k} C + 2S$$

其中表面反应是速率控制步骤，试判断该反应属于 Langmuir-Hinshelwood 模型还是 Eley-Rideal 模型，并依据该机理写出速率方程。假设产物在表面的吸附可忽略。

7. 对于双分子反应 $A + B \longrightarrow C$，在实验上如何判断其反应机理属于 Langmuir-Hinshelwood 模型还是 Eley-Rideal 模型？

8. 试述外扩散对催化反应动力学的影响。

9. 简述 Thiele 模数与扩散阻力的关系。

10. 试述圆柱形颗粒的内扩散对催化反应级数的影响。

第四篇

表面化学

多相系统中，相与相之间存在着界面。常见的相界面有气-液、气-固、液-固、液-液和固-固五种类型。通常将有一个相为气相的相界面，即气-液和气-固界面称为表面。表面化学就是以相界面为研究对象，研究其性质、结构以及发生的各种现象的一门学科，也可以叫界面化学。

在讨论相平衡如气-液平衡时，认为系统由气、液两相组成，从气相到液相，系统的某些强度性质如密度、组成等会发生突变，而广度性质则为两相相应广度性质之和。但实际上，在两相之间还存在着一个纳米级的界面层，其性质和气、液相都不相同。上述强度性质是垂直于界面方向连续地从液相过渡到气相，同时广度性质则为液相、气相和界面层三者相应广度性质之和。当界面面积不大时，界面层可忽略不计；但在某些情况比如研究介观系统，则必须考虑界面层的作用。

表面化学的研究被公认为是化学的一个重要分支领域，也是一门实用性较强的学科。目前很多国家和地区在大学阶段已单独设课，近年来我国也逐渐重视相关的教育和研究。在《物理化学》教材中也设有相关章节。

第18章 基本概念

18.1 表面张力

组成物质的分子之间存在着相互作用力，常压下表现为引力。其作用的范围很小（一般是 300～500pm），为短程力。随着分子间的距离增加，分子间作用力以其六次方的关系减小。因此，在液态或固态的情况下，分子间作用力比较显著，而在气态时，分子间作用力很小，往往可忽略。

任何一个相，其表面分子和相内部分子的受力情况不同。以气液表面为例，如图 18-1。液体内部的任何一个分子受力情况非常复杂，它与邻近分子发生频繁的相互碰撞，各方向上碰撞作用千变万化，但总体说来，液体内部的分子与邻近分子的相互作用是对称的，每个分子各方向上所受的分子间作用力相互抵消，合力为零。但是液体表面的分子却不同，它在下方受到邻近液体分子的引力，在上方受到气体分子的引力，由于气体分子的引力远小于液体分子的引力，所以表面分子所受的作用力是不对称的，合力指向液体内部。在这一不均匀力场的作用下，液体表面的分子有进入液体内部的趋势，于是在一定条件下使液体表面的分子数最少，即液体总是趋向于表面收缩，使表面积最小。水滴、汞滴、气泡呈球形，是因为在体积一定的情况下，球的表面积最小。

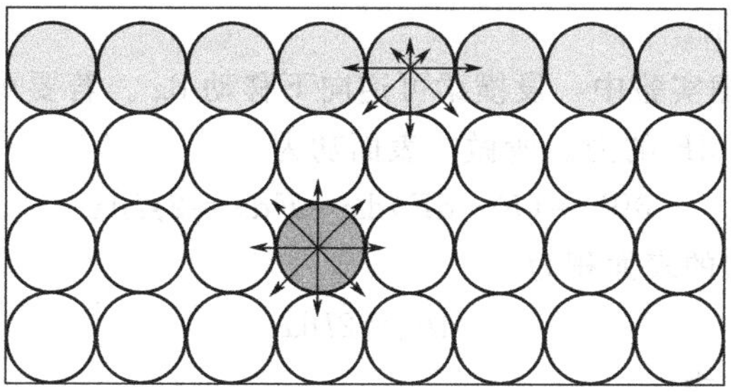

图 18-1　液体表面分子与内部分子的不同受力情况

液体表面收缩，就会沿着表面的切线方向产生收缩力。将液体表面收缩作用在单位长度的力称为表面张力，则

$$F = \gamma l \qquad (18\text{-}1)$$

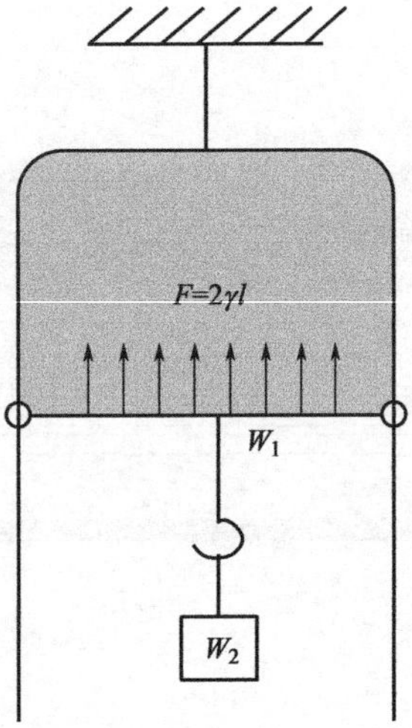

图 18-2　液膜收缩实验

式中，γ 为表（界）面张力，$N \cdot m^{-1}$。

从液膜自动收缩实验可以更好地认识这一现象。设有一个由细钢丝制成的框架，中间有一根可以自由移动的横梁，将此框架浸入肥皂水中，然后取出，即可在整个矩形框架中形成一层肥皂水膜，如图 18-2 所示。由于液体表面的收缩，会把横梁向上拉动，一直到框架的顶部。如果在横梁下部吊一重物 W_2，调节 W_2 的大小使横梁操持平衡，则横梁的重力 W_1 和重物 W_2 之和等于液膜的收缩力。由于肥皂膜在框架的正反两面具有两个气液表面，所以液膜的收缩力作用在总长度为 $2l$ 的边界上，且垂直作用在表面的边沿并指向表面中心，所以液膜收缩对横梁向上的收缩力为 $2\gamma l$，则

$$F=2\gamma l=W_1+W_2$$

只要有表面存在，就有表面张力的存在。表面张力总是作用在表面上。设想在液面上任意画一条线，将液面分成两部分，由于两部分液面上的表面张力都趋于使各自的液面收缩，所以表面张力总是作用在该线两侧并垂直于该线。在液体表面的边界上，表面张力垂直于边界线并指向表面内部。如果表面是弯曲的，例如水珠或气泡的表面，则表面张力就沿着表面的切线方向并指向该表面中心。

18.2　表面功和表面能

可以从另一个角度来理解表面张力。由于液体表面分子和内部分子的受力情况不同，设想将一些液体分子从液体内部缓慢移动到表面。在内部由于分子间作用力合力为零，不需要做功，但当分子靠近表面层时，则必须克服不均匀力场才能将它们移动到表面上，即环境必须做功。做功的效果如下：①分子移动到表面后能量增多，即表面分子比液体内部分子具有更多的能量；②表面上的分子增多使表面积增加，即只有做功才能使系统的表面积增加，表面积越大，需要做的功越多，系统的能量越高。显然这里的功是非体积功。为此，我们定义：在等温等压条件下，可逆地增加系统的表面积时所做的功叫表面功。由于表面功是非体积功，所以用符号 W' 表示。

在图 18-2 的液膜收缩实验中，设横梁可逆向下移动 $\mathrm{d}x$。若要可逆地增加液膜面积，则必须向下施加大小为 $F+\mathrm{d}F$ 的力。所做的表面功为

$$\delta W'=(F+\mathrm{d}F)\mathrm{d}x=F\mathrm{d}x=2\gamma l\mathrm{d}x$$

而正反两面液膜增加的表面积为

$$\mathrm{d}A_s=2l\mathrm{d}x$$

则表面功的计算公式为

$$\delta W'=\gamma \mathrm{d}A_s \tag{18-2}$$

对于一个宏观的过程，表面积从 $A_{s,1} \rightarrow A_{s,2}$，则

$$W'=\int_{A_{s,1}}^{A_{s,2}} \gamma \mathrm{d}A_s \tag{18-3}$$

此式可用于计算表面功。

由热力学第二定律知，等温等压下系统 Gibbs 自由能的减小等于系统所做的最大非体积功

$$-\mathrm{d}G=-W'$$

将式(18-3) 代入上式得

$$\mathrm{d}G=\gamma \mathrm{d}A_s \tag{18-4}$$

此式的条件为等温等压、定组成、可逆，因此，dG 表示在等温等压、定组成的情况下，由表面积的增加所引起的系统 Gibbs 自由能的增加。由此式可得出 γ 的严格数学定义为

$$\gamma=\left(\frac{\partial G}{\partial A_s}\right)_{T,\ p,\ n_B} \tag{18-5}$$

由以上讨论可知，在表面热力学中，均相系统的 G 不仅与 T、p 及各物质的量有关，还与系统的表面积有关，即

$$G=G(T,\ p,\ n_1,\ n_2,\ \cdots,\ A_s)$$

全微分式为

$$\mathrm{d}G=-S\mathrm{d}T+V\mathrm{d}p+\gamma \mathrm{d}A_s+\sum\mu_B \mathrm{d}n_B \tag{18-6}$$

同样，很容易证明下面几个全微分式：

$$\mathrm{d}U=T\mathrm{d}S-p\mathrm{d}V+\gamma \mathrm{d}A_s+\sum\mu_B \mathrm{d}n_B \tag{18-7}$$

$$\mathrm{d}H=T\mathrm{d}S+V\mathrm{d}p+\gamma \mathrm{d}A_s+\sum\mu_B \mathrm{d}n_B \tag{18-8}$$

$$\mathrm{d}A=-S\mathrm{d}T-p\mathrm{d}V+\gamma \mathrm{d}A_s+\sum\mu_B \mathrm{d}n_B \tag{18-9}$$

式(18-6)～式(18-9) 即为表面热力学的四个基本关系式。由此可以看出，比表面能 γ 还可定义为以下四种的任何一种：

$$\gamma=\left(\frac{\partial U}{\partial A_s}\right)_{S,\ V,\ n_B}=\left(\frac{\partial H}{\partial A_s}\right)_{S,\ p,\ n_B}=\left(\frac{\partial A}{\partial A_s}\right)_{T,\ V,\ n_B}=\left(\frac{\partial G}{\partial A_s}\right)_{T,\ p,\ n_B} \tag{18-10}$$

由上述讨论可看出 γ 的物理意义：γ 是可逆地增加 $1\mathrm{m}^2$ 表面积时所需要的表面功，即 $1\mathrm{m}^2$ 表面上的分子比同样数量的内部分子所多出的能量，因此 γ 也称为比表面能，单位是 $\mathrm{J\cdot m^{-2}}$。显然一个表面积为 A_s 的系统，其整个表面所多出来的能量为 γA_s，这部分能量称为表面能。

表面张力来自于力的角度，而比表面能来自于能的角度，两者的物理意义不同，但数值却是一样的。例如水在 298.15K 时的表面张力为 $72.8\times10^{-3}\mathrm{N\cdot m^{-1}}$，比表面能为 $72.8\times10^{-3}\mathrm{J\cdot m^{-2}}$。由此可见，表面张力和比表面能虽然意义不同、单位不同，但两者数值相同、量纲相同，因此人们从符号上不再区分它们，都用 γ 表示。这个问题虽然在历史上曾有过一些争论，但近代的表面化学家倾向于同时接受 γ 的上面两种解释，即既接受比表面能的概念，也承认表面张力的客观真实性。实际上两者只不过是表面性质的两种不同描述方式。

例 18.1 293K 及标准压力 $p^{\ominus}$ 条件下，将半径为 10^{-4}m 的一个小水滴分散成半径为 10^{-7}m 的若干个小雾滴，需要对它做多少功？已知 293K 时水的表面张力 $\gamma=0.0728\mathrm{N\cdot m^{-1}}$。

解： $V=\frac{4}{3}\pi R_1^3=N\ \frac{4}{3}\pi R_2^3$

$N=(R_1/R_2)^3=10^9$

$A_1=4\pi R_1^2 A_2=N4\pi R_2^2$

$W=\gamma(A_2-A_1)=\gamma(N4\pi R_2^2-4\pi R_1^2)=9.14\times10^{-6}\mathrm{J}$

表面张力在自然界中普遍存在，不仅液体表面有，固体表面也有，而且在固-液界面、

液-液界面以及固-固界面处也存在着相应的界面张力。界面（表面）张力是表面化学中最重要的物理量，它是产生一切表面现象的根源。

18.3 影响表面张力的主要因素

由定义式(18-5) 可知，表面张力是温度、压力和组成的函数，对于组成不变的系统，例如纯水、指定溶液等，其表面张力取决于温度和压力。

18.3.1 温度对表面张力的影响

从分子的相互作用来看，表面张力是由表面分子所处的不对称力场造成的。表面上的分子所受的力主要是指向液体内部的分子的吸引力，当增加液体表面积时所做的表面功，就是为了克服这种吸引力而做的功。由此可见，表面张力也是分子间吸引力的一种量度。大多数物质热胀冷缩，温度升高，液体的体积增加，密度减小，分子之间的距离增加，液体分子间作用力减小；同时升高温度也会使液、气两相之间的密度差减小。这两者都造成表面分子所受力的不对称性减弱，因而使得 γ 降低。这就是表面张力随温度升高而降低的原因。当温度逐渐接近临界温度时，气相与液相的区别逐渐消失，表面张力便随之降为零，经验表明，在通常温度下液体的温度每升高 1K，表面张力约降低 $10^{-4}\mathrm{N\cdot m^{-1}}$，例如水的 $\mathrm{d}\gamma/\mathrm{d}T$ 是 $-1.52\times10^{-4}\mathrm{N\cdot m^{-1}\cdot K^{-1}}$，六亚甲基四胺为 $-1.35\times10^{-4}\mathrm{N\cdot m^{-1}\cdot K^{-1}}$，苯为 $-0.99\times10^{-4}\mathrm{N\cdot m^{-1}\cdot K^{-1}}$，四氯化碳为 $-0.92\times10^{-4}\mathrm{N\cdot m^{-1}\cdot K^{-1}}$ 等。

温度对表面张力的影响也可以用热力学公式说明，由式(18-6) 可知，对于等压定组成系统，有

$$\mathrm{d}G=-S\mathrm{d}T+\gamma\mathrm{d}A_s$$

根据麦克斯韦关系式，则

$$\left(\frac{\partial \gamma}{\partial T}\right)_{A_s,\ p,\ n_B}=-\left(\frac{\partial S}{\partial A_s}\right)_{T,\ p,\ n_B} \tag{18-11}$$

等温等压下增大表面积，即增加系统的分散度，意味着系统的混乱度增加，所以系统熵值变大，所以式(18-11) 的等号右边小于零，从而说明表面张力随温度的升高而减小。

同样，由式(18-9) 可以得出，对于等容定组成系统，有

$$\left(\frac{\partial \gamma}{\partial T}\right)_{A_s,\ V,\ n_B}=-\left(\frac{\partial S}{\partial A_s}\right)_{T,\ V,\ n_B} \tag{18-12}$$

这意味着在绝热过程中，如果表面积增大，体系的温度将要下降，这与实验结果是一致的。

表面张力与温度的关系，目前还没有满意的方程来描述，只有一些经验方程。根据实验结果已经知道，非缔合性液体的表面张力与温度的关系基本上是线性的，可以用下式表示

$$\gamma_T=\gamma_0[1-K(T-T_0)]$$

式中，γ_T 和 γ_0 分别为 T 和 T_0 时相应的表面张力，K 为表面张力的温度系数。

当温度升高到临界温度时，液、气两相界面将消失，这时表面张力为零，根据这一事实，应用对应状态定律导出下列方程式

$$\gamma V_m^{\frac{2}{3}}=k(T_c-T_0-6.0) \tag{18-13}$$

总之，温度对液体或溶液表面张力的影响是不可忽视的，因此在测定液体或溶液的表面张力时，要保持较好的恒温条件。

18.3.2 压力对表面张力的影响

由式(18-6)，对于等温定组成系统，有

$$dG=Vdp+\gamma dA_s$$

根据麦克斯韦关系式，则

$$\left(\frac{\partial \gamma}{\partial p}\right)_{A_s,T,n_B}=\left(\frac{\partial V}{\partial A_s}\right)_{p,T,n_B} \tag{18-14}$$

在等温等压下增加液体的表面积时，液体的体积几乎不变，即

$$\left(\frac{\partial V}{\partial A_s}\right)_{p,T,n_B}\approx 0$$

因此压力对于 γ 的影响很小，一般情况下可忽略这种影响。如水的实验发现，在 293.15K、101325Pa 时 γ 为 $72.88\times10^{-3}N\cdot m^{-1}$，当压力增加到 $10\times101325Pa$ 时 γ 变为 $71.88\times10^{-3}N\cdot m^{-1}$。压力对表面张力产生影响的原因比较复杂，其中一个原因是随着压力的增加，气体的密度变大，分子的间距减小，分子间作用力增大，使得表面分子所受力的不对称性减弱，从而 γ 降低。

纯液体的表面张力通常是指液体与饱和了其本身蒸气的空气接触时而言。表 18-1 列出了一些纯液体在 293.15K 时的表面张力值。

表 18-1 一些纯液体在 293.15K 时的表面张力

物质	$\gamma/(N\cdot m^{-1})$	物质	$\gamma/(N\cdot m^{-1})$
水	0.0728	辛烷	0.0216
甲醇	0.0225	庚烷	0.0201
乙醇	0.0224	丙酸	0.0267
甘油	0.0640	丁酸	0.0265
苯	0.0289	环己烷	0.0249
甲苯	0.0285	环己醇	0.0344
氯苯	0.0336	环戊醇	0.0327
溴苯	0.0365	汞	0.4865

18.4 介观系统的热力学不稳定性

介观是介于微观和宏观之间的状态，一般认为介观尺度在纳米和毫米之间。对于宏观系统，由于系统的表面积很小，表面分子在全部分子中所占的比例不大，因此系统的表面能只占系统 Gibbs 函数值的很小一部分，可以忽略不计。例如

1g 水作为一个球体存在时，表面积为 $4.85\times10^{-4}m^2$，表面能约为

$$\gamma A_s\approx72.8\times10^{-3}\times4.85\times10^{-4}=3.5\times10^{-5}(J)$$

这个数值比较小。但是，当固体或液体被逐渐分散时，表面分子在全部分子中所占的比

例逐渐增大，表面能的作用逐渐显著，当分散度很高，达到介观状态时，表面能的数值便相当可观，例如将 1g 水分成半径为 10^{-9}m 的小球，可得 2.4×10^{20} 个，表面积共 $3.0\times10^{3}\,m^2$，表面能约为

$$\gamma A_s \approx 72.8\times10^{-3}\times3.0\times10^{3}=220(\mathrm{J})$$

该值相当于将这 1g 水的温度升高 50K 所需要提供的能量，显然是一个不容忽视的数字。因此，巨大表面系统都具有很高的表面能，在一定温度和压力下，表面积越大，系统的 Gibbs 函数值越高，在热力学上就越不稳定，有自发变化到稳定状态的趋势。

在等温等压下，系统总是自发地降低它的 Gibbs 函数，因此系统总是自动地趋向于降低其表面能（γA_s），从而到达 Gibbs 函数较低的稳定状态。一般说来，降低表面能可通过两种途径：①减少表面积，例如液滴总是自动呈球形就是为了使表面积达到最小；②降低表面张力，系统无法自动升高温度以降低 γ，但可以通过改变表面状态来使 γ 减小，例如很多固体（如活性炭等）吸附气体或液体分子到自己的表面上。

对于一个由两个体相 α 和 β 以及一个界面相 σ 所组成的多相系统，可相应写出热力学基本方程如下：

$$\mathrm{d}U=\sum_{i=\alpha,\beta,\sigma}\left[T^{(i)}\mathrm{d}S^{(i)}-p^{(i)}\mathrm{d}V^{(i)}+\sum\mu_B{}^{(i)}\mathrm{d}n_B{}^{(i)}\right]+\gamma\mathrm{d}A_s \quad (18\text{-}15)$$

$$\mathrm{d}H=\sum_{i=\alpha,\beta,\sigma}\left[T^{(i)}\mathrm{d}S^{(i)}+V^{(i)}\mathrm{d}p^{(i)}+\sum\mu_B{}^{(i)}\mathrm{d}n_B{}^{(i)}\right]+\gamma\mathrm{d}A_s \quad (18\text{-}16)$$

$$\mathrm{d}A=\sum_{i=\alpha,\beta,\sigma}\left[-S^{(i)}\mathrm{d}T^{(i)}-p^{(i)}\mathrm{d}V^{(i)}+\sum\mu_B{}^{(i)}\mathrm{d}n_B{}^{(i)}\right]+\gamma\mathrm{d}A_s \quad (18\text{-}17)$$

$$\mathrm{d}G=\sum_{i=\alpha,\beta,\sigma}\left[-S^{(i)}\mathrm{d}T^{(i)}+V^{(i)}\mathrm{d}p^{(i)}+\sum\mu_B{}^{(i)}\mathrm{d}n_B{}^{(i)}\right]+\gamma\mathrm{d}A_s \quad (18\text{-}18)$$

本章提示

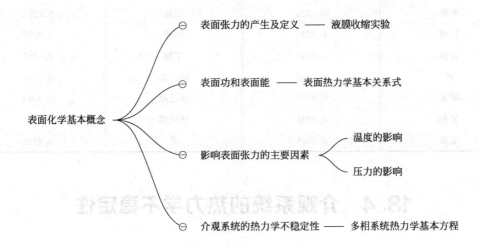

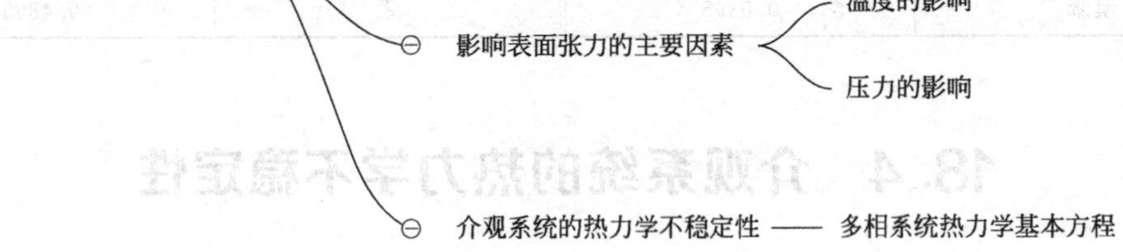

第 19 章

液体表面张力及其测定

19.1 弯曲液面下的附加压力——Young-Laplace 方程

处理平面液体时，体积与界面积是两个相互独立的变量，若系统存在弯曲界面，当体积变化时，界面积也将相应改变，则弯曲界面系统中，界面积与体积相互依赖。下面利用亥姆霍兹自由能作为平衡判据，推导出存在弯曲界面时的力平衡条件。

设想在恒温下，有一个按吉布斯模型由 α 相、β 相和弯曲的界面相 σ 组成的系统，已经达到平衡。各相压力分别为 $p^{(\alpha)}$、$p^{(\beta)}$ 和 $p^{(\sigma)}$，平衡时各处压力相等，都等于 $p^{(\alpha)}$；各相体积分别为 $V^{(\alpha)}$、$V^{(\beta)}$ 和 $V^{(\sigma)}$，其中界面层体积 $V^{(\sigma)}=0$；界面张力为 γ，面积为 A_s。见图 19-1，其中 α 相是纯液体的液滴，β 相是气体。

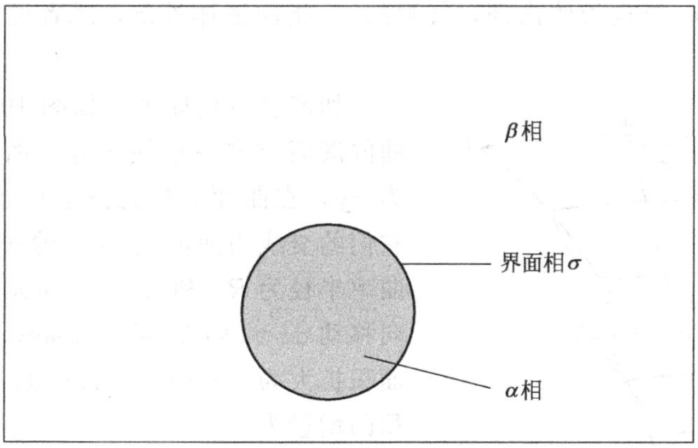

图 19-1　存在弯曲界面的系统

系统总体积恒定，各相之间无物质交换，设 α 相与 β 相的体积发生了一个无限小的变化 $dV^{(\alpha)}$ 和 $dV^{(\beta)}$，σ 相的面积相应发生无限小变化 dA_s，根据热力学基本方程［式(18-17)］，系统的亥姆霍兹函数变化为

$$dA=-p^{(\alpha)}dV^{(\alpha)}-p^{(\beta)}dV^{(\beta)}+\gamma dA_s$$

因为系统总体积恒定，所以 $dV^{(\alpha)}=-dV^{(\beta)}$，上式变为

$$dA=[p^{(\beta)}-p^{(\alpha)}]dV^{(\alpha)}+\gamma dA_s$$

由热力学第二定律知，在恒温恒容时的平衡判据为 $dA=0$，所以有

$$p^{(\beta)}=p^{(\alpha)}+\gamma\frac{dA_s}{dV^{(\alpha)}} \tag{19-1}$$

此式即为存在弯曲界面时的力平衡条件，称为拉普拉斯方程。由于其中涉及的均为状态函数，故该式的应用并不受推导时的恒容假设限制。

气体中半径为 R' 的球形液滴：$V^{(l)}=\frac{4}{3}\pi R'^3$，$dV^{(l)}=4\pi R'^2dR'$；$A_s=4\pi R'^2$，$dA_s=8\pi R'dR'$，$dA_s/dV^{(l)}=2/R'$，代入式(19-1)，得

$$p^{(l)}=p^{(g)}+\frac{2\gamma}{R'} \tag{19-2}$$

液体中半径为 R' 的球形气泡：$V^{(g)}=4\pi R'^3/3$，$dV^{(g)}=4\pi R'^2dR'=-dV^{(l)}$；$A_s=4\pi R'^2$，$dA_s=8\pi R'dR'$，$dA_s/dV^{(l)}=-2/R'$，代入式(19-1)，得

$$p^{(l)}=p^{(g)}-\frac{2\gamma}{R'} \tag{19-3}$$

由式(19-2)和式(19-3)可见，液滴中的压力大于气相的压力，气泡中的压力大于液相的压力，且液滴或气泡的半径越小，压力差越大。例如水在25℃时，γ 为 $0.07197\mathrm{N\cdot m^{-1}}$，对于 $R'=10^{-6}\mathrm{m}$ 的水滴，有

$$p^{(l)}-p^{(g)}=\frac{2\gamma}{R'}=\frac{2\times0.07197}{10^{-6}}=144(\mathrm{kPa})$$

把存在弯曲界面时两相的平衡压力差的绝对值 $|\Delta p|$ 称为弯曲界面的附加压力 p_s，则对于半径为 R' 的球形液滴和球形气泡，有

$$p_s=\frac{2\gamma}{R'} \tag{19-4}$$

其中，液滴的 p_s 指向液体内部，气泡的 p_s 指向液体外部，或者说，p_s 总是指向球心(曲率中心)。

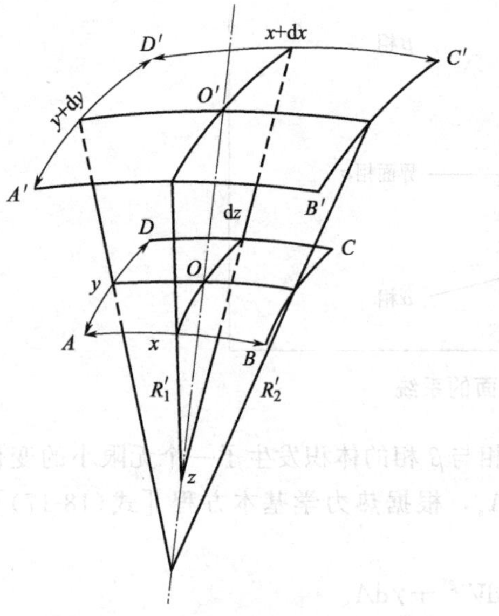

图 19-2　任意弯曲的液面扩大时所做功的分析

如液滴不是球形，如图19-2所示，在任意弯曲的液面上取一小块长方形曲面 $ABCD$，其面积为 xy，在曲面上任意选取两个互相垂直的截面，它们的交线为曲面上 O 点的法线。两个截面的主曲率半径为 R'_1 和 R'_2。令曲面 $ABCD$ 沿着法线方向移动 $dz=OO'$ 距离，曲面移动到 $A'B'C'D'$，其面积扩大为 $(x+dx)(y+dy)$，则移动后曲面面积的增量为

$$\Delta A=(x+dx)(y+dy)-xy=x\,dy+y\,dx$$

由于面积增加，体系得到的表面功为

$$W'=\gamma(x\,dy+y\,dx)$$

因为曲面两边存在附加压力 p_s，所以当曲面位移 dz 时，相应地环境要做的体积功为

$$W=p_s xy\,dz$$

当系统达到平衡时，上述的表面功和体积功必然相等，即

$$\gamma(x\mathrm{d}y+y\mathrm{d}x)=p_s xy\mathrm{d}z \tag{19-5}$$

由图 19-2 可以看出，比较两个相似三角形，得

$$\frac{x+\mathrm{d}x}{R'_1+\mathrm{d}z}=\frac{x}{R'_1} \quad 即 \quad \mathrm{d}x=\frac{x}{R'_1}\mathrm{d}z$$

$$\frac{y+\mathrm{d}y}{R'_2+\mathrm{d}z}=\frac{y}{R'_2} \quad 即 \quad \mathrm{d}y=\frac{y}{R'_2}\mathrm{d}z$$

将 $\mathrm{d}x$、$\mathrm{d}y$ 与 $\mathrm{d}z$ 的关系式代入式(19-5)，得

$$p_s=\gamma\left(\frac{1}{R'_1}+\frac{1}{R'_2}\right) \tag{19-6}$$

式(19-6) 是计算弯曲界面为双曲面时的附加压力公式，称为 Young-Laplace 方程。这是适用于任意曲面的一般公式，它表示附加压力与表面张力成正比，与曲率半径成反比，即曲率半径越小，附加压力越大。

如果曲面是球面的一部分，则曲面各处的曲率半径都相等，即 $R'_1=R'_2=R'$，则 Young-Laplace 方程就可以写成

$$p_s=\frac{2\gamma}{R'}$$

值得注意的是，对于由液膜构成的球形气泡，例如肥皂泡，因为有内外两个表面，所以泡内的附加压力应为

$$p_s=\frac{4\gamma}{R'}$$

R'是泡的半径，显然内外表面的半径差异是可以忽略的。这表明一个肥皂泡的泡内压力比外压大，因此吹出肥皂泡后，若不堵住吹管口，泡就很快缩小，直至缩成液滴。

如果曲面是圆柱状，那么曲面上一个曲率半径是圆的半径，另一个曲率半径是∞，则 Young-Laplace 方程就可以写成

$$p_s=\frac{\gamma}{R'}$$

有了附加压力的知识以后，可直接用它来解释许多表面现象。例如忽略重力影响的液滴总是自动地呈球形，又例如各种毛细现象，将在下面的章节里进行讨论。

应该指出，除弯曲液面外，其他弯曲界面下也存在附加压力，Young-Laplace 方程也同样适用于其他界面，此时式中的 γ 应是相应的界面张力。

例 19.1 在两块平行而又能完全润湿的正方形玻璃板之间滴入水，形成一薄水层，若薄水层厚度 $\delta=10^{-6}\,\mathrm{m}$，水的表面张力为 $72\times10^{-3}\,\mathrm{N\cdot m^{-1}}$，玻璃板边长 $l=0.1\mathrm{m}$，求两板之间的作用力。

解： 水在玻璃板之间的曲面形状为凹形柱面，一个面为直线面，$R'_1\to0$，另一个面为凹面，因为水对玻璃完全润湿，则形成的为半球面。

$$R'_2=\frac{\delta}{2}$$

$$p_s=\gamma\left(\frac{1}{R'_1}+\frac{1}{R'_2}\right)=\frac{2\gamma}{\delta}$$

$$F=p_sA=\frac{2\gamma}{\delta}\times l^2=\frac{2\times72\times10^{-3}}{10^{-6}}\times0.1^2=1.44\times10^3(\mathrm{N})$$

19.2 不同大小的气泡问题

恒温恒压、定组成下，液体的表面张力 γ 为定值。对于大小不同的两个气泡，根据 Young-Laplace 方程，附加压力 p_s 和曲率半径 R' 成反比，即小气泡的 p_s 大于大气泡的 p_s，所以小气泡内的压力 p 大于大气泡。这意味着，当两个气泡相遇时，较小的气泡会进入较大的气泡，产生一个新的气泡。这种现象可在各种系统中产生重要后果（如乳化剂稳定性、肺泡、油回收、香槟和啤酒中的气泡特性等）。当两个液滴相互接触时，观察到同样的情况，较小的液滴会合并到较大的液滴中。

在图 19-3(a) 中的装置中，通过关闭的阀门连接两个不同曲率半径的气泡。打开阀门后，较小的气泡将缩小，而较大的气泡将增大。但须注意，小泡并不会无限缩小。因一旦缩到其半径与管口半径相等之后，再要收缩反会使半径增大，故最终会达到这样的阶段，此时两泡的半径相等［如图 19-3(b) 所示］，小气泡即停止收缩，系统达到平衡。

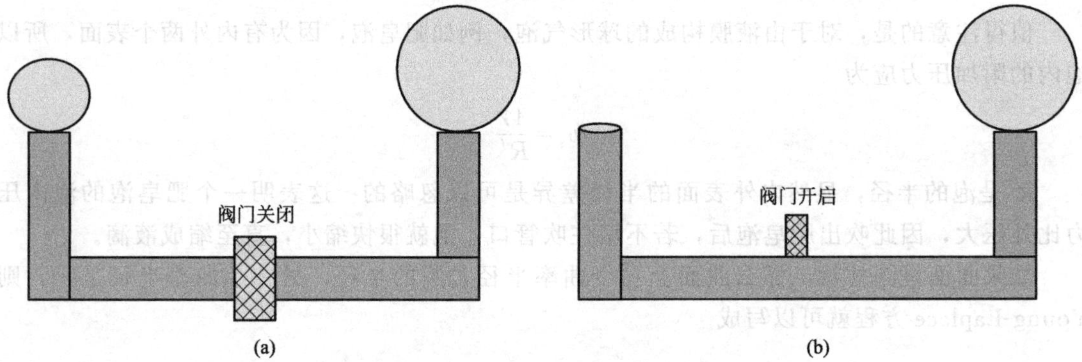

图 19-3 两个不同半径气泡的平衡状态

19.3 液体里的毛细上升或下降

毛细上升现象很容易用 Young-Laplace 方程做近似处理。若液体能润湿管壁，则液体表面与管壁趋于平行，从而使整个表面呈凹形。弯曲界面的附加压力由式(19-4) 决定，其方向指向液体外部。

如图 19-4 所示，若毛细管内的液柱高度为 h。设在凹液面高度的大气压为 p_0，考虑高度对大气压的影响，则在水平液面处的大气压 p_1 为

$$p_1 = p_0 + \rho_g g\, h$$

其中 ρ_g 是大气的密度。

取与平液面相齐的一个虚拟界面 AA'，分析其上端高度为 h 的液柱受力情况。凹面处的大气压 p_0 方向向下，附加压力 p_s 向上，液体传递压力 p_1 向上，自身重力所产生的压力 $\rho_1 g\, h$ 向下。液柱处于平衡态，合力（压力）为零，则有

$$p_1+p_s=p_0+\rho_l g h$$

设弯曲表面的曲率半径为 R'，将 p_1 和 p_s 代入，得

$$h=\frac{2\gamma}{(\rho_l-\rho_g)gR'} \tag{19-7}$$

规定气-液表面张力和固-液界面张力的夹角称为接触角，用 θ 表示。若毛细管的半径为 R，根据几何知识，有

$$R'=\frac{R}{\cos\theta}$$

上式代入式(19-7)，得

$$h=\frac{2\gamma\cos\theta}{(\rho_l-\rho_g)gR} \tag{19-8}$$

之所以引入毛细管的半径 R，是因为凹液面的曲率半径 R'难以测定，而毛细管的半径为定值，可通过某些方法精准测定。如果液体和管壁完全润湿，即接触角 $\theta=0°$，则 $\cos\theta=1$，式(19-8) 则变为

$$h=\frac{2\gamma}{(\rho_l-\rho_g)gR}$$

上式中 R 为毛细管的半径，也可以表示成

$$a^2=\frac{2\gamma}{\Delta\rho g}=\gamma h \tag{19-9}$$

式(19-9) 定义的 a，即所谓的毛细常数（某些作者规定 $a^2=\gamma/\Delta\rho g$，使用该数据的时候要注意区别）。

相对于液体，气体密度很小，若忽略不计，即 $\rho_l-\rho_g\approx\rho_l$，则

$$h=\frac{2\gamma}{\rho_l gR}$$

类似地，若液体不润湿管壁，即液体与管壁的接触角等于钝角或180°，简单处理亦可得出同样的公式。但因为弯曲界面是凸的，所以附加压力向下，使得管中的液面下降。选择毛细管中的一段高度为 H 的液柱作为研究对象，如图 19-5 所示，其中 h 是下降的深度，p_2 是液体内部 AA'处的压力，传递到液柱后方向上，其大小为 $p_0+\rho_l g(H+h)$。

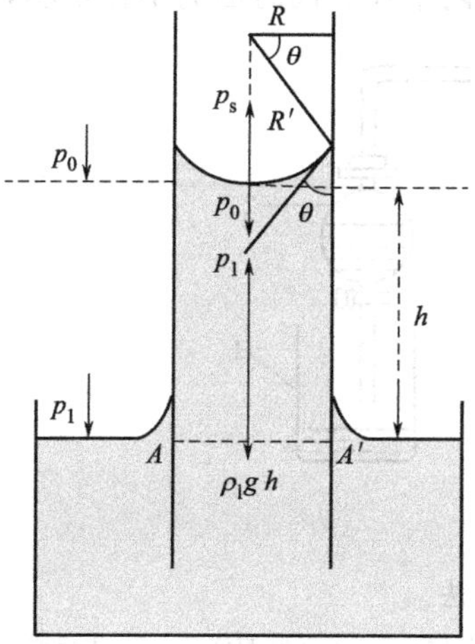

图 19-4　毛细上升现象的分析

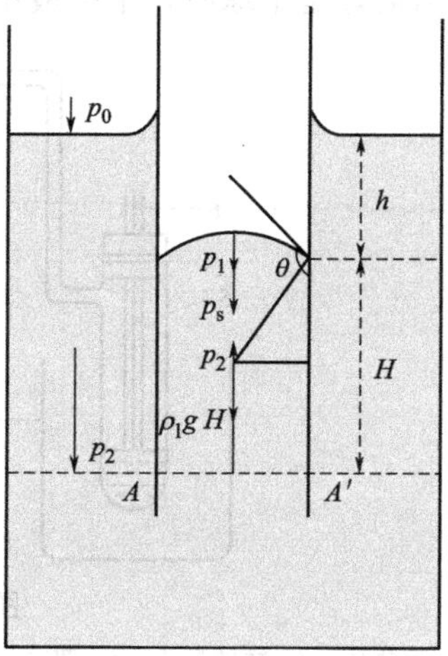

图 19-5　毛细下降现象的分析

例 19.2 为使钢液不致从盛液容器底部的透气多孔砖细孔中漏出，钢液在容器中的高度应控制为多少？已知：钢液密度 $\rho=7000\text{kg}\cdot\text{m}^{-3}$，$\gamma=1.3\text{N}\cdot\text{m}^{-1}$，接触角 $\theta=150°$，透气孔半径为 $1\times10^{-5}\text{m}$。

解： 当 $p_s=-2\gamma\cos\theta/R'>\rho gh$ 时，钢液不会漏出：

$$h<-\frac{2\gamma\cos\theta}{\rho gR'}=3.28(\text{m})$$

精确处理毛细上升必须考虑实际情况与半球形的偏差，也就是在弯月面上与每一点的 $p_s=\Delta\rho gy$ 相应的曲率，其中 y 是该点离液体平表面的高度。具体的处理方法在相关资料里有详细的介绍。

一般公认表面张力的测定方法中以毛细上升法最为准确，一方面是因为此法有比较健全的理论，另一方面是因为实验条件可以严密控制。这在一定程度上有其历史偶然性，而现在有些方法的准确性可与毛细上升法相匹敌甚至超过它。

最准确的实验工作要求液体必须能完全润湿管壁，这样才能避免接触角的不确定性，最常采用的是玻璃毛细管，不仅因为其透明，而且也因为多数液体都能润湿玻璃。玻璃必须是极干净的，毛细管必须精确地垂直，精确地知其半径，而且要求毛细管的半径是均匀的，其横截面与圆形的偏差应不超过百分之几。

毛细上升法的一般属性可总结如下：此法是测定表面张力最好和最准确的方法之一，其精确度可达万分之几。另一方面，为了实际应用，要求接触角为零，并需相当大的溶液体积。对于玻璃毛细管，溶液的碱度有一定的限制。

19.4 表面张力的测定

19.4.1 最大气泡压力法

此法使惰性气体缓慢通过浸在待测液体表面下的管子，形成气泡不断冒出，如图 19-6 所示。若用的管很细，则可假设气泡在形成过程中的形状总是球体的一截，这也可从图 19-6 中看出。当恰好是半球时，半径最小，且等于毛细管的内半径。同时因为半径最小，故此时

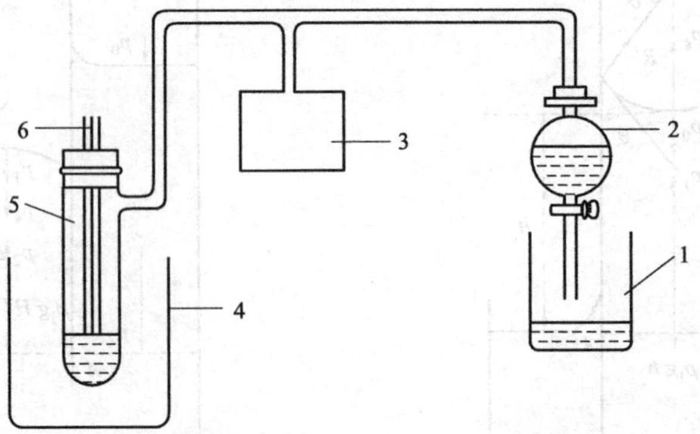

图 19-6 最大气泡压力法

1—烧杯；2—滴液漏斗；3—数字式微压差测量仪；4—恒温装置；5—带支管的试管；6—毛细管

p_s 就最大。p_s 的数值由式(19-4) 所决定，其中 R'等于毛细管的半径。若液体能润湿管壁，气泡将从内壁形成。实验测定的是气泡停留在管端并能稳定生长时的泡内最大压力，一旦达到此点，气泡即不稳定，并脱离管端。

将欲测表面张力的液体装于带支管的试管 5 中，使毛细管 6 的端面与液面相切，液面即沿着毛细管上升，打开滴液漏斗 2 的活塞进行缓慢抽气，此时由于毛细管内液面上所受的压力（$p_{大气}$）大于带支管的试管中液面上的压力（$p_{系统}$），故毛细管内的液面逐渐下降，并从毛细管管端缓慢地逸出气泡。在气泡形成过程中，由于表面张力的作用，凹液面产生了一个指向液面外的附加压力 p_s。如果气泡逸出的速度很慢，管端的液膜趋近于平衡态，则

$$p_{大气}=p_{系统}+p_s+\rho_l g h \tag{19-10}$$

式中，h 是毛细管下端插入液面的深度。若调节毛细管的高低使其端面与液面相切，使 $h=0$，则有

$$p_s=p_{大气}-p_{系统}$$

数字式微压差测量仪的读数 $p_{读数}=p_{系统}-p_{大气}$，从而有 $p_s=|p_{读数}|$。

最大气泡压力法的精确度可达千分之几，并且不依赖于接触角的大小（所用毛细管的外半径或内半径已限定的情况除外），而测定也很快，适当的出泡速度约为每三秒钟一个，故此法是一种涉及刚刚形成的空气-液体界面的准动态法。也正因如此，此法不能用来很好地研究表面的老化问题；但对于纯液体，表面活性杂质的影响降至很小，故可采用。由于此法可以遥控，故可用来测定不易接近的液体，如熔融金属的表面张力。

19.4.2 滴重法

有一类方法应用相当广泛，它测量的是使一个金属的环或圈从液体表面脱离时需要的力。这类方法属于脱离法（detachment method)，滴重法、环法和 Wilhelmy 吊片法都属于此类。

滴重法是一个很精确的方法，同时可能是实验室中测定气-液或液-液界面张力最方便的一种方法。如图 19-7，使管端形成的液滴滴入杯中，在收集到足够的液体后即可称重，由此可准确测得每滴的重量。

在这类系统中，附加压力的重要作用是显而易见的。当液滴变大时，在某一阶段，由于重力大于将其保持在毛细管上的表面张力，液滴将脱离管尖，表面张力对应于液滴能够悬挂的最大重力。此时液滴的重力 W 符合 Tate 定律

$$W=2\pi R\gamma \tag{19-11}$$

可用滴落时支持液滴重量的力是表面张力乘以管尖的周长来理解上式。

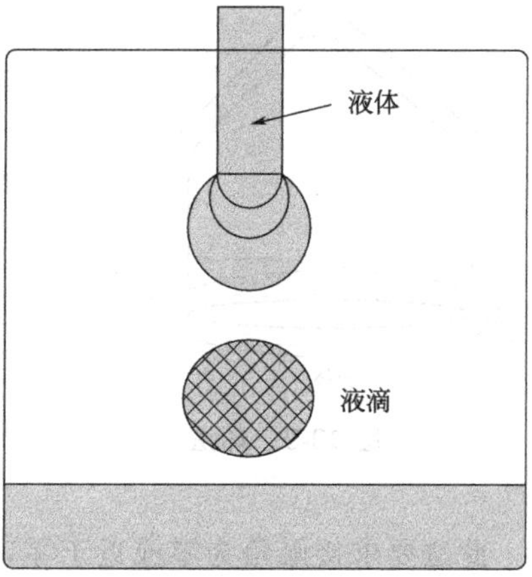

图 19-7 滴重法（液滴和管尖的比例是放大的）

在实验中实际得到的重力 W' 比“理想”的 W 值要低些，其原因可以从观察液滴形成的过程而看出。图 19-8 是实际发生的情形。由于滴落过程中形成的细圆柱形颈在力学上不稳定，因此会产生小液滴。这样会造成达到不稳定时的液滴，只有其中的一部分才真正落下，可能有多达 40% 的液体仍留在管尖而未下

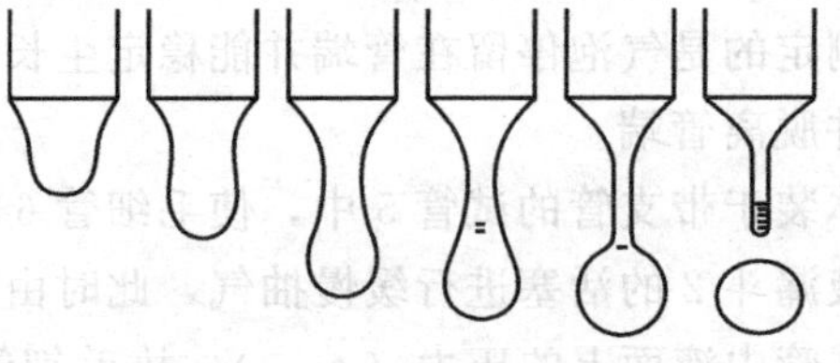

图 19-8　落滴的高速摄影

落。因此，Harkins 和 Brown 得出结论，认为实际的液滴重力 W' 可用下式表示

$$W = mg = 2\pi R\gamma f \tag{19-12}$$

式中，f 是校正因子，与管尖的半径 R 以及落滴的体积相关，具体数值可以查询相关资料。

在使用此法时，重要的是管尖必须磨平，而且不能有任何缺口。在液体不能润湿管尖时，R 为内半径。对于挥发性液体，需将体系封闭以防止蒸发而引起损失。对于滴时（drop time）为 1min 时，误差只有 0.2%。

当然，滴重法也可用于测定液-液界面张力。在这种场合下，一种液体在另一种液体之中形成液滴，所用的公式是相同的，但这时的 W' 和 m 是指液滴的重力和质量减去被排开的液体的重力和质量。此法也可应用于溶液，但因其是动态的，故对于建立平衡表面张力缓慢的体系不适用。

19.4.3　环法

环法是将吊环浸入溶液中，然后缓缓将吊环拉出溶液，在快要离开溶液表面时，溶液在吊环的表面上形成一层薄膜，随着吊环被拉出液面，表面张力将阻止吊环被拉出，当液膜破裂时，吊环的拉力达到最大值。自动张力记录仪将记录这个最大值，根据相应的校正公式，即可求出溶液的表面张力 γ。和所有的脱离方法一样，可近似认为脱离力等于表面张力和脱离表面周长的乘积。

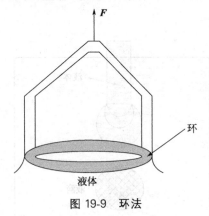

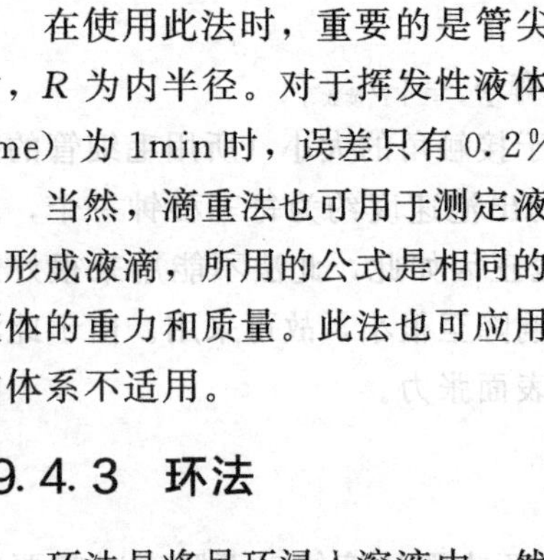

图 19-9　环法

如图 19-9 所示，可得

$$F = W_{总} = W_{环} + 4\pi R\gamma \tag{19-13}$$

从实验上看，此法的精密度很高，Harkins 和 Jordan 采用链码天平测定最大拉力；但也可用普通简化了的张力计，用的是一根结实的扭力丝。一般环是铂金制成，并且干环的重力已知，环应保持水平（若偏 1°将产生 0.5% 的误差；若偏 2.1°，误差达 1.6%），在达到脱离的临界点时还必须小心避免表面的任何扰动。通常在实验前应将环在火焰中灼烧，以除去表面上油脂类的污染物；盛液体的盛器中盛满液体，并使其溢流，以保证液面的干净。

此法要求接触角为零或近于零，否则结果偏低，在测表面活性物质的溶液时，就有这种情况，此时在环上的吸附作用改变了环的润湿性质，在测定液-液界面张力时也是这样。在这种情况下，可采用聚四氟乙烯或聚乙烯制成的环。当用来研究单分子层时，还需知道在脱离时增加的面积。

19.4.4 Wilhelmy 吊片法

到目前为止所讨论的方法或多或少都需要对相应的理想方程加入修正因子，此外如果进行连续测量，就不容易使用其中的一些方法（如毛细管上升法或气泡法）。Wilhelmy 在 1863 年提出的吊片法则不需要这类校正，使用起来很方便。

如图 19-10，将光滑的平板状金属浸入液体中，表面张力将产生切向力，这是因为在板和液体之间产生了一个新的接触相。基本的实验方法是：用显微镜盖片或铂箔那样的薄片支持一个弯月面，此弯月面的重力可用静法或脱离法测定，并可很精确地用下述“理想”公式（假设接触角为零）表示

$$W_{总}=W_{片}+\gamma l \tag{19-14}$$

其中 l 是周长。现在用得更广泛的方法是将液面逐渐升起，直到恰好与从天平悬挂下来的片接触，自动记录的电子天平记下重力的增加，一般公式为

$$\gamma\cos\theta=W/l \tag{19-15}$$

式中，θ 为接触角。实验装置如图 19-11 所示。当将其作为脱离法应用时，流程基本上与环法一样，但式(19-14) 误差可精准到 0.1%，因此不必校正。

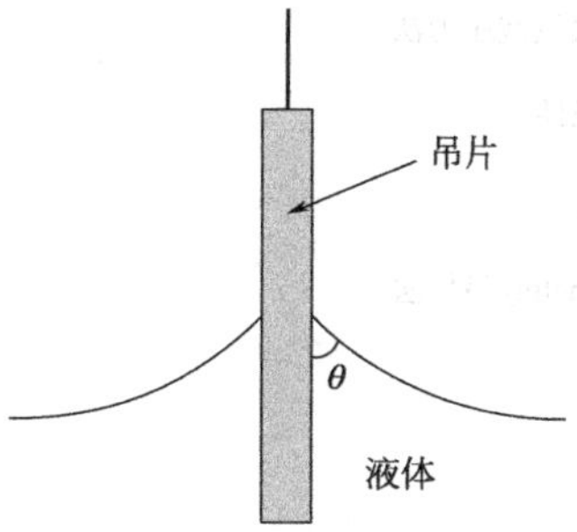

图 19-10　液体中的吊片

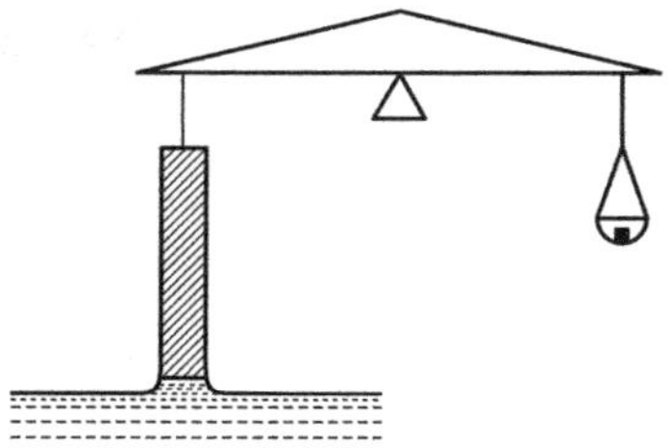

图 19-11　Wilhelmy 吊片法

Wilhelmy 吊片法可对表面张力进行动态的研究。作为此法应用的一个例子，Neumann 和 Tanner 研究了十二烷基硫酸钠水溶液的表面张力随时间的变化。图 19-12 是他们的研究结果，可以看到表面张力随时间发生了缓慢而可观的变化。图中 γ 的单位是 $dyn \cdot cm^{-1}$，$1dyn \cdot cm^{-1}=1\times10^{-3}N \cdot m^{-1}$。

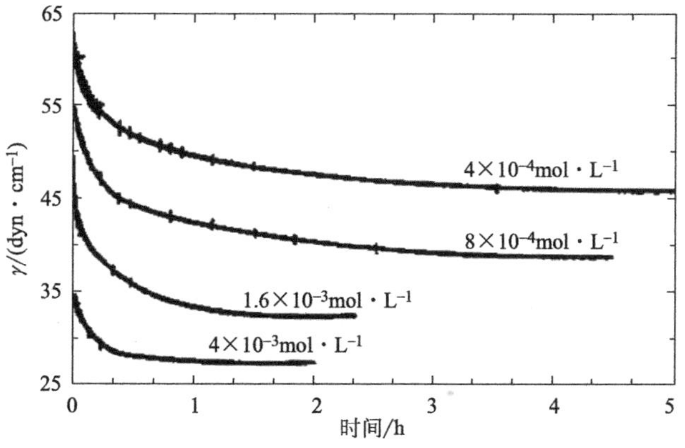

图 19-12　不同浓度十二烷基硫酸钠水溶液的表面张力-时间关系

上述实验方法的一个改进是将悬片部分浸入液体，通过干重和浸入后的重力可测定弯月面重力。在研究表面吸附作用或单分子层时此法特别有用，可以测定表面张力的变化。Gaines 在相关文献中详细地讨论了这种应用。

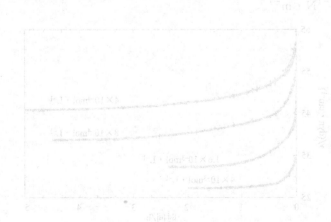

本章提示

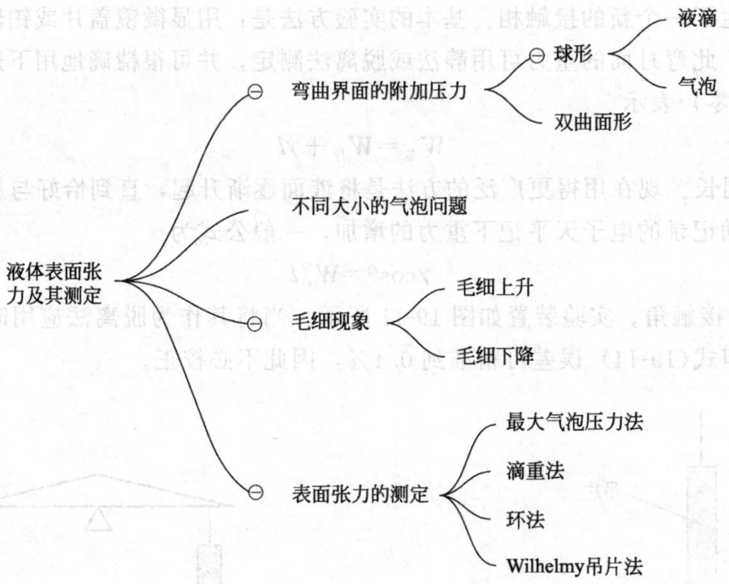

第 20 章

弯曲界面的蒸气压——开尔文方程

当液体或固体高度分散成极微小的颗粒之后，颗粒内部的压力将明显增加。例如在常压下，杯子中水的压力约为一个大气压（101325Pa），而半径为 10^{-6}m 的小雾滴的压力则高达 144 个大气压，这么高的压力必对水的其他性质产生显著影响，最显著的就是对液体蒸气压的影响。开尔文方程描述的是具有弯曲界面时液体的饱和蒸气压。

20.1 开尔文方程的推导

以凸面小液滴为研究对象。设有物质的量为 dn 的微量液体，由平液面转移到半径为 R' 的小液滴的表面上，过程如图 20-1 所示。

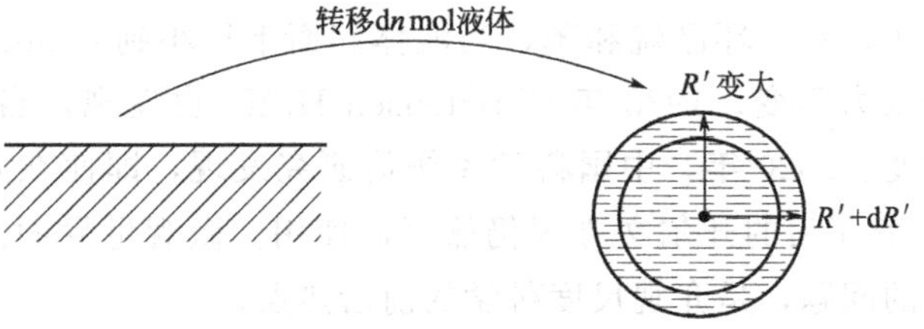

图 20-1　d$n$mol 液体从平面转移到小液滴示意图

使小液滴半径由 R' 增加到 $R'+\mathrm{d}R'$，面积由 $4\pi R'^2$ 增加到 $4\pi(R'+\mathrm{d}R')^2$，面积的增量为 $8\pi R'\mathrm{d}R'$，此过程表面吉布斯函数增加了 $8\pi R'\gamma\mathrm{d}R'$。如果这一过程是由 d$n$ 的液体从具有 p^* 蒸气压的平液面转移到具有 p_r 蒸气压的小液滴上面引起的，则吉布斯函数的增量为 $(\mathrm{d}n)\mathrm{R}T\ln(p_r/p^*)$。两过程的始态及末态均相同，吉布斯函数的增量相等，有

$$(\mathrm{d}n)\mathrm{R}T\ln(p_r/p^*)=8\pi R'\gamma\mathrm{d}R'$$

而

$$\mathrm{d}n=4R'^2(\mathrm{d}R')\rho/M$$

所以有

$$\ln\frac{p_r}{p^*}=\frac{2\gamma M}{\mathrm{R}T\rho R'} \tag{20-1}$$

式(20-1) 即开尔文（Kelvin）方程。其中，ρ 为液体的密度，M 为液体的摩尔质量。该式表明，小液滴的饱和蒸气压大于同温度下平面液体的饱和蒸气压，且液滴 R'越小，饱和蒸气压越大。表 20-1 列出由此式得到的 25℃时水滴的 p_r/p^* 计算值，由表可见，当 $R'=1\mu m$ 时，蒸气压增长了约千分之一；而 $R'=1nm$ 时，蒸气压增长了约两倍。当 R'小到 1nm 时，开尔文方程是否仍旧适用，将在后面讨论。

对于凹液面，比如毛细管上端的凹表面或液体中的小气泡，式(20-1) 依然适用，只需将曲率半径取为负值。说明凹面液体的饱和蒸气压小于同温度下平面液体的饱和蒸气压，且 p_r 随凹面液体半径 R'的减小而减小。

表 20-1　298.15K 时水滴的 p_r/p^* 计算值

R'/m	10^{-6}	10^{-7}	10^{-8}	10^{-9}
p_r/p^*	1.001	1.011	1.114	2.88

开尔文方程通过理想模型推导而出，现有的研究表明其定性正确，但定量是否正确尚无定论。当曲率较小，即 R'较大时，液体蒸气压的变化很小，难以通过实验精准测量；而当曲率很大，即 R'很小时，表面张力却未必和该温度下的平面液体保持一致。1949 年，Tolman R. C. 根据热力学分析，认为当曲率很大时，界面张力将发生变化。1968 年，Melrose J. C. 进一步给出

$$\gamma_{R'}=\gamma_{R'=\infty}(1+\delta/R') \tag{20-2}$$

式中，对凸面取负值，对凹面则取正值，δ 大体上就是界面层的厚度，对环己烷约 0.5nm。当 $R'=1nm$，对 γ 的校正按式(20-2) 可达 50%，开尔文方程计算所得的 p_r/p^* 要加上一个开平方运算。然而 1981 年 Sinanoglu O 进行理论分析得出，对于具有范德华力的液体，当液滴或凹面的半径小到可与分子比拟时，其比表面能仍和平面的相同。1980 年，Fisher L. R. 等对两个交叉的间距为纳米级的圆筒形云母薄片间凝结的液体，进行极为精密的受力测定，结果表明，对于环己烷和苯，当液体凹面半径小到 0.5nm 时，仍可应用拉普拉斯方程，说明表面张力不变。1988 年 Christensen H. K. 也发现，当液态水 $R'=2nm$ 时也可认为表面张力未变。2020 年，中国科学家杨倩研究发现，即使在几个原子半径的尺度下（约 4×10^{-10}m)，修正后的开尔文方程仍然可以使用。微观世界固液界面现象的研究是一个值得进一步探讨的问题，是介观尺度科学的前沿热点。

对于挥发性固体的颗粒，也可用开尔文方程计算其蒸气压，此时式(20-1) 中的 γ 是固体的表面张力，ρ 是固体的密度。

20.2　固体颗粒大小对溶解度的影响

在一定温度下，固体的正常溶解度是指一般大小的固体达溶解平衡时溶液的浓度，如图 20-2 所示，其中固体颗粒内的附加压力很小，可以忽略，此时固体颗粒的化学势等于溶液中溶质的化学势，即

$$\mu_B(s)=\mu_B(sln)$$

如果将固体破碎成极小的颗粒，其中便产生非常大的附加压力。根据化学势与压力的

关系

$$\left[\frac{\partial \mu_B(s)}{\partial p}\right]_T = V_B^* = V_m(s)$$

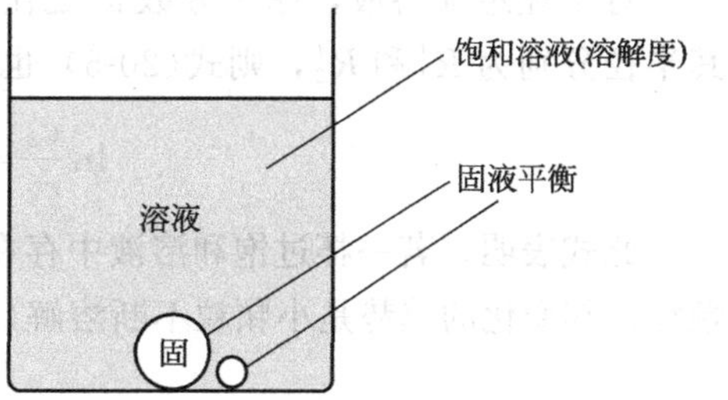

图 20-2 固体溶解度与颗粒大小有关

因为固体的摩尔体积 $V_m(s)$ 大于零，所以粉碎后，小颗粒的压力增加，化学势随之变大，将大于溶液中该溶质的化学势 $\mu_B(sln)$。等温等压的相变过程，化学势自发地从高向低进行，这样原本大颗粒固体的饱和对于小颗粒固体是不饱和的，所以小颗粒的溶解度大于大颗粒。

设在一定的温度 T 和压力 p 下，半径为 R' 的小颗粒固体溶解达平衡，溶解度为 x_B，即

$$B(s, R', T, p+\Delta p) \rightleftharpoons B(sln, T, p, x_B)$$

其中 $(p+\Delta p)$ 是固体所受的压力。由热力学可知，纯固体 B 的化学势取决于 T 和 $(p+\Delta p)$，而溶质 B 的化学势取决于 T、p 和 x_B，所以有

$$\mu_B(s, T, p+\Delta p) = \mu_B(sln, T, p, x_B)$$

两边微分，得

$$d\mu_B(s) = d\mu_B(sln)$$

若为理想稀溶液，则

$$-S_m(s)dT + V_m(s)d(p+\Delta p) = -S_m(sln)dT + V_m(sln)dp + RT\,d\ln x_B$$

若温度 T 和外压 p 保持不变，只变化固体颗粒的半径，则上式变为

$$V_m(s)d\Delta p = RT\,d\ln x_B$$

而 Δp 即为附加压力 p_s，其大小为 $2\gamma/R'$，所以有

$$V_m(s)d\left(\frac{2\gamma}{R'}\right) = RT\,d\ln x_B \tag{20-3}$$

此微分方程描述了固体溶解度与颗粒半径的关系。设一般大小的固体颗粒半径为 R°，正常溶解度为 x_B°，而半径为 R' 的小颗粒溶解度为 x_B。对上式积分

$$\int_{R^\circ}^{R'} V_m(s)d\left(\frac{2\gamma}{R'}\right) = \int_{x_B^\circ}^{x_B} RT\,d\ln x_B$$

整理后得

$$RT\ln\frac{x_B}{x_B^\circ} = 2\gamma V_m(s)\left(\frac{1}{R'} - \frac{1}{R^\circ}\right) = 2\gamma V_m(s)\,\frac{1-R'/R^\circ}{R'}$$

因为 $R' = R^\circ$，所以 $1-R'/R^\circ \approx 1$，上式可写作

$$RT\ln\frac{x_B}{x_B^\circ} = \frac{2\gamma V_m(s)}{R'}$$

若溶质 B 的摩尔质量为 M_B，密度为 ρ_B，则 $V_m(s) = M_B/\rho_B$，代入上式，得

$$\ln\frac{x_B}{x_B^\circ} = \frac{2\gamma M_B}{RT\rho_B R'} \tag{20-4}$$

式中，γ 是固体溶质与溶液间的界面张力。正常溶解度 x_B° 以及 M_B 和 ρ_B 都可以从手册中查得，所以只要指定颗粒半径 R'，即可用上式计算其溶解度。此式表明，颗粒半径越小，溶解度越大。它还表明，界面张力越大，颗粒大小对溶解度的影响越大，若没有界面张力便不存在这种影响，因此，改变固体颗粒大小会使溶解度发生变化的现象，是由界面张力引起的一种界面现象。

对于理想稀溶液，摩尔分数 x 之比正比于浓度 c 之比，设有大小不一的同种固体颗粒，其半径分别为 R_1'和 R_2'，则式(20-5) 也可写成

$$\ln\frac{c_2}{c_1}=\frac{2\gamma M_B}{RT\rho_B}\left(\frac{1}{R_2'}-\frac{1}{R_1'}\right) \tag{20-5}$$

此式表明，若一杯过饱和溶液中存在着大小不一的固体颗粒，则小颗粒的溶解度要大于大颗粒，其变化的趋势是小颗粒不断溶解，在大颗粒上不断析出，逐渐合并成一个更大的颗粒。

20.3 开尔文方程的常见应用

开尔文方程的应用非常广泛，下面列举几种常见的应用。

20.3.1 毛细凝聚

在一定温度下，蒸气在玻璃毛细管外未出现凝结，而在毛细管内则出现凝结现象，这可以通过开尔文方程解释。因为水能润湿玻璃，所以管内液面将呈半月形的凹液面，此时的液面曲率半径为负值，应用开尔文方程可知在相同温度下凹液面处液体的饱和蒸气压比平面液体饱和蒸气压小。即该温度下，蒸气对平面液面来说还未达到饱和，但对在毛细管内的凹液面来讲，可能已经到过饱和状态，这时蒸气在毛细管内将凝结成液体，更何况在毛细管外壁形成的液膜为凸液面，其饱和蒸气压较平面液体更大。夏季入夜水蒸气在土壤中的凝结便可通过这样的原理解释。根据这样的分析，若液体不润湿玻璃，则在某温度下，当该液体的蒸气在管外壁出现凝结时，其内壁则可能不会出现凝结。

2020 年，王奉超和安德烈·海姆（Andre Geim）基于石墨烯通道内的毛细凝聚现象在纳米/亚纳米尺度对开尔文方程进行了修正，研究表明，在纳米/亚纳米尺度的毛细凝聚中，是固液界面张力起到主导作用，而非传统认知的液气表面张力。

20.3.2 喷雾干燥

在化工生产中，采用喷雾干燥工艺提高干燥效率也可以利用开尔文方程解释。

通过压力泵等压力喷雾装置或利用离心喷雾器，将需干燥的物料分散成极细的像雾一样的小微粒，与热空气接触。雾化的效果其一是增加了水分的蒸发面积，其二便是根据开尔文方程，颗粒越小，其蒸气压越大，从而加速了蒸发过程，在瞬间将大部分水分除去，使物料中的固体物质干燥成粉末。

20.3.3 过饱和溶液

将溶液浓度已经超过了饱和浓度，而仍未析出晶体的溶液称为过饱和溶液。根据式(20-4)和式(20-5)，在一定温度下，晶体颗粒越小，则 $1/R'$越大，溶解度也越大。所以当溶液在恒温下浓缩时，溶质的浓度逐渐增大，达到普通晶体的饱和浓度时，微小晶体却仍未达到饱和状态，所以会产生过饱和现象。在结晶操作中，若溶液的过饱和程度太大，一旦开始结晶，将会迅速生成许多细小的晶粒，不利于过滤和洗涤，因而影响产品质量。在生产中，常采用向结晶器中投入小晶体作为新相种子的方法，防止溶液发生过饱和现象，从而获得较大颗粒的晶体。

20.3.4 亚稳态

在实际工作中，有时会遇到过饱和蒸汽、过热液体和过冷液体这类物质状态，包括前面提到的过饱和溶液，它们统称为亚稳态。掌握了表面现象的知识以后，就可以解释这些亚稳态为什么能够存在以及如何控制或利用它们。

图 20-3 是水的相图，今有物系点 A 所代表的一些干净的水蒸气，在等压下将水蒸气慢慢降温，当物系点刚移至 M 点时，水蒸气变为饱和蒸汽。若继续从其中吸热，水蒸气理应凝结成液体水，但只要水蒸气足够干净且精心操作，这种液化过程并不发生，直至温度降到 B 点系统仍以蒸汽状态存在。B 点所代表的蒸汽即为过饱和蒸汽。

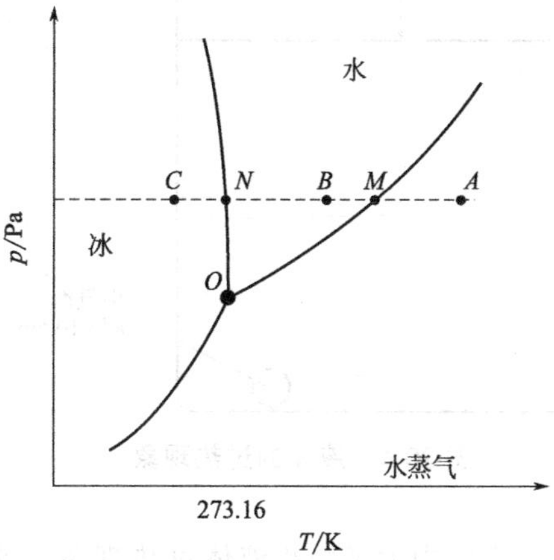

图 20-3　水的相图

B 点处在液相区，因此物系点为 B 的稳定状态是液体水。若等压下将干净水升温，达 M 点时水并不沸腾，直至升温至 A 点系统仍以液态水存在，A 点所代表的液态水即为过热水。

将物系点为 B 的纯净液体水等压下降温，当达 N 点（该点所对应的温度是水的凝固点）无冰生成，直至温度降至 C 点系统仍以液态水存在，C 点所代表的水即为过冷水。

以下分别讨论三种亚稳态。

(1) 过饱和蒸汽

由 Kelvin 方程知，微小水滴的蒸气压大于水的正常蒸气压值，即 $p_r > p^*$。若有压力为 p 的水蒸气，且满足 $p_r > p > p^*$，则此水蒸气对于正常水来说虽然已是过饱和蒸汽，但对于小水滴却是不饱和的，这就是过饱和蒸汽能够存在而不冷凝成小液滴的原因。由表 20-1 中的数据可知，水滴半径为 10^{-8}m 时，其蒸气压比正常值高 11.4%，而这样一个水滴中约有 14 万个水分子，即使空气中的水蒸气达到过饱和 11%，这么多的水分子仍不可能凝聚在一起形成小水滴。若在空中存在凝结中心，比如灰尘，会使水滴的初始凝结曲率半径变大，当相应的饱和蒸气压小于高空中已有的水蒸气压力时，蒸汽会凝结成水。人工降雨就是当云层中的水蒸气达到饱和或过饱和状态时，在云层中用飞机喷洒微小的 AgI 微粒，此时 AgI 颗粒就成为水的凝结中心，使新相（水滴）生成时的过饱和程度大大降低，云层中的水蒸气就容易凝结成水滴而落向大地。

(2) 过热液体

在沸点时，液体的蒸气压等于外压。在空气中加热某液体，当液体的温度达正常沸点时，其蒸气压等于大气的压力，即 $p^* = p_{大气}$。但在加热一杯纯净的液体时，往往达正常沸点时并不开始沸腾，而在高于沸点后发生"暴沸"现象。液体产生过热的原因如下：沸腾是发生在液体内部的气化过程，如果液体纯净且器壁光滑，其中含有很少的空气，在加热时容器的内壁上难以形成较大的气泡。假设加热达正常沸点时所形成的气泡半径仅为 10^{-6}m，如图 20-4 所示。由 Young-Laplace 方程可知，小气泡中的压力大于大气的压力，应为 $p_{大气} + p_s$，若考虑液体的静压力，小气泡中的压力还要更大。液体的蒸气压只有等于气泡中压力时才能气化而进入气泡中，液体才能开始沸腾。由于在正常沸点时液体的蒸气压等于大气压力，因此液体只有在高于其正常沸点的某个温度时才开始沸腾。一旦沸腾开始，液体温度便迅速回到正常沸点。图 20-5 为纯液体在升温及沸腾过程中温度随时间的变化情况。其中 T_b 是液体的沸点，AB 段是过热液体，液体在 B 点暴沸，不仅纯液体，溶液也可能发生过热现象。

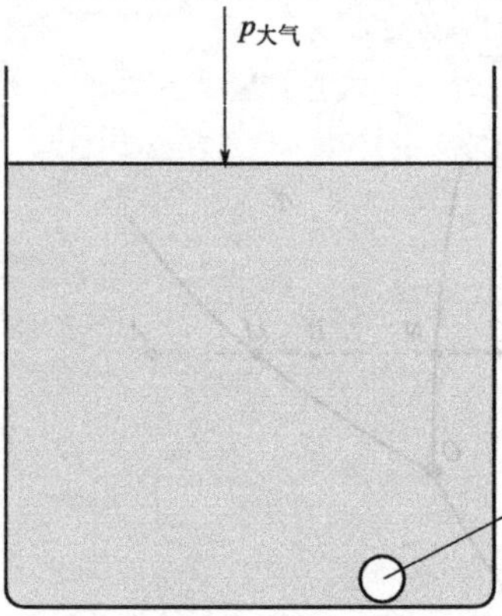

图 20-4 液体的过热现象

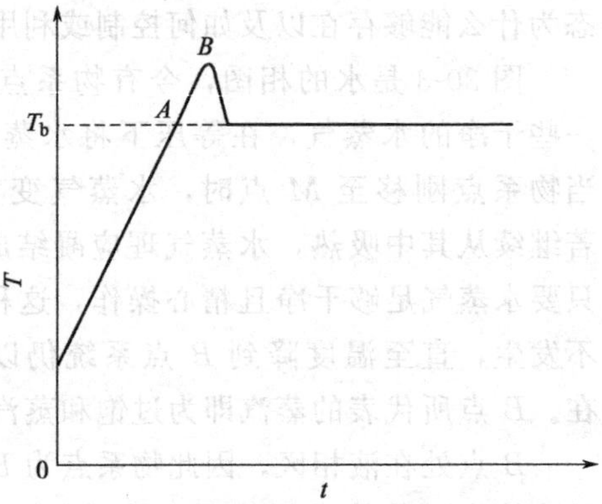

图 20-5 纯液体的升温及沸腾过程

实验中为了防止液体过热现象，常在液体中投入一些素烧瓷片（沸石）或毛细管等物质。因为这些多孔性物质的孔中储存有气体，加热时这些气体成为新相的种子，因而绕过了产生极微小气泡的困难阶段，使液体的过热程度大大降低，进而避免了过热现象。

例 20.1 在正常沸点时，如果水中仅有直径为 10^{-6}m 的空气泡，这样的水开始沸腾需过热多少？已知纯水在 373K 时表面张力 $\gamma=0.05890\text{N}\cdot\text{m}^{-1}$，摩尔气化焓 $\Delta_{\text{vap}}H_{\text{m}}=40656\text{J}\cdot\text{mol}^{-1}$。

解法一： 令空气泡内的压力为 p'，空气泡外压力为 $p_0=101325\text{Pa}$，空气泡的半径 $R'=5\times10^{-7}$m，根据 Young-Laplace 方程

$$p'-p_0=p_s=\frac{2\gamma}{R'}$$

$$p'=p_0+\frac{2\gamma}{R'}=101325+\frac{2\times0.05890}{5\times10^{-7}}=336925(\text{Pa})$$

在外压为 p' 时，沸腾的温度 T' 可由 Clausius-Clapeyron 方程求算

$$\ln\frac{p'}{p_0}=\frac{\Delta_{\text{vap}}H_{\text{m}}}{R}\left(\frac{1}{T_b}-\frac{1}{T'}\right)$$

$$\ln\frac{336925}{101325}=\frac{40656}{8.314}\left(\frac{1}{373}-\frac{1}{T'}\right)$$

解得 $T'=410.63\text{K}\approx411\text{K}$

T' 即为开始沸腾的温度，所以过热的温度为

$$\Delta T=T'-T=38\text{K}$$

目前主流教材关于过热液体沸点的解法大多如解法一，但这里有两个易忽略的连环漏洞。

首先是没有考虑弯曲表面对饱和蒸气压的影响，上例中的 p' 是过热温度下平面液体的蒸气压，而此时气泡内的蒸气压要小于相应平面下的蒸气压，所以气泡无法逸出，水依然不能沸腾。所以先求出 373K 时气泡内的蒸气压，再对其使用 Clausius-Clapeyron 方程。

计算过程如下。

解法二： 首先求出 373K 时小气泡内的饱和蒸气压，设 373K 时小气泡内的蒸气压为 p，水的摩尔质量为 $0.018\text{kg} \cdot \text{mol}^{-1}$，密度为 $1\times10^3 \text{kg} \cdot \text{m}^{-3}$，小气泡为凹液面，所以曲率半径 R' 取负值，即 $R'=-5\times10^{-7}\text{m}$。根据开尔文方程

$$\ln\frac{p}{p_0}=\frac{2\gamma M}{RT\rho R'}$$

$$\ln\frac{p}{101325}=\frac{2\times0.05890\times0.018}{8.314\times373\times1\times10^3\times(-5\times10^{-7})}$$

解得 $p=100635\text{Pa}$

代入 Clausius-Clapeyron 方程求算，注意此时对数中的分母是 p 而不是 p_0

$$\ln\frac{p'}{p}=\frac{\Delta_{\text{vap}}H_{\text{m}}}{R}\left(\frac{1}{T_{\text{b}}}-\frac{1}{T'}\right)$$

$$\ln\frac{336925}{100635}=\frac{40656}{8.314}\left(\frac{1}{373}-\frac{1}{T'}\right)$$

解得 $T'=410.87\text{K}$

其次，即便考虑了弯曲表面对蒸气压的影响，如解法二，但如何使用这两个方程仍存在着漏洞。在 Clausius-Clapeyron 方程的推导中，并没有考虑附加压力对化学势的影响，也就是说，Clausius-Clapeyron 方程理论上只适用于平面液体，对于弯曲表面的蒸气压计算存在着误差。相应的解法如下：

解法三： 设过热沸点为 T'，该温度下平面液体的蒸气压为 p，小气泡内的蒸气压为 p'。对平面液体使用 Clausius-Clapeyron 方程，对小气泡内的蒸汽使用开尔文方程，联立求解

$$\ln\frac{p}{p_0}=\frac{\Delta_{\text{vap}}H_{\text{m}}}{R}\left(\frac{1}{T_{\text{b}}}-\frac{1}{T'}\right)$$

$$\ln\frac{p'}{p}=\frac{2\gamma M}{RT'\rho R'}$$

两式相加，消去 p，得

$$\ln\frac{p'}{p_0}=\frac{\Delta_{\text{vap}}H_{\text{m}}}{R}\left(\frac{1}{T_{\text{b}}}-\frac{1}{T'}\right)+\frac{2\gamma M}{RT'\rho R'} \qquad ①$$

$$p'=p_0+\frac{2\gamma}{R'}=101325+\frac{2\times0.05890}{5\times10^{-7}}=336925(\text{Pa})$$

代入式①

$$\ln\frac{336925}{101325}=\frac{40656}{8.314}\times\left(\frac{1}{373}-\frac{1}{T'}\right)+\frac{2\times0.05890\times0.018}{8.314\times1\times10^3\times(-5\times10^{-7})}\times\frac{1}{T'}$$

解得 $T'=410.68\text{K}$

三种解法，计算结果相差很小，一般可忽略不计，可酌情选择。

(3) 过冷液体

在一定外压下，某物质 B 的固体与液体两相平衡的温度称为固体的熔点，通常所说的熔点（也称正常熔点），是指在 101325Pa 下一般大小的固体颗粒与液体共存，此时有

$$\mu_{\text{B}}(\text{s})=\mu_{\text{B}}(\text{l})$$

其中固体颗粒中的附加压力很小，可以忽略不计。若将该固体颗粒破碎成极微小的细

晶，则附加压力很大，使得固体的化学势发生明显变化，上式不再成立，即在原来温度下，微小颗粒的固体不能与液体平衡共存，熔点发生了变化。

也可以理解为细晶有极大的比表面积，所以具有很高的化学势，高于同温下一般大小的固体颗粒。所以在正常熔点下，细晶继续熔化为自发。若要形成新的固-液平衡，则需要改变温度，其升高还是降低要看固、液两相化学势随温度的变化率。

在外压为 p 的情况下，设半径为 R' 的固体颗粒的熔点为 T_f，固体的压力为 $(p+\Delta p)$，则

$$B(s, R', T_f, p+\Delta p) \rightleftharpoons B(l, T_f, p)$$

所以有

$$\mu_B(s, R', T_f, p+p_s)=\mu_B(l, T_f, p)$$

两边微分，得

$$d\mu_B(s)=d\mu_B(l)$$

$$-S_m(s)T_f+V_m(s)d(p+\Delta p)=-S_m(l)dT_f+V_m(l)dp$$

若外压恒定，即 $dp=0$，上式变为

$$-S_m(s)T_f+V_m(s)d\left(\frac{2\gamma}{R'}\right)=-S_m(l)dT_f$$

即

$$\Delta_s^l S_m dT_f+V_m(s)d\left(\frac{2\gamma}{R'}\right)=0$$

其中 $\Delta_s^l S_m$ 是固体 B 熔化过程的熵变，近似等于 $\Delta_s^l H_m/T_f$，所以上式为

$$\frac{\Delta_s^l H_m}{T_f}dT_f+V_m(s)d\left(\frac{2\gamma}{R'}\right)=0$$

若忽略 γ 的变化，当成常数，整理后得

$$\frac{\Delta_s^l H_m}{T_f}dT_f=\frac{2\gamma V_m(s)}{R'^2}dR'$$

即

$$\left(\frac{\partial \ln T_f}{\partial R'}\right)_p=\frac{2\gamma M}{\Delta_s^l H_m \rho R'^2} \tag{20-6}$$

式中，M 是固体 B 的摩尔质量；ρ 是固体 B 的密度。由于右端的值大于零，所以此式表明，固体颗粒半径越小，其熔点越低，即固体越容易熔化。

设一般大小的固体颗粒半径为 R°，正常熔点为 T_f°，半径为 R' 的小颗粒的熔点为 T_f，将式(20-6) 积分得

$$\int_{T_f^\circ}^{T_f} d\ln T_f=\frac{2\gamma M}{\Delta_s^l H_m \rho}\int_{R^\circ}^{R'}\frac{1}{R'^2}dR'$$

$$\ln\frac{T_f}{T_f^\circ}=\frac{2\gamma M}{\Delta_s^l H_m \rho}\left(\frac{1}{R^\circ}-\frac{1}{R'}\right)$$

如果 $R^\circ = R'$，则上式简化为

$$\ln\frac{T_f}{T_f^\circ}=-\frac{2\gamma M}{\Delta_s^l H_m \rho R'} \tag{20-7}$$

式中，γ 是固体与液体间的界面张力，物质的摩尔熔化焓 $\Delta_s^l H_m$ 及正常熔点 T_f° 可从手册中查得。所以只要知道了固体颗粒半径 R'，即可利用式(20-7) 计算其熔点。

式(20-7) 表明，固体颗粒越小，它与液体共存的温度（即熔点 T_f）越低。当液体降温凝固时，最早析出的固体是半径很小的颗粒，因此液体温度降到正常凝固点以下时，这种细小颗粒才开始出现。这就是液体的过冷现象。

过冷现象也可以由 Kelvin 方程说明，设 p°为固体的正常蒸气压，而 p 是微小固体颗粒的蒸气压，据 Kelvin 方程知，$p>p^\circ$。将 p 和 p°与温度 T 的关系曲线绘制于同一个相图，如图 20-6，则 p 线在 p°线的上方。它们与液体的蒸气压线分别相交于 A 点和 B 点。纯物质两相平衡化学势相等，引入各自的蒸气压，所以固-液平衡时，固体的蒸气压等于液体的蒸气压，即固体蒸气压和液体蒸气压相等时对应的温度即为凝固点。所以 A 点所对应的温度 T_f 为微小固体颗粒的凝固点，而 B 点所对应的温度为液体的正常凝固点 T_f°，显然 $T_f<T_f^\circ$，即液体的温度降到凝固点 T_f°以下才开始析出微小的固体颗粒。有报道称，小心地操作，将水温降到−40℃而没有结冰。亚稳态是热力学上的不稳定状态，可通过改变环境来控制或利用。如过冷液体可以通过添加晶核或搅拌扰动的办法加以破坏。

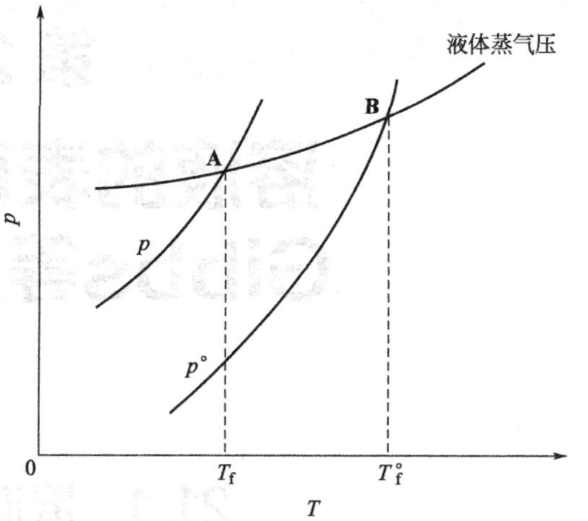

图 20-6 液体过冷现象的说明

从上面的分析可以得出一个结论：新相总是难以生成。笼统来说，亚稳态的产生是相变过程的“滞后”现象，即达到正常相变温度时新相并不出现，而是落后一段时间。由热力学观点来看，这是由于形成新相的同时，必产生新的相界面，于是必须提供必要的界面能 γA_s。亚稳态的存在，正是系统为了蓄积这部分能量而表现出的行为。如果环境能够及时提供形成新相所必需的界面能，如振荡、搅拌等较激烈的干扰，就可以避免亚稳态的产生。因此，从能量角度来看，亚稳态是由界面张力（即比界面能）所引起的一类现象。

本章提示

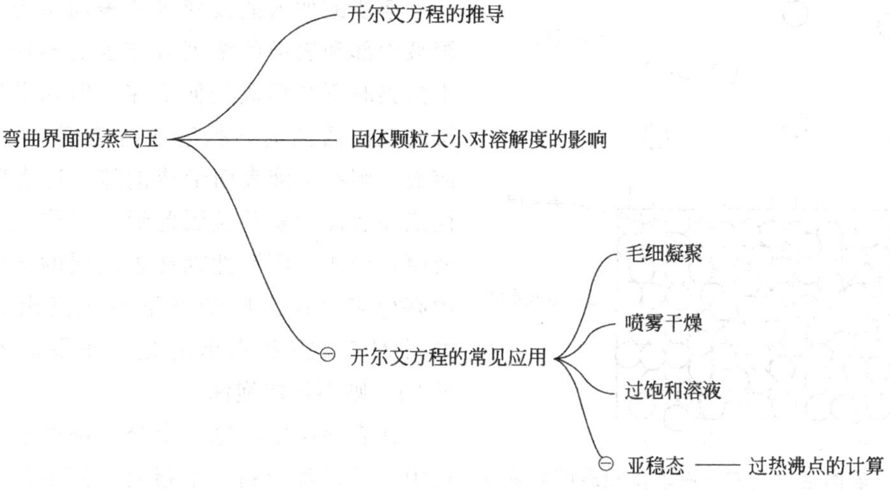

第21章

溶液的表面吸附——Gibbs等温吸附方程

21.1 溶液的表面吸附

在恒定的温度和压力下，水的表面张力随着有机溶质或非有机溶质的加入而改变，变化方向和程度由溶质的性质和浓度决定。如加入电解质（无机酸、碱和盐），溶液的表面张力通常会增大，将这类能使水表面张力增大的物质称为表面非活性物质。如加入有机溶质（如乙醇），通常会使水的表面张力下降，将使水表面张力下降的物质称为表面活性物质。特别的，加入含有两亲基团（亲水基和亲油基）的溶质，能显著降低水的表面张力。将少量加入即能显著降低水溶液表面张力的物质称为表面活性剂（如烷基磺酸钠）。

不同溶质对水表面张力的影响很容易从表面张力的产生原因来解释。电解质离子之间是静电力，其水合作用使液体分子之间的作用力增大，加剧了表面分子所受力场的不对称性，从而使表面张力增大。有机溶质分子之间的范德华力则相反，表面活性剂则因为其不溶于水的亲油基而定向排列于溶液表面，大大降低了增加液体表面积时所需的表面功，大大降低了表面张力。

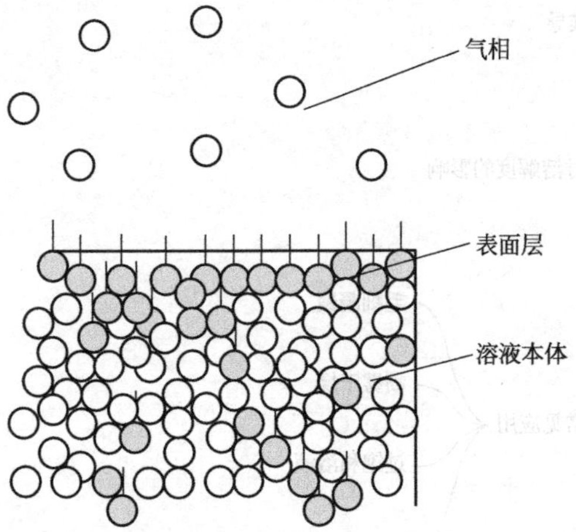

图 21-1 表面活性剂在溶液本体和表面的浓度

溶质的加入能改变水的表面张力，同时在溶液内部和表面的浓度分布也是不均匀的。纯水摇晃时不会形成任何泡沫，但如果加入极少量的表面活性剂（肥皂或清洁剂），然后摇动溶液，则在溶液表面形成泡沫。这表明表面活性剂在表面积累并且因此形成了构成气泡的薄液膜，说明表面活性剂在表面层的浓度比体相中高得多（在某些情况下甚至高出数千倍），如图 21-1。需要指出的是，如果加入无机盐 NaCl，则不形成泡沫。

在表面层中，每一个分子都处于不均匀力场中，结果都受到一个指向溶液本体（也称为体相）的合力，溶质分子和溶剂分子的受力大小不同。如果溶质分子受到的不平衡力比溶剂分子小一些，则表面层中溶质分子所占的比例大（即溶剂分子所占的比例小），表面能就小，即表面张力小，为此有更多的溶质分子倾向于由溶液本体转移到表面，以降低表面能，结果使得表面层的浓度高于溶液本体浓度，就好像溶液表面有一种特殊的吸引作用将溶质分子从内部吸附到表面上来；反之，溶质分子所受的不平衡力大于溶剂分子，则在表面层的浓度低于溶液本体浓度。我们将这种表面浓度与本体浓度不同的现象叫作表面吸附。表面浓度高于本体浓度称为正吸附，表面浓度低于本体浓度则称为负吸附。

表面吸附是有限度的，不可能无休止地进行。一旦在表面与本体之间形成浓度差，同时便产生溶质及溶剂分子的浓差扩散，这种扩散恰与吸附相对抗，而且随吸附的进行而逐渐加剧，最终恰与吸附过程抗衡，这时称吸附平衡。当达到吸附平衡时，不可能将全部的溶质分子都吸附到表面上。在一定的温度和压力下，对于一个指定的溶液，表面层和本体的浓度差是确定的。应该指出，当所讨论的溶液系统表面积很小时，表面吸附不致对溶液浓度造成很大影响，因而忽略表面吸附是合乎情理的。

21.2 单位界面过剩量

设有一个由 α 和 β 两个体相和一个界面层组成的实际系统，参见图 21-2(a)。

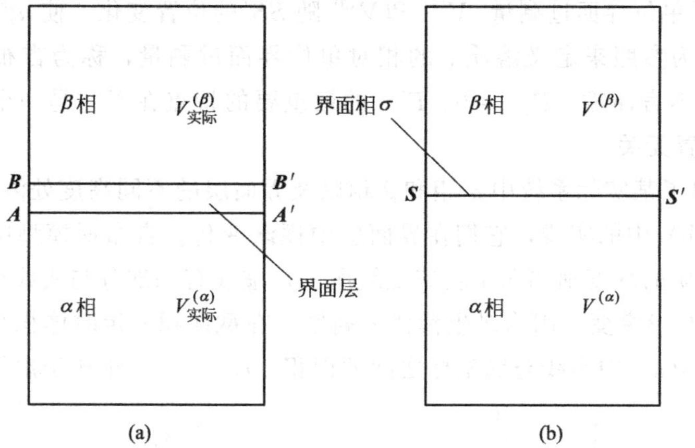

图 21-2 实际系统 (a) 与吉布斯界面模型 (b)（相界面为平面）

对于任一组分 i 在界面层的物质的量 $n_i^{(界面层)}$，可写出

$$n_i^{(界面层)} = n_i - n_{i,实际}^{(\alpha)} - n_{i,实际}^{(\beta)} \tag{21-1}$$

式中，n_i 为系统中组分 i 的总物质的量，$n_{i,实际}^{(\alpha)} = V_{i,实际}^{(\alpha)} c_i^{(\alpha)}$，$n_{i,实际}^{(\beta)} = V_{i,实际}^{(\beta)} c_i^{(\beta)}$，$V_{i,实际}^{(\alpha)}$ 和 $V_{i,实际}^{(\beta)}$ 分别是实际系统中 α 相和 β 相的体积，系统的总体积为 $V_{i,实际}^{(\alpha)}$、$V_{i,实际}^{(\beta)}$ 与界面层体积之和，$c_i^{(\alpha)}$ 和 $c_i^{(\beta)}$ 则分别为 α 相和 β 相中组分 i 的浓度。然而由于界面的厚度仅为纳米级，强度性质又是由 α 相逐渐过渡到 β 相，因而分界线 AA' 和 BB' 的位置很难精确确定，这就使得式(21-1) 中的 $n_i^{(界面层)}$ 具有很大的随意性。针对于此，Gibbs 于 1878 年提出了**吉布斯界面模型**，其要点如下：

① 将界面层抽象为无厚度无体积的平面界面相，以符号 σ 表示，见图 21-2(b) 中

的 SS'。

② α 相和 β 相的强度性质与实际系统中 α 相和 β 相的强度性质完全相同，组分 i 的浓度分别为 $c_i^{(\alpha)}$ 和 $c_i^{(\beta)}$，两相体积则分别为 $V^{(\alpha)}$ 和 $V^{(\beta)}$。注意 $V^{(\alpha)} \neq V_{实际}^{(\alpha)}$，$V^{(\beta)} \neq V_{实际}^{(\beta)}$，而 $V^{(\alpha)}$ 和 $V^{(\beta)}$ 之和即为系统总体积 V。

③ 引入界面过剩量和单位界面过剩量。平面界面相中仍然有各种物质，对于任一组分 i，其物质的量为 $n_i^{(\sigma)}$，称为界面过剩量，定义为：

$$n_i^{(\sigma)} \overset{\text{def}}{=\!=\!=} n_i - n_i^{(\alpha)} - n_i^{(\beta)} = n_i - V^{(\alpha)} c_i^{(\alpha)} - V^{(\beta)} c_i^{(\beta)} \tag{21-2}$$

或

$$n_1^{(\sigma)} \overset{\text{def}}{=\!=\!=} n_1 - n_1^{(\alpha)} - n_1^{(\beta)} = n_1 - V^{(\alpha)} c_1^{(\alpha)} - V^{(\beta)} c_1^{(\beta)}$$

$$n_2^{(\sigma)} \overset{\text{def}}{=\!=\!=} n_2 - n_2^{(\alpha)} - n_2^{(\beta)} = n_2 - V^{(\alpha)} c_2^{(\alpha)} - V^{(\beta)} c_2^{(\beta)}$$

式中 1 和 2 分别代表溶剂和溶质，n_1 和 n_2 分别为系统中溶剂和溶质的总物质的量。单位过剩量用符号 Γ 表示，定义为：

$$\Gamma_i \overset{\text{def}}{=\!=\!=} \frac{n_i^{\sigma}}{A_s} \tag{21-3}$$

Γ_i 的单位是 $\mathrm{mol \cdot m^{-2}}$。

当 $\Gamma_i > 0$，组分 i 在界面层中被富集，称为正吸附作用。

当 $\Gamma_i < 0$，组分 i 在界面层中被排开，称为负吸附作用。

④ 引入吉布斯单位界面过剩量。$V^{(\alpha)}$ 和 $V^{(\beta)}$ 随 SS' 的位置变化，使 $n_i^{(\alpha)}$ 带有任意性，吉布斯建议以溶剂 1 为参照来定义溶质 i 的相对单位界面过剩量，称为吉布斯单位界面过剩量，符号用 $\Gamma_i^{(1)}$，不言而喻，$\Gamma_1^{(1)} = 0$。$\Gamma_i^{(1)}$ 的最重要的特点在于它是一个不变量，也就是说，它与 SS' 的位置无关。

图 21-3 中画出了某实际系统中 α 相和 β 相以及界面层的不同高度处溶剂和溶质的浓度，见图 21-3(a) 和 (b) 中的实线，它们在界面层中逐渐变化。吉布斯模型中 α 相和 β 相的不同高度处溶剂和溶质的浓度则如图中相应虚线所示，虚线有一部分与实线重合，在吉布斯界面 SS' 处则有一阶梯形突变。因为纵坐标代表高度，在截面积一定时体积与高度成正比，所以 n_1 正比于图 21-3(a) 中实线与纵坐标之间的面积，$n_1^{(\alpha)} + n_1^{(\beta)}$ 正比于虚线与纵坐标之间的

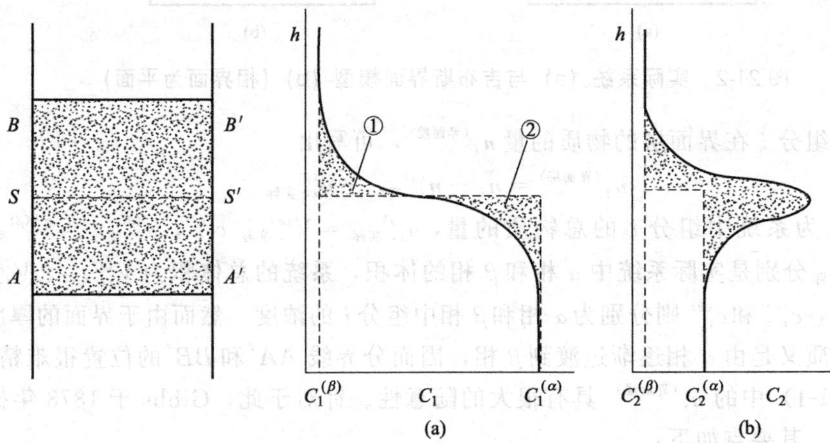

图 21-3　实际系统与吉布斯模型中不同高度处溶剂与溶质的浓度

面积。按式(21-2)，$n_1^{(\sigma)}$ 应正比于前者与后者之差，等于画有阴影的面积①（正值）与②（负值）的代数和。同理，$n_2^{(\sigma)}$ 则正比于图 21-3(b) 中画有阴影的面积（为正值）。由此可见，界面过剩量是将界面层中实际的浓度分布分别由体相 α 和 β 的浓度代替后组分 i 的剩余部分，是扣除了体相贡献后组分 i 积累在界面上的数量。$n_i^{(\sigma)}$ 除以 A_s 即为 Γ_i。应该指出，$n_i^{(\sigma)}$ 可以是正值，也可以是负值。例如图 21-3 中如果 SS'的位置上移，$n_i^{(\sigma)}$ 将变为负值。而实际的 $n_i^{(界面层)}$ 则永远是正值。

另一种模型是古根海姆在 1940 年提出的古根海姆界面模型。他设定的界面相具有一定的厚度和体积，当按照一定的原理进行处理后，所得单位界面过剩量也与界面相的厚度无关。两种模型所得公式的最后形式非常类似。本章主要采用吉布斯模型。

21.3 Gibbs 等温吸附方程

由热力学基本方程

$$dG=\sum_{i=\alpha,\beta,\sigma}\left[-S^{(i)}dT^{(i)}+V^{(i)}dp^{(i)}+\sum\mu_B^{(i)}dn_B^{(i)}\right]+\gamma dA_s$$

根据 Gibbs 的规定 $V^{(\sigma)}=0$，在恒温恒压恒组成的条件下将上式积分

$$G=\gamma A_s+\sum\mu_B^{(i)}dn_i^{(\sigma)} \tag{21-4}$$

将上式微分后并与前式比较，就可以得到表面相的 Gibbs-Duhem 公式

$$S^{(\sigma)}T+A_s d\gamma+\sum n_i^{(\sigma)}d\mu_B^{(i)}=0 \tag{21-5}$$

式(21-5) 两边同除以 A_s 得

$$d\gamma=-\underline{S}^{(\sigma)}dT-\sum\Gamma_i d\mu_B^{(i)} \tag{21-6}$$

式中，$\underline{S}^{(\sigma)}=S^{(\sigma)}/A_s$，$\Gamma_i=n_i^{(\sigma)}/A_s$。

式(21-6) 是一个重要的表面热力学公式。虽然这些无厚度的表面物理量比较抽象，但它们的热力学关系还是很严格的，而且有它的实际应用价值。在研究溶液表面吸附中起着重要的作用。

为了简便，讨论常见的只有一种界面的双组分体系。在恒温时，根据式(21-6) 可以得到

$$d\gamma=-\Gamma_1 d\mu_1-\Gamma_2 d\mu_2 \tag{21-7}$$

根据表面“过剩量”的定义，Γ_1 和 Γ_2 是与一个选定的 Gibbs 几何界面位置相关的，原则上可以选择几何界面的位置使 $\Gamma_1=0$。通常选择溶剂为组分 1，因此式(21-7) 就变为

$$\Gamma_2^{(1)}=-\left(\frac{\partial\gamma}{\partial\mu_2}\right)_T \tag{21-8}$$

式中，$\Gamma_2^{(1)}$ 表示相对于 $\Gamma_1=0$ 时组分 2 的表面浓度，这意味着选定了 SS'几何界面，使溶剂的表面浓度等于零的情况下，溶质的相对表面浓度。又因

$$d\mu_2=RT\,d\ln a_2 \tag{21-9}$$

式中，a_2 为组分 2 在溶液中的活度，将式(21-9) 代入式(21-8) 可得

$$\Gamma_2^{(1)}=-\frac{a_2}{RT}\left(\frac{\partial\gamma}{\partial a_2}\right)_T \tag{21-10}$$

如果是理想溶液或浓度很稀时，就可以用浓度代替活度，则上式可以写成

$$\Gamma_2^{(1)} = -\frac{c_2}{RT}\left(\frac{\partial \gamma}{\partial c_2}\right)_T \tag{21-11}$$

式(21-10) 和式(21-11) 即 Gibbs 等温吸附方程。

从式(21-11) 可知，如果 $\left(\frac{\partial \gamma}{\partial c_2}\right)_T$ 是负值，$\Gamma_2^{(1)}$ 就是正值。图 21-4(a) 是 25℃时乙醇水溶液的表面张力与浓度的关系曲线。其表面张力随着溶液的浓度增加而降低，说明乙醇在水溶液表面上的浓度比在溶液中大，即乙醇在水溶液表面上产生正吸附。

如果 $\left(\frac{\partial \gamma}{\partial c_2}\right)_T$ 是正值，$\Gamma_2^{(1)}$ 就是负值，图 21-4(b) 是 20℃氯化钠溶液的表面张力随着浓度增加而升高的关系曲线，这种情况正好与图 21-4(a) 相反。说明氯化钠在溶液表面相中的浓度反而比在溶液中小，即负吸附。

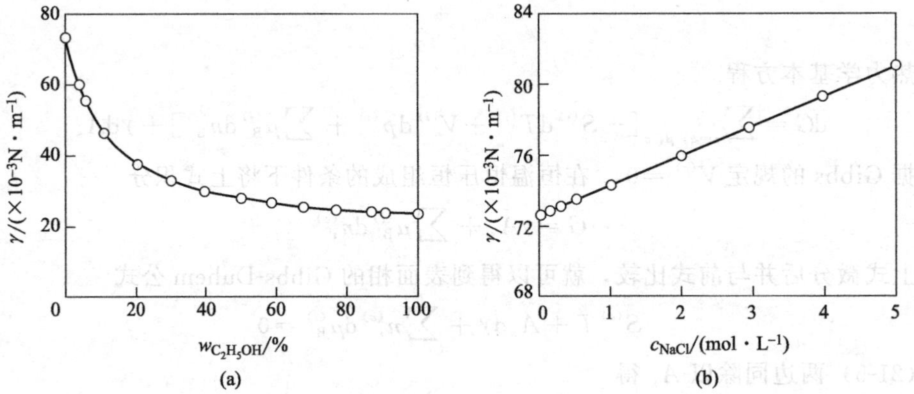

图 21-4　溶液的表面张力与浓度的关系

在早期有很长时间只能通过测定 $\left(\frac{\partial \gamma}{\partial c_2}\right)_T$ 运用式(21-11) 间接计算 $\Gamma_2^{(1)}$，而没有直接测定的方法。20 世纪 30 年代 McBain 等设计了快速刮刀机，他们将多次刮下的表面层溶液收集在一起测定表面层中的浓度。用这种方法可以得到溶质的表面过剩量作为实测值 $\Gamma_2^{(1)}$，将实测值与按 Gibbs 吸附等温式算出的计算值相比较，二者的相符程度使人们信服了 Gibbs 对界面的划分及由此界面导出的结果。此后 Tajima 等用示踪原子法进一步验证了 Gibbs 法的正确性。

例 21.1　291K 时，各种饱和脂肪酸水溶液的表面张力 γ 与活度 a 的关系式可以表示为：$\gamma/\gamma_0 = 1 - b\ln(a/A+1)$，$\gamma_0$ 是水的表面张力（$\gamma_0 = 0.07286\text{N}\cdot\text{m}^{-1}$），常数 A 因不同酸而异，$b = 0.411$。试求：

（1）服从上述方程的脂肪酸吸附等温式；

（2）当 a 较大（$a \gg A$），达到饱和吸附时，在单分子层中每个酸分子的分子面积。

解：(1) $\left(\frac{\partial \gamma}{\partial a}\right)_T = -\gamma_0 b/(a+A)$

$$\Gamma = -\frac{a}{RT}\left(\frac{\partial \gamma}{\partial a}\right)_T = \frac{b\gamma_0}{RT} \times \frac{a}{a+A} = \frac{ab\gamma_0}{RT(a+A)}$$

(2) 当 $a \gg A$，$\dfrac{a}{a+A}=1$

$$\Gamma_{\infty}=\frac{b\gamma_0}{RT}=1.2377\times10^{-5}(\mathrm{mol}\cdot\mathrm{m}^{-2})$$

$$S=\frac{1}{\Gamma_{\infty}N_A}=1.342\times10^{-19}(\mathrm{m}^2)$$

本章提示

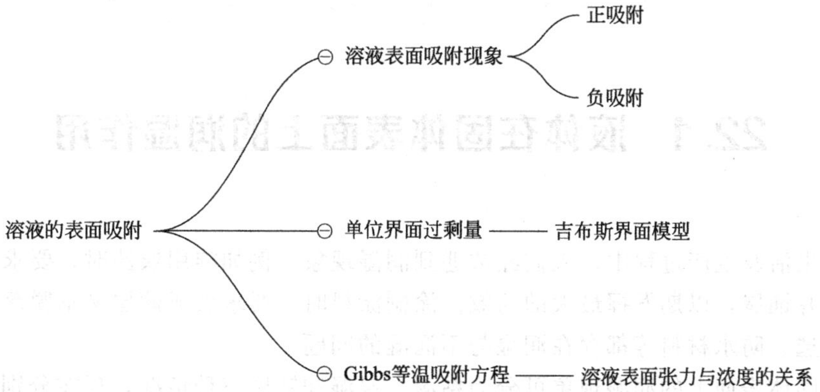

第 22 章
液体与固体的界面

22.1 液体在固体表面上的润湿作用

在日常生活及生产过程中，人们经常遇到润湿现象。例如施用农药时，要求药液在植物枝叶上吸附并铺展，以期发挥最大的药效。涂刷涂料时，要求展成薄层又不脱落。此外如润滑、矿物浮选、防水材料等都存在润湿与不润湿的问题。

液体在固体表面上的润湿现象可分为粘湿、浸湿和铺展三种情况，现在分别讨论如下。

22.1.1 粘湿

粘湿是将气-液界面与气-固界面转变为液-固界面的过程，用图 22-1 来表示。

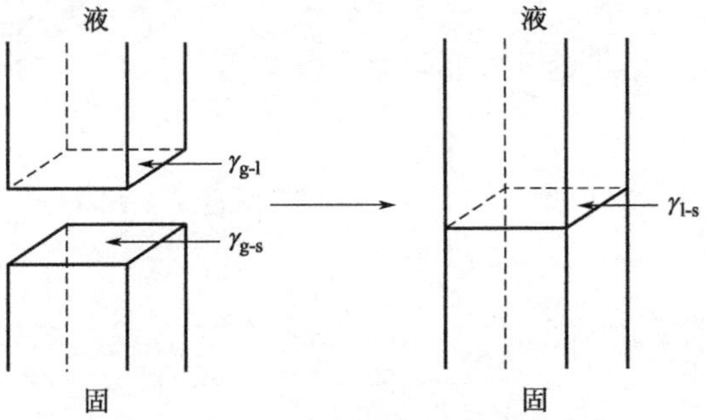

图 22-1　液体在固体上的沾湿过程

根据热力学基本方程，当界面均为一个单位面积时，在恒温、恒压下，这个过程中体系吉布斯自由能的变化为

$$\Delta G = \gamma_{l-s} - \gamma_{g-s} - \gamma_{g-l} \tag{22-1}$$

式中，γ_{l-s}、γ_{g-s}、γ_{g-l} 分别表示液-固、气-固、气-液的界面张力。当体系吉布斯自由能降低时，系统向外所做的功为

$$-W_a = \gamma_{g-s} + \gamma_{g-l} - \gamma_{l-s} \tag{22-2}$$

$-W_a$ 称为粘湿功，它是液-固粘湿过程中，系统对外所做的最大功。显而易见，$-W_a$ 越大，系统越稳定，则液-固界面结合得越牢。所以 $-W_a \geqslant 0$ 是液体粘湿固体的条件。

对于两个同样的液面转变成一个液体柱的过程，往往用内聚功 W_c 表示

$$-W_c=\gamma_{g\text{-}l}+\gamma_{g\text{-}l}-0=2\gamma_{g\text{-}l} \tag{22-3}$$

$-W_c$ 的大小是液体本身结合牢固程度的一种量度。

22.1.2 浸湿

浸湿是指将气-固界面转变为液-固界面的过程，如图 22-2 所示。液体表面在这个过程中没有变化。

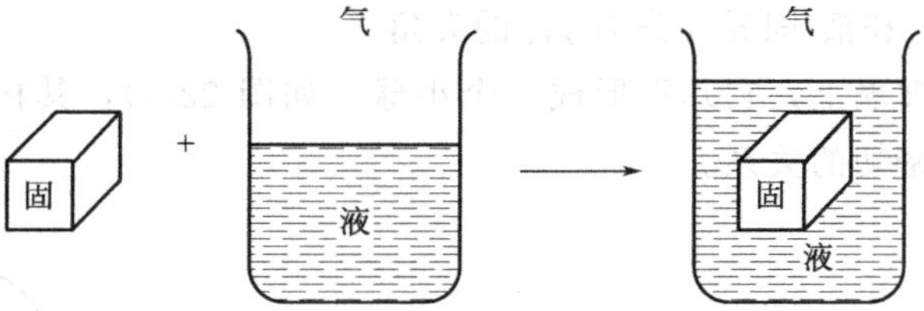

图 22-2 固体的浸湿过程

与上述讨论相似，在恒温、恒压条件下，设浸湿面积为一个单位面积，在这个过程中，体系吉布斯自由能降低或对外所做的功为

$$\Delta G=\gamma_{l\text{-}s}-\gamma_{g\text{-}s} \tag{22-4}$$

或

$$-W_i=\gamma_{g\text{-}s}-\gamma_{l\text{-}s} \tag{22-5}$$

$-W_i$ 称为浸湿功，$-W_i\geqslant 0$ 是液体浸湿固体的条件。它的大小可以作为液体在固体表面上取代气体的能力的量度。在浸湿作用中，也用它来表示对抗液体表面收缩而产生的浸湿能力，所以又称为粘附张力，用 A 表示。

$$-W_i=A=\gamma_{g\text{-}s}-\gamma_{l\text{-}s} \tag{22-6}$$

22.1.3 铺展

铺展过程是当液-固界面取代了气-固界面的同时，气-液界面也扩大了同样的面积。如图 22-3 所示，原来 ab 界面是气-固界面，当液体铺展后，ab 界面转变为液-固界面，而且增加了同样面积的气-液界面。

在恒温、恒压下，当铺展面积为一个单位面积时，系统吉布斯自由能的降低或对外所做的功用 φ 表示，则

$$\varphi=\gamma_{g\text{-}s}-(\gamma_{l\text{-}s}+\gamma_{g\text{-}l}) \tag{22-7}$$

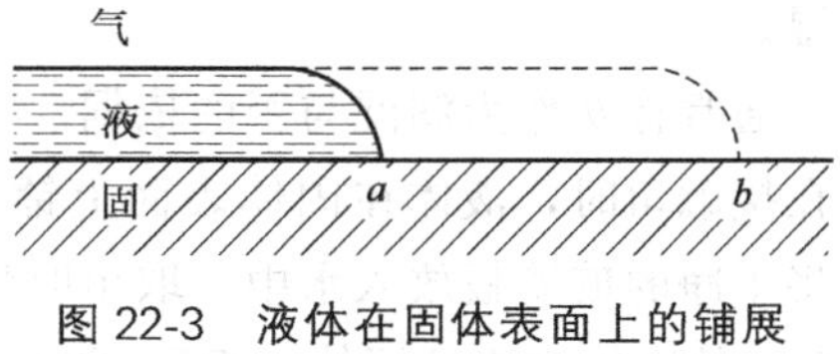

图 22-3 液体在固体表面上的铺展

式中，φ 称为铺展系数。当 $\varphi\geqslant 0$ 时，液体可以在固体表面上自动铺展。

若应用粘附张力的定义，将式(22-6) 代入式(22-7) 则可以得到

$$\varphi=A-\gamma_{g\text{-}l} \tag{22-8}$$

当 $\varphi\geqslant 0$ 时，$A\geqslant\gamma_{g\text{-}l}$，这说明当液-固粘附张力大于液体表面张力时，可以发生自动铺展。

综上所述，比较式(22-2)、式(22-6)、式(22-7) 的结果表明，对于同一个系统，$-W_a>-W_i>\varphi$。因此，若 $\varphi\geqslant 0$ 时，则 $-W_a$ 和 $-W_i$ 也一定大于零，这说明铺展是润湿的最高条

件。也就是说，如果液体能在固体上铺展，则它也一定能粘湿和浸湿固体。

22.2 接触角与杨氏润湿方程

让液体在固体表面形成液滴，将形成如图 22-4 所示的水滴。达到平衡时，在气、液、固三相的交界线处，液体会形成一定大小的接触角，如图中的 θ，它是三相交界线上任意点 O 的液体表面张力 $\gamma_{g\text{-}l}$ 和液-固界面张力 $\gamma_{l\text{-}s}$ 的夹角。

如果是水银滴于玻璃上，它几乎形成一个小球（如图 22-5），其接触角大于 90°，所以接触角与润湿情况有密切的关系。

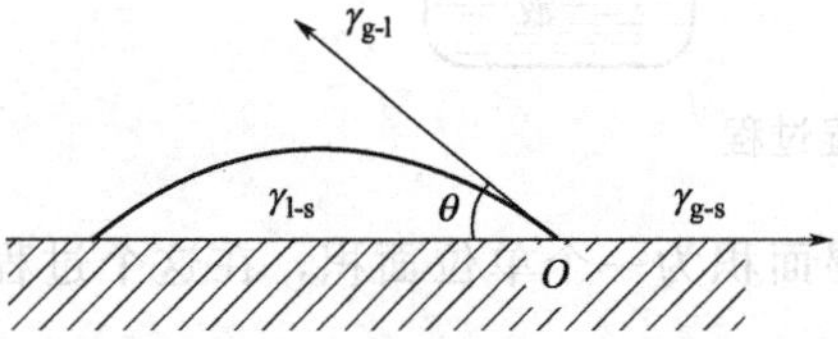

图 22-4 液滴在固体表面上气、液、固三相界面上的张力平衡

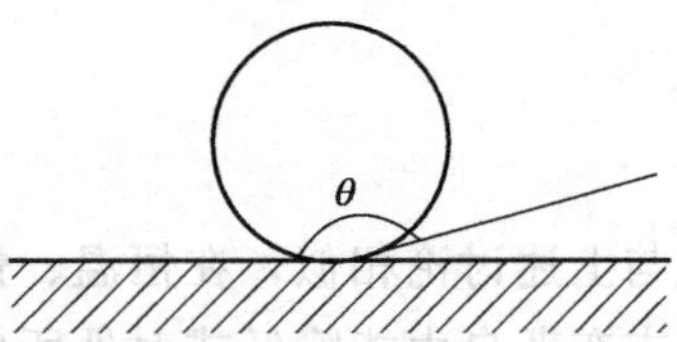

图 22-5 水银滴在玻璃上的接触角

根据界面张力的概念，在平衡时三个界面张力在三相交界线任意点上，力的矢量之和为零，所以根据图 22-5，界面张力与接触角 θ 有如下关系

$$\gamma_{g\text{-}s} = \gamma_{l\text{-}s} + \gamma_{g\text{-}l}\cos\theta \tag{22-9}$$

或

$$\cos\theta = \frac{\gamma_{g\text{-}s} - \gamma_{l\text{-}s}}{\gamma_{g\text{-}l}} \tag{22-10}$$

上式称为杨氏（Young）润湿方程。对此式进行分析，可以得出以下两种情况：

① $\gamma_{g\text{-}s} > \gamma_{l\text{-}s}$，$\cos\theta > 0$，$\theta < 90°$。这时产生粘附润湿，如图 22-4。当 $\theta = 0°$时，则为完全润湿。

② $\gamma_{g\text{-}s} < \gamma_{l\text{-}s}$，$\cos\theta < 0$，$\theta > 90°$。这时不润湿，如图 22-5。当 $\theta = 180°$时，则为完全不润湿。

通常将 θ 作为润湿与否的依据。$\theta < 90°$润湿，$\theta > 90°$不润湿。当 θ 小到等于零时，或不存在接触角时，液体在固体表面上铺展。例如，水滴在干净的玻璃板上的接触角小于 90°。若将干净的玻璃板放入水中，取出时将看到玻璃表面全沾了水，而石蜡上却不沾水。所以称 $\theta < 90°$的固体为亲液固体，而称 $\theta > 90°$的固体为憎液固体。

若将杨氏润湿方程代入式(22-3)、式(22-6)、式(22-7)，可以得到

$$-W_c = \gamma_{g\text{-}l}(1 + \cos\theta) \tag{22-11}$$

$$A = \gamma_{g\text{-}l}\cos\theta \tag{22-12}$$

$$\varphi = \gamma_{g\text{-}l}(\cos\theta - 1) \tag{22-13}$$

以上三个方程式说明，原则上只要测定了液体表面张力 $\gamma_{g\text{-}l}$ 和接触角 θ，就可以计算粘湿功、粘附张力和铺展系数（$\varphi < 0$），用以判断各体系的润湿情况。

22.3 接触角的测定及其影响因素

测定接触角的方法可分为三大类，即角度测量法、长度测量法和重量测量法。

22.3.1 角度测量法

角度测量法又可分为观察测量法、斜板法和光反射法。

（1）观察测量法

此法就是观察液滴或气泡外形，如图 22-6 所示。可以通过将影像放大或用低倍显微镜观察，也可以进行摄影。然后作切线，并测量其角度。这个方法比较简便，缺点是切线不容易作得准确。

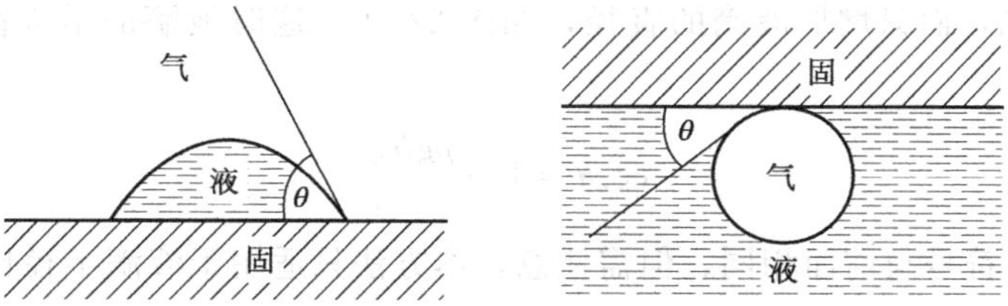

图 22-6 摄影或放大后作切线测量接触角

（2）斜板法

如图 22-7 所示，当固体插入液体时，在三相交界处总是有保持一定角度的接触角。但是只有当固体板面与液面所夹的角度和接触角相等时，液面才会一直平伸到三相交界处，如图 22-7(b) 所示。这时液面没有出现弯曲不平。如果夹角与接触角不相等，就会出现图 22-7(a)、(c) 的情况。这种方法的优点就是不用作切线，但液体的用量比较大。

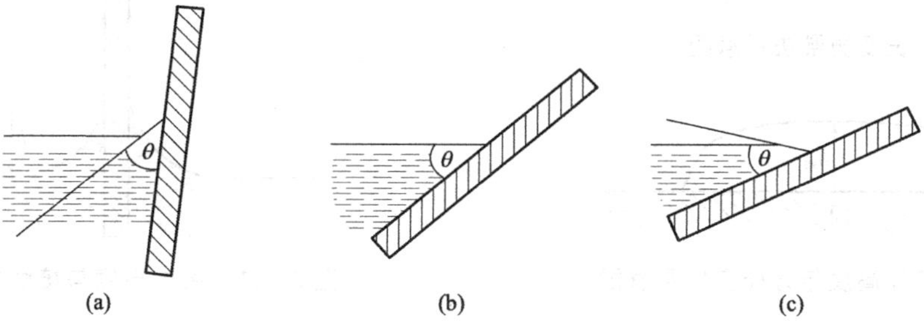

图 22-7 斜板法测量接触角示意图

（3）光反射法

光反射法测量接触角如图 22-8 所示。

用强的细缝光源照射在三相交界处，并转动其入射方向。当反射光刚好沿着固体表面进行时，观察者可见到反射光。因此可以根据入射光与反射光的夹角 2ϕ 计算接触角

$$\theta=\frac{\pi}{2}-\phi \tag{22-14}$$

本方法只适用测定 $\theta<90°$ 的情况。

22.3.2 长度测量法

在准备好的水平固体表面上滴放一个小液滴，如图 22-9 所示。用读数显微镜测量液滴的高度 h 与底宽 $2r$。

当液滴很小时，可以忽略重力作用。若设液滴表面是球的一部分，则可以根据下列公式计算接触角

$$\sin\theta = \frac{2hr}{h^2 + r^2} \tag{22-15}$$

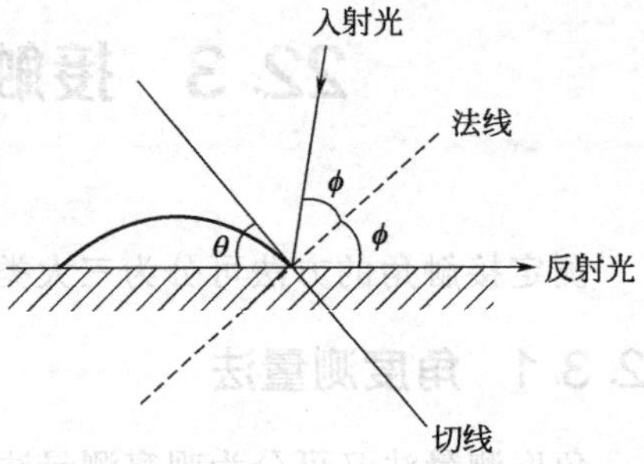

图 22-8 光反射法测量接触角示意图

或

$$\tan\frac{\theta}{2} = \frac{h}{r} \tag{22-16}$$

当再向固体表面上的液滴增加液体时，液滴的高度随之增加，直到继续添加液体后，液滴的高度不再增加，而只增加液滴的直径，如图 22-10。这时液滴的最大高度 h_m 与接触角有如下关系

$$\cos\theta = 1 - \frac{\rho g h_m^2}{2\gamma_{g\text{-}l}} \tag{22-17}$$

式(22-17) 中符号与前面相同，但需注意，本方法只适用于液滴半径比其高度大很多的情况。

将一片表面光滑均匀的固体薄片垂直插入液体中，液体会沿着固体表面上升，如图 22-11 所示。

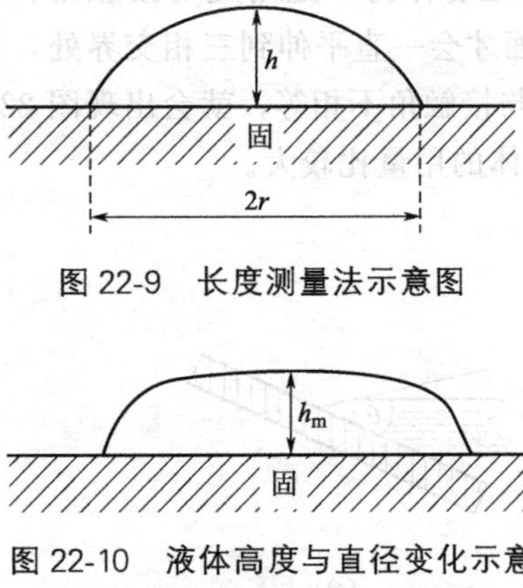

图 22-9 长度测量法示意图

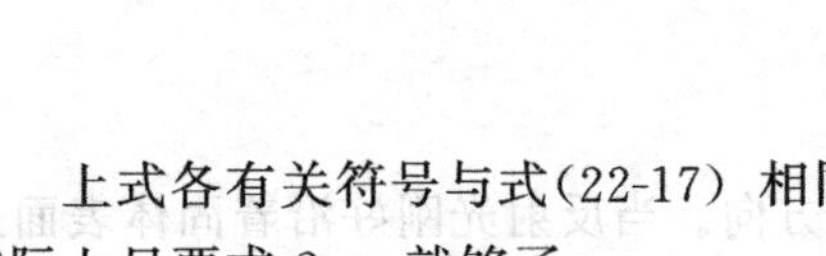

图 22-10 液体高度与直径变化示意图

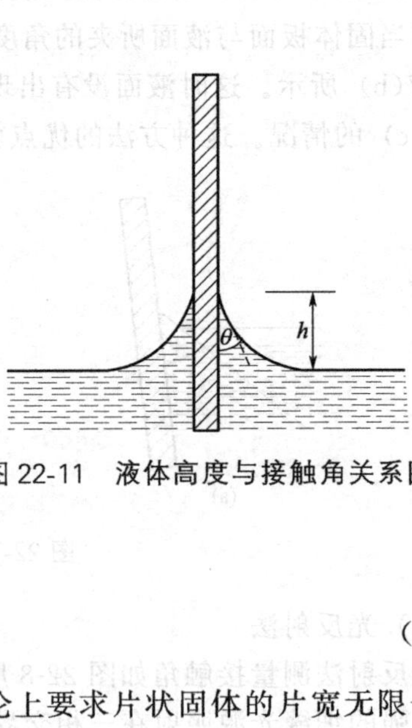

图 22-11 液体高度与接触角关系图

液体升高的高度 h 与接触角的关系式为

$$\sin\theta = 1 - \frac{\rho g h^2}{2\gamma_{g\text{-}l}} \tag{22-18}$$

上式各有关符号与式(22-17) 相同，此方法虽然理论上要求片状固体的片宽无限长，但实际上只要求 2cm 就够了。

22.3.3 重量测量法

这个方法与表面张力测定方法中的“吊片法”一样，将被测固体做成挂片，插入待测液

中。由于接触角不等于零，所以要用式(19-15)求 θ。

测定接触角方法很多，但可靠的却很少，这主要是因为很难得到完全干净的表面，以及有滞后现象。在固-液界面扩展后测量的接触角，与在固-液界面缩小后测量的接触角之间的差值称为接触角的滞后。前者所测的接触角称为前进角 θ_A，后者称为后退角 θ_R。有时两者相差极大，例如水在一些矿石上的前进角比后退角大 50°，而水银在钢上的接触角滞后达 150°之多。

产生滞后的主要原因是表面污染、表面粗糙或多相性。所以在测定接触角时，既要防止不应有的污染，又要模拟实际体系的表面真实性。在实际应用中，常采用前进角 θ_A 的数据。一般接触角的温度系数很小，即使温度略有变化影响也不大。

本章提示

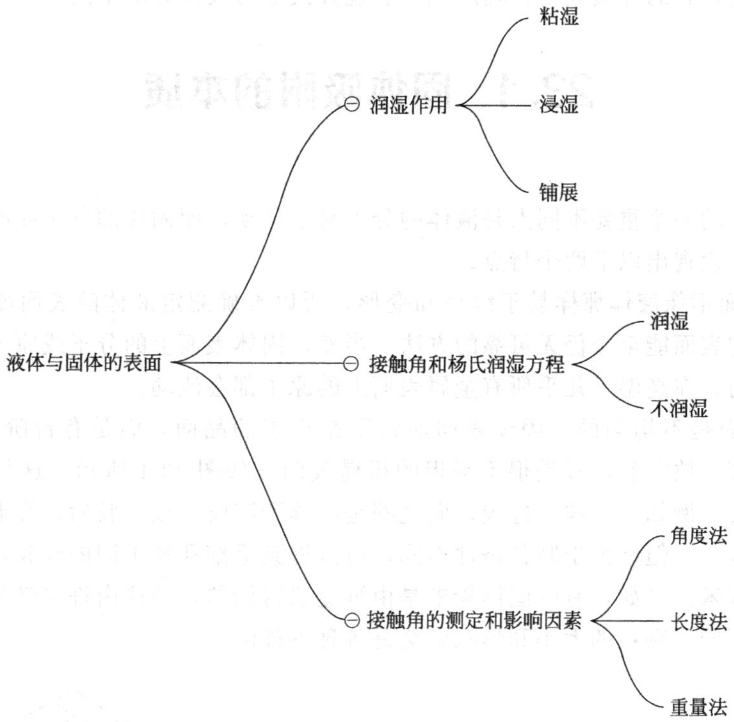

第23章 固体表面上的吸附作用

固体表面与液体表面一样，表面上的原子或分子所受的力也是不对称的，所以固体表面同样具有表面能，它的性质只是在程度上和表现方式上与液体有所不同。

23.1 固体吸附的本质

液体与固体的一个重要不同点是液体的分子易于移动，而固体的分子或原子则几乎是不会移动的，因而表现出以下两个特点。

① 固体表面不像液体那样易于缩小和变形，所以准确测定液体的表面能是可能的，而直接测定固体的表面能至今仍无可靠的方法。当然，固体表面上的分子或原子不能移动的现象并不是绝对的。在高温下几乎所有金属表面上的原子都会流动。

② 固体表面是不均匀的。固体表面通常不是理想的晶面，而是有台阶、裂隙、沟槽、位错和熔结点等。放大看，都是很不平坦的粗糙表面，如图 23-1 所示。这与固体表面形成的“历史”有关。例如，同样是硅胶，而且都是由硅酸溶胶形成凝胶后，经老化、干燥制得的多孔性固体硅胶。但是由于制备条件不同，可以得到毛细孔径不同的硅胶，以致比表面积相差好几百平方米。又如，有的固体粉末是由沉淀法得到的，往往由许多微晶聚集而成，但由于沉淀条件不同，颗粒的大小和形状就会是各种各样的。

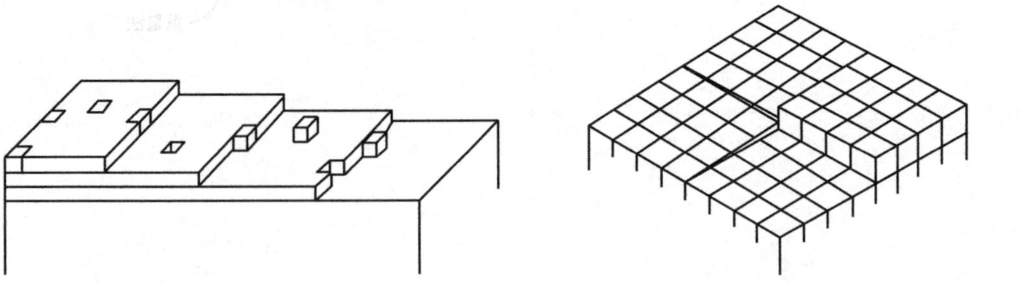

(a) 表面形态的各种类型：断层、台阶、附晶等　　(b) 螺旋位错

图 23-1　固体表面的各种形态示意图

固体表面上的原子与固体内部的原子所处的环境不同。处在固体内部的原子，其周围原子对它的作用力是对称的，一般是饱和的。但是处在固体表面上的原子，周围原子对它的作

用力是不对称的，所受的力是不饱和的，因而有剩余力场。当气体分子碰撞固体表面时，受到这种力场的作用，有的气体分子停留在固体表面上，使气体分子在固体表面上的密度增加，相应地它在气相中却减少了，这种在固体表面层与气体体相间产生压力差的现象就是气体在固体表面的吸附。

当固体与气体相接触时，固体对气体的吸附、溶解和化学反应都会引起体相气体压力的减少。因此不能单凭体相气体压力的减少而断定发生了吸附作用，而需根据这三种作用过程的不同规律来判别。

23.2 吸附量与吸附曲线

吸附量通常是以单位质量吸附剂所吸附的吸附质（气体）在标准状态下的体积表示。吸附量也可以单位质量吸附剂所吸附的吸附质的物质的量表示，即

$$\Gamma = V/m \tag{23-1}$$

或

$$\Gamma = n/m \tag{23-2}$$

上述两式中，m 为吸附剂的质量，V 和 n 分别为吸附质在标准状态下的体积和物质的量。

当吸附达到平衡时，对于给定的一对吸附剂和吸附质，其吸附量与温度以及气体的压力有关，即 $\Gamma = f(T,\ p)$。因此根据不同的目的，可以固定其中一个变量，测定其他两个变量之间的关系。例如，温度不变，则 $\Gamma = f(p)$，称为吸附等温线；压力不变，则 $\Gamma = f(T)$，称为吸附等压线；吸附量不变，则 $p = f(T)$，称为吸附等量线。

以氨在炭上的吸附等温线、等压线和等量线为例，如图 23-2、图 23-3 和图 23-4 所示。其中任一种曲线都可以用来表示它们的吸附规律的一个方面，最常用的是吸附等温线。这三种吸附曲线是相互关联的，由于 Γ、T 和 p 中只有两个是独立变量，所以可从上述任意一组曲线作出另外两组吸附曲线。

在表达吸附量变化时，常使用**覆盖率**的概念，符号为 θ，定义为

$$\theta = \Gamma/\Gamma_{\infty} \tag{23-3}$$

式中，Γ_{∞} 是覆盖单分子层时的饱和吸附量。θ 可能大于 1，表面吸附有可能是多分子层。

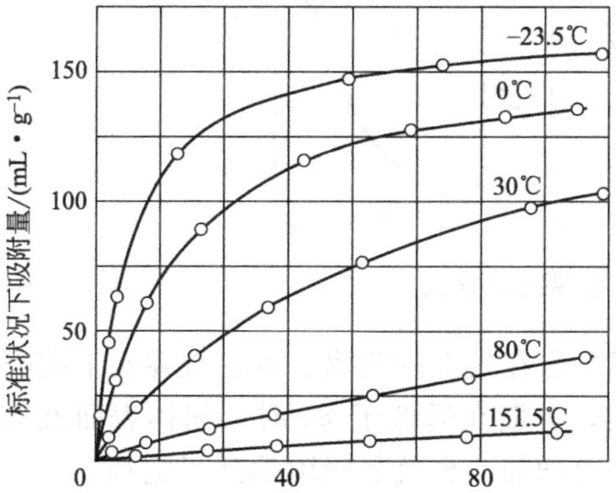

图 23-2　氨在炭上的吸附等温线

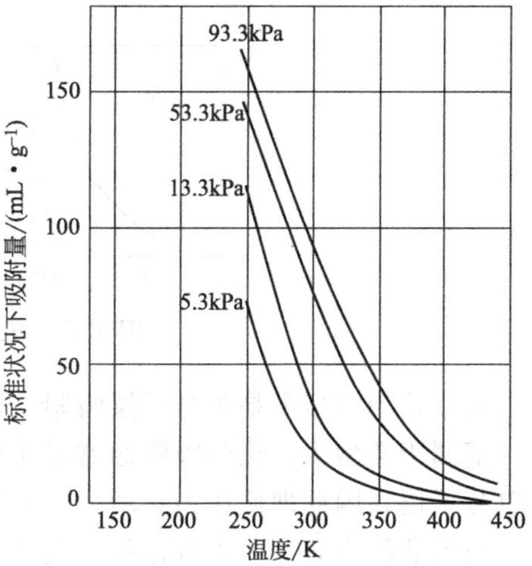

图 23-3　氨在炭上的吸附等压线

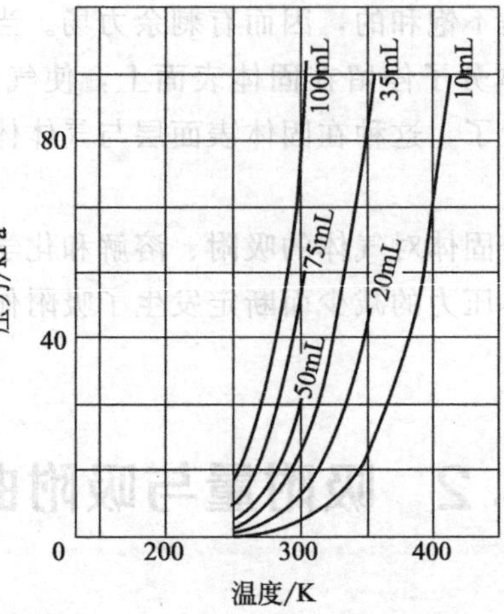

图 23-4　氨在炭上的吸附等量线

23.3　吸附等温线的类型

由于吸附剂与吸附质之间作用力的不同，以及吸附剂表面状态的差异，所以吸附等温线的形状是多种多样的。根据实验结果，吸附等温线可分为五种类型，如图 23-5 所示。图中 p_0 表示在吸附温度下，吸附质的饱和蒸气压。

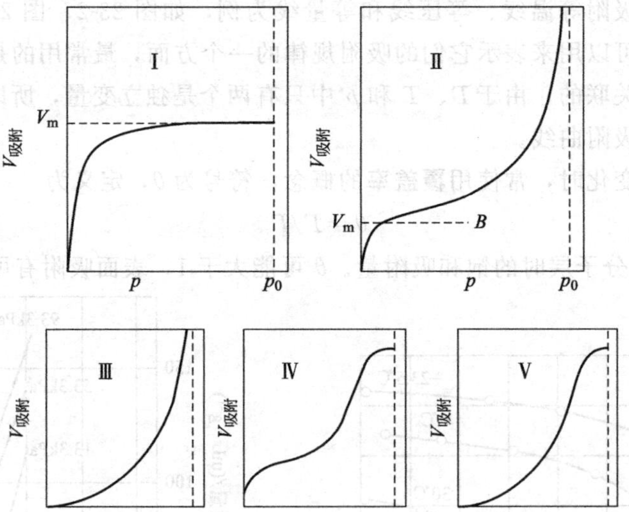

图 23-5　五种类型吸附等温线示意图

通常认为类型Ⅰ是单分子层吸附。例如，常温下氨在炭上的吸附、氯乙烷在炭上的吸附等，都属于类型Ⅰ。化学吸附通常是单分子层吸附，一般在远低于 p_0 时，固体表面就吸满了单分子层，因此即使压力再增大，吸附量也不会再增加，也就是吸附达到了饱和。

类型Ⅱ称为S型吸附等温线，是常见的物理吸附等温线。这种类型的吸附，在低压时形成单分子层，但随着压力的增加，开始产生多分子层吸附。图中 B 点是低压下曲线的拐点，通常认为这时吸满了单分子层，这就是用 B 点法计算比表面的依据。例如－195℃下氨在铁催化剂上的吸附、－78℃下 CO_2 在硅胶上的吸附等，都属于这一类。

类型Ⅲ的吸附等温线比较少见。从曲线可以看出，一开始就是多分子层吸附。例如低温下（－137.7～－58.0℃），溴在硅胶上的吸附。最近还发现氮在冰上的吸附也属于这一类型。类型Ⅱ和Ⅲ的吸附等温线，当压力接近于 p_0 时，曲线趋于纵轴平行线的渐近线。这表明在粉末样品的颗粒间产生了吸附质的凝聚，所以当压力接近于 p_0 时，吸附层趋于无限厚，吸附量也趋于无穷大。

类型Ⅳ表示在低压下形成单分子层，然后随着压力的增加，由于吸附剂的孔结构中产生毛细凝聚，所以吸附量急剧增大，直到吸附剂的毛细孔装满吸附质后，吸附量才不再增加而达到吸附饱和。例如，在常温下，苯在硅胶或氧化铁凝胶上的吸附，水或乙醇在硅胶上的吸附，都是先形成多分子层吸附，接着是毛细凝聚。

类型Ⅴ表示在低压下就形成多分子层吸附，然后随着压力增加，开始出现毛细凝聚，它与类型Ⅳ一样，在较高压力下，吸附量趋于极限值。所以类型Ⅳ和Ⅴ的吸附等温线反映了多孔性吸附剂的孔结构。

根据上述分类，可以从吸附等温线的形状大致了解吸附剂与吸附质之间的关系，以及吸附剂表面的信息。

23.4 吸附热

在给定的温度和压力下，吸附都是自动进行的，所以吸附过程的吉布斯自由能变化小于零，即 $\Delta G<0$，而且当气体分子被吸附在固体表面时，气体分子由原来在三维空间中的运动，被限制在二维空间上运动，混乱度降低，因而过程的熵变也小于零，即 $\Delta S<0$。根据热力学的基本关系式 $\Delta H=\Delta G+T\Delta S$，必然有 $\Delta H<0$。这表明吸附是放热过程，实验结果也证实了绝大多数吸附过程是放热的，与理论上预期的结果一致。但是，也发现有个别吸附过程是吸热的，例如氢在 Cu、Ag、Au 和 Cd 上的吸附都是吸热过程。

吸附热的大小直接反映了吸附剂和吸附质之间作用力的性质，对于研究化学吸附和了解化学吸附键的性质来说，吸附热的测定显得更重要。但是要准确地测定吸附热有不少困难。

吸附热的测定有两种方法，一种方法是用量热计直接测定吸附时所放出的热量，另一种方法是用 Clausius-Clapeyron 方程式，从吸附等温线计算。

量热计的类型很多，应当根据固体吸附剂的形状和性质来选取，近年来还采用气相色谱技术来测定吸附热。测定吸附热的量热计还需要配有测定吸附量的装置，以及具备精密的量热设备。同时要求吸附热能从吸附剂的表面较快地传导到量热计上，这是测准吸附热的关键，所以许多导热性差的吸附剂要测准吸附热是很困难的。另一种量热技术是浸渍法，就是测量表面比较洁净的吸附剂浸在液体中的浸渍热。

23.5 物理吸附和化学吸附

固体对气体的吸附按其作用力的性质不同，可分为两大类。一类是物理吸附，吸附剂与吸附质之间的作用力是范德华力。另一类是化学吸附，吸附剂与吸附质的原子间形成化学吸附键。因而这两类吸附的性质和规律各不相同（表 23-1）。当然，这样的区分并不是绝对的。因为吸附质与吸附剂分子间作用力的量变往往会引起质的飞跃。例如，氧在钨表面上的吸附，有的是呈氧分子状态（物理吸附），有的是呈氧原子状态（化学吸附）。所以，在某些情况下物理吸附和化学吸附可以同时发生。

表 23-1　物理吸附与化学吸附的区别

项目	物理吸附	化学吸附
吸附力	范德华力	化学键
吸附热	较小，与液化热接近	较大，与反应热接近
选择性	无选择性	有选择性
吸附分子层	单分子层或多分子层	单分子层
吸附速率	较快，不需要活化能，不受温度影响	较慢，需要活化能，随温度升高，速度加快
吸附稳定性	会发生表面位移，易解吸	不位移，不易解吸

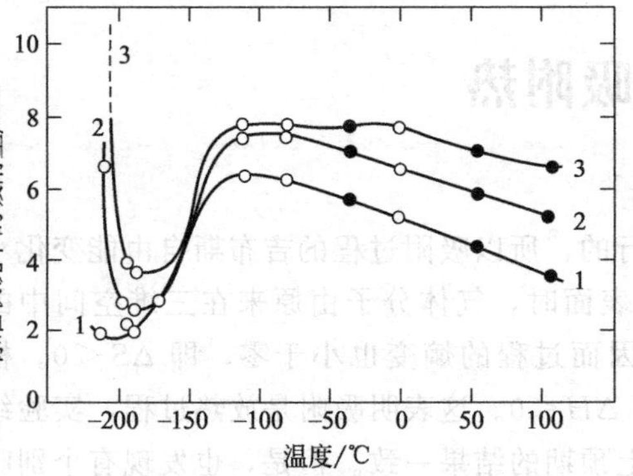

图 23-6　氢在镍粉上的吸附等压线

1—3.3kPa；2—26.7kPa；3—80.0kPa

有时，温度不同还可以改变吸附力的性质。例如，图 23-6 所示的氢在镍粉上的吸附等压线。

图中曲线 1、2 和 3 分别表示氢的压力为 3.3kPa、26.7kPa 和 80.0kPa 时的等压线，它们的变化规律都一样。在低温时，吸附量随温度升高而急剧下降，经过一个最低点后又开始上升并出现一个最高点，最后，随温度增加又逐渐下降。这表明在低温时，氢主要是物理吸附，所以随温度增加，吸附量减少。当温度增加至曲线最低点后，这时可以使氢分子活化，开始产生化学吸附，当温度进一步升高，被活化的氢分子迅速增加，吸附量也将随之显著地增加，所以在曲线上升部分物理吸附和化学吸附并存。在曲线最高点时，表明化学吸附达到了吸附平衡。由于化学吸附是放热反应，所以随着温度的继续上升，平衡向着解吸方向移动，吸附量就逐渐下降。

通常吸附温度在吸附质的临界温度以下，凭借范德华引力，在可以液化的条件下都可能发生物理吸附。而化学吸附一定要在吸附质与吸附剂之间的作用力达到可以形成吸附键的条件下，才有可能发生。所以根据两类吸附力的本质的不同，就能充分理解表 23-1 所列举的物理吸附和化学吸附的差异。例如，被物理吸附的吸附质可以沿着固体表面位移；而化学吸附的吸附质，由于形成化学键，所以是定位的。测定发生吸附前后的吸收光谱的变化表明，当发生物理吸附时，只能使被吸附分子的特征吸附峰有某些位移或强度上的变化，但不产生新的特征谱带。而发生化学吸附时，往往在紫外、可见或红外光谱波段出现新的特征吸收峰。

23.6 单分子层吸附理论——Langmuir 吸附等温式

从实验所测得的各种类型的吸附等温线，人们总是想假设适当的吸附模型，以便从理论上加深对吸附过程的认识。Langmuir 曾提出单分子层的吸附模型，并从动力学观点推导了单分子层吸附方程式。他认为当气体分子碰撞固体表面时，有的是弹性碰撞，有的是非弹性碰撞。若是弹性碰撞，则分子跃回气相，并且与表面没有能量交换；若是非弹性碰撞，则分子就逗留在表面上，经过一段时间后才跃回气相。吸附现象就是气体分子在固体表面上的逗留。单分子层的吸附模型提出如下假设：

① 气体分子碰撞在已吸附的分子上是弹性碰撞，只有碰撞在空白表面上时才被吸附，就是说，吸附层是单分子层的。

② 吸附分子从表面跃回气相的概率不受周围环境和位置的影响，这表明吸附质分子间无作用力，而且表面是均匀的。

③ 吸附速率与解吸速率相等时，达到吸附平衡。

设表面上有 S 个吸附位，当有 S_1 个位置被吸附质分子占据时，则有 $S_0=S-S_1$ 个位置是空白的，根据式(23-3)，则覆盖率 $\theta=S_1/S$。如果所有的吸附位置上都吸满单分子层，则 $\theta=1$。所以 $(1-\theta)$ 代表空白表面的分数。当吸附到达平衡时，吸附速率等于解吸速率。若以 z 代表单位时间内碰撞在单位表面上的分子数，k_a 代表碰撞分子中被吸附的分数，即吸附速率常数。单位表面上只有 $(1-\theta)$ 是空白的，所以假设①，吸附速率为 $k_a z(1-\theta)$。而根据假设②，单位时间、单位表面上解吸的分子数只与被覆盖的分子数 θ 成正比，所以解吸速率为 $k_d\theta$，k_d 是解吸速率常数，当 $\theta=1$ 时，k_d 等于解吸速率。根据假设③，达到吸附平衡时

$$k_a z(1-\theta)=k_d\theta$$

由式(23-3)，即

$$\theta=\frac{\Gamma}{\Gamma_\infty}=\frac{k_a z/k_d}{1-k_a z/k_d} \tag{23-4}$$

从分子运动论推导得

$$z=p/(2\pi mkT)^{1/2}$$

式中，p 是气体压力；m 是气体分子的质量；k 是 Boltzmann 常数；T 是热力学温度。将 z 代入式(23-4)，得

$$\theta=\frac{\Gamma}{\Gamma_\infty}=\frac{bp}{1+bp} \tag{23-5}$$

这就是 Langmuir 吸附等温式。式中常数 b 称为吸附系数。

$$b=\frac{k_a}{k_d(2\pi mkT)^{1/2}} \tag{23-6}$$

从 Langmuir 吸附等温式可以得出以下几点结论：

① 当压力足够低或吸附较弱时，$bp\ll1$，$1+bp\approx1$，则 $\Gamma\approx\Gamma_\infty bp$。这时 Γ 与 p 成直线关系，符合亨利定律，如图 23-7 中的低压部分。

② 当压力足够大或吸附较强时，$bp\gg1$，$1+bp\approx bp$，则 $\Gamma\approx\Gamma_\infty$。这时 Γ 与 p 无关，吸附达到饱和，Γ_∞ 即**单分子层饱和吸附量**。如图 23-7 中的高压部分。

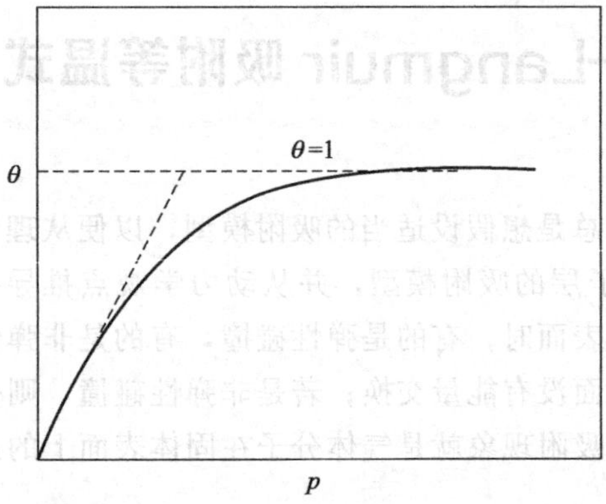

图 23-7 Langmuir 吸附等温式示意图

③ 当压力适中时，Γ 与 p 的关系是曲线关系，如图 23-7 中的弯曲部分。

Langmuir 吸附等温方程还可以写成如下形式

$$\frac{p}{\Gamma}=\frac{1}{\Gamma_\infty b}+\frac{p}{\Gamma_\infty} \tag{23-7}$$

如果用 p/V 对 p 作图是一条直线，说明符合 Langmuir 吸附等温式，而且可以由直线的斜率和截距求得 Γ_∞ 和 b 值。由 Γ_∞ 值可以进一步计算吸附剂的比表面 S_0，其计算公式为

$$S_0=\Gamma_\infty N_A \gamma / V_0 \tag{23-8}$$

式中，N_A 是阿伏伽德罗常数；按原假定，γ 是固体表面一个吸附位置的面积，后来逐渐用吸附分子的截面积所代替。V_0 为气体在标准状态下的摩尔体积。

如果溶液的表面吸附是单分子层吸附，则根据 Langmuir 吸附等温式可得

$$\frac{c}{\Gamma}=\frac{c}{\Gamma_\infty}+\frac{1}{K_c\Gamma_\infty} \tag{23-9}$$

式(23-8) 可用来测定溶液的饱和吸附量及溶质分子的分子截面积，其中 K_c 为溶液表面的吸附系数。

已经测得很多吸附等温线能很好地符合 Langmuir 吸附等温式。例如，0℃和－22℃时氩在硅胶上的吸附等温线、249.5K 时氨在活性炭上的吸附等温线，以及 196.5K 时 CO_2 在活性炭上的吸附等温线。但也有不少吸附体系，在低压下 Γ 与 p 不成直线关系。这是由于固体表面实际上是不均匀的，不符合 Langmuir 理论的第二个假设。在不均匀表面上，吸附热随着覆盖率而改变，所以吸附系数 b 不是常数。

一般说，多数的物理吸附是多分子层的，所以在压力比较大时就不遵循 Langmuir 吸附等温式。但绝大多数的化学吸附是单分子层的，如果覆盖率较小、吸附热变化不大时，实验结果能比较好地与 Langmuir 吸附等温式相符。

应当注意，具有图 23-5 中类型Ⅰ的吸附等温线不一定都是单分子层吸附。例如，有些半径在数纳米以下的微孔吸附剂虽然是多分子层吸附，但吸附等温线也与类型Ⅰ相似。

如果气相中含有 A、B 两种气体，它们都能在固体表面上形成单分子层吸附，这种混合吸附的情况在多相催化中是经常遇到的。A、B 两种气体在固体表面上的吸附系数不同，分别以 b_A 和 b_B 表示。在分压 p_A 和 p_B 下，固体表面上的覆盖率也不一样，分别用 θ_A 和 θ_B 表示。当吸附达到平衡时，A 和 B 两种气体各自的吸附与解吸速率都相等，所以

$$k_{a,A} z_A(1-\theta_A-\theta_B)=k_{d,A}\theta_A$$

或

$$\frac{\theta_A}{1-\theta_A-\theta_B}=b_A p_A \tag{23-10}$$

$$k_{a,B} z_B(1-\theta_A-\theta_B)=k_{d,B}\theta_B$$

或

$$\frac{\theta_B}{1-\theta_A-\theta_B}=b_B p_B \tag{23-11}$$

式中，z_A、z_B，$k_{a,A}$、$k_{a,B}$，$k_{d,A}$、$k_{d,B}$ 分别为 A、B 气体的碰撞频率，A、B 气体的吸附速率常数和解吸速率常数。联立解式(23-10) 和 (23-11)，可以得到 A、B 两种气体混合吸附的 Langmuir 吸附等温式为

$$\theta_A = \frac{b_A p_A}{1 + b_A p_A + b_B p_B} \tag{23-12}$$

$$\theta_B = \frac{b_B p_B}{1 + b_A p_A + b_B p_B} \tag{23-13}$$

从以上两式可以看到，两种气体混合吸附时，将相互抑制。当一种气体吸附很强时，例如 $b_A \gg b_B$，则 B 的吸附基本上可以忽略不计，因为 $1 + b_A p_A \gg b_B p_B$。

同理，可推导得出多种气体混合吸附时，其中任一组分气体 i 的 Langmuir 吸附等温式为

$$\theta_B = \frac{b_i p_i}{1 + \sum_i b_i p_i} \tag{23-14}$$

23.7 Freundlich 吸附等温式

Freundlich 通过大量实验数据，总结出 Freundlich 经验吸附方程式

$$V = kp^{1/n} \tag{23-15}$$

此式表明，被固体吸附的气体体积 V 与气体压力 p 成指数关系。它是最早提出的一个吸附方程式，当初它没有明确描绘物理图像，只是通过方程式中的两个常数 k 和 $1/n$ 简单地表达吸附规律。在实际应用中将式(23-15) 两边取对数得

$$\lg V = \lg k + \frac{1}{n}\lg p \tag{23-16}$$

只要用 $\lg V$ 对 $\lg p$ 作图，观察是不是一条直线就可以判断吸附体系是否符合 Freundlich 吸附等温式，而且可以从直线的截距和斜率求得常数 k 和 $1/n$。图 23-8 (a) 是 CO 在活性炭上的吸附等温线。图 23-8 (b) 是用 $\lg V$ 对 $\lg p$ 作图得到的直线。由各条直线（即等温线）

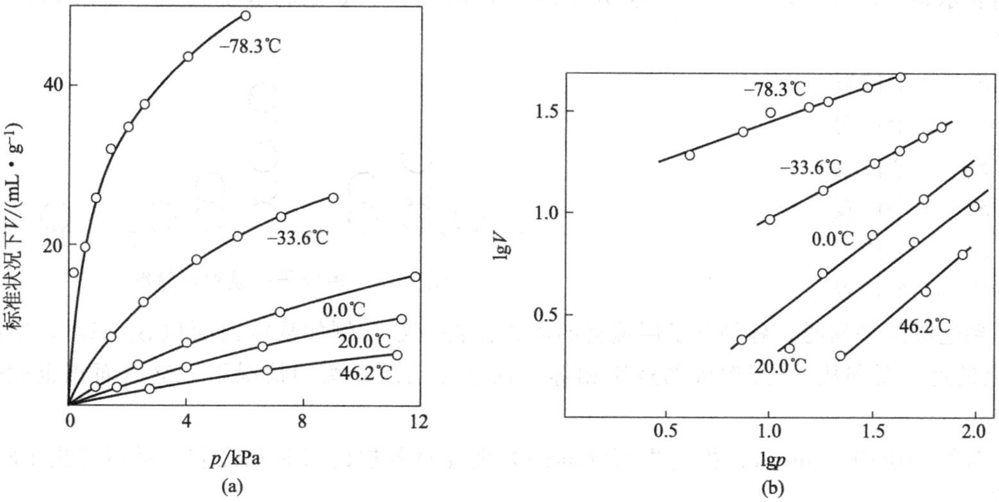

图 23-8　CO 在活性炭上的吸附等温线 (a) 和等温线的对数图 (b)

可得 $1/n$ 和 k 值。从图中看到，温度越低，吸附量越大，所以低温的 k 值相对地比高温的大，而 $1/n$ 值则相反。

大量实验事实表明，在中等压力范围内，比较多的吸附体系服从 Freundlich 吸附等温式，而且往往可以用在很多 Langmuir 吸附等温式不能用的场合，后来有人在 Langmuir 吸附理论的基础上，用统计方法推导 Freundlich 吸附等温式。若考虑到固体表面是不均匀的，可由 Langmuir 理论导出 Freundlich 吸附等温式，因此对此式有了进一步的认识。

23.8 多分子层吸附理论——BET 吸附等温式

从实验测得的许多吸附等温线表明，大多数固体对气体的吸附并不是单分子层吸附，尤其是物理吸附，基本上都是多分子层吸附。

1938 年 Brunauer、Emmett、Teller 三人在 Langmuir 单分子层吸附理论的基础上，提出了多分子层吸附理论，简称为 BET 吸附理论。

BET 吸附理论的基本假设为：

① 吸附可以是多分子层的。该理论认为，在物理吸附中，不仅吸附剂与吸附质之间有范德华引力，而且吸附质分子间也有范德华引力，因此气相中的分子若碰撞在被吸附的分子上，也有被吸附的可能。所以吸附层可以是多分子层的。这一点与 Langmuir 吸附理论的第一点假设不同。

② 只有第一层吸附质分子与固体表面直接接触，第一层的吸附热较大，与化学反应热相当。其余各层的吸附依靠范德华力，其吸附热与吸附质气体的冷凝热相当，因此除第一层外的各层吸附热大致相等。

③ 固体表面是均匀的。这条假定与单分子层吸附理论相同，主要是为了简化推导而引入的。

根据上述假设，在吸附达到平衡时，固体表面可能有一部分是空白的，而另一部分可能吸附了 1 层分子，2 层分子，…，i 层分子，甚至∞层分子。设以 S_0，S_1，S_2，…，S_i，…分别表示被 0，1，2，…，i，…层分子所覆盖的面积。如果将表面摊成平面，以图 23-9 为例。

$S_0=3$ 个位置

$S_1=3$ 个位置

$S_2=2$ 个位置

$S_3=1$ 个位置

$S_4=0$ 个位置

$S_5=1$ 个位置

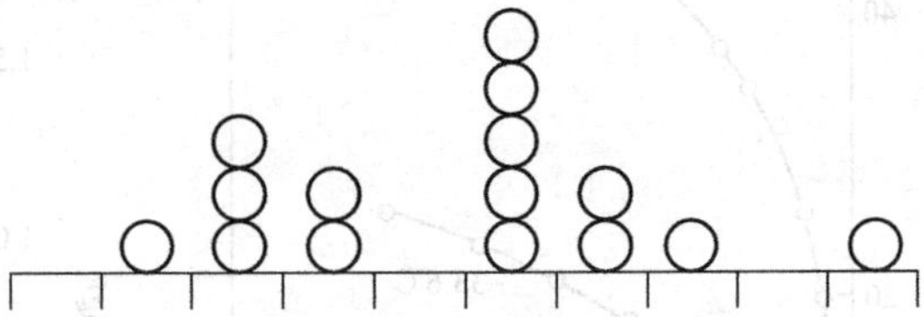

图 23-9　多分子层吸附示意图

到达吸附平衡时，各种分子层覆盖的面积保持一定。例如从空白面积 S_0 来看，吸附到 S_0 上的速率要和从 S_1 层解吸的速率相等。在这种动态平衡的情况下，空白面积也就保持不变。

对每一层用 Langmuir 模型进行同样的处理并将各层的吸附量加和，最后得出 BET 吸附等温式

$$\Gamma = \Gamma_{\infty} \frac{cp}{(p^* - p)[1 + (c-1)p/p^*]} \tag{23-17}$$

式中，c 为与首层吸附热和冷凝热有关的特性参数；p^* 是气体的饱和蒸气压。式(23-17)也称为 BET 二常数方程式，常数是 Γ_{∞} 和 c。

将 BET 二常数公式变换，可得直线方程式

$$\frac{p}{\Gamma(p^* - p)} = \frac{1}{\Gamma_{\infty} c} + \frac{c-1}{\Gamma_{\infty} c} \times \frac{p}{p^*} \tag{23-18}$$

用 $p/[\Gamma(p^* - p)]$ 对 p/p^* 作图，如能得一直线，说明该吸附体系符合 BET 吸附等温式，并且可以通过直线的斜率和截距计算 Γ_{∞} 和 c。图 23-10 是 N_2 和 Ar 在硅胶上的吸附等温线，图 23-11 是按式(23-18) 所作的图。

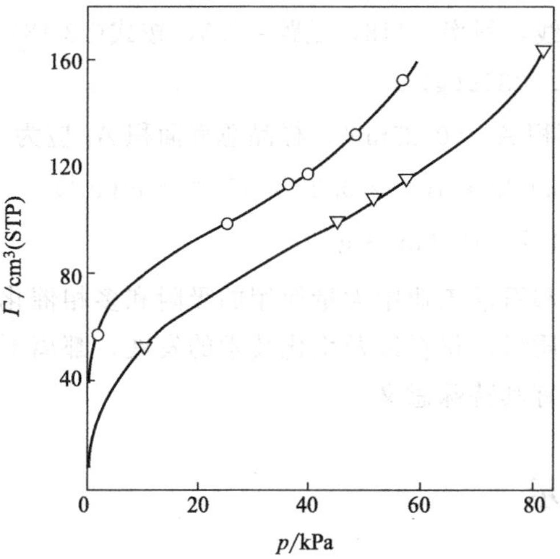

图 23-10　在 0.606g 硅胶上两种气体的吸附等温线

○—N_2，−195.8℃；▽—Ar，−183℃

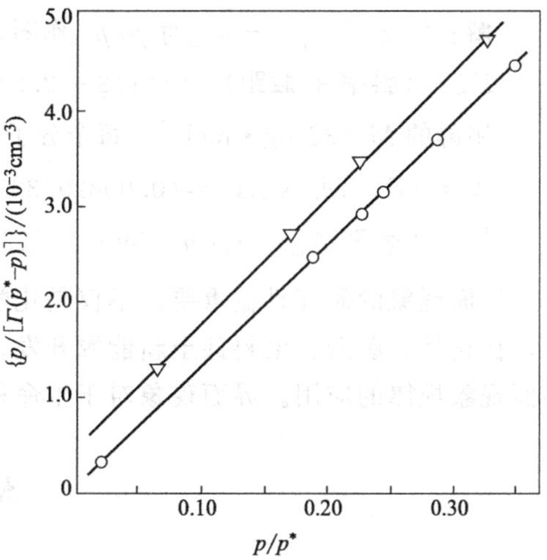

图 23-11　在 0.606g 硅胶上两种气体的 BET 图

○—N_2，−195.8℃；▽—Ar，−183℃

若吸附发生在多孔性物质上，那么吸附层数就要受到限制。设只有 n 层，则 BET 吸附等温式变为

$$\Gamma = \left(\frac{\Gamma_{\infty} cx}{1-x}\right) \frac{1-(n+1)x^n + nx^{n+1}}{1+(c-1)x - cx^{n+1}} \tag{23-19}$$

式中，x 为相对压力 p/p^*。式(23-19) 除了 Γ_{∞} 和 c 两个常数以外，还有常数 n，因此此式也称为 BET 三常数方程式。

当 $n=1$ 时，式(23-19) 就简化为 Langmuir 单分子层吸附等温式

$$\Gamma = \frac{\Gamma_{\infty} cx}{1+cx} = \Gamma_{\infty} \frac{(c/p^*)p}{1+(c/p^*)p} = \Gamma_{\infty} \frac{bp}{1+bp}$$

当 $n=\infty$ 时，$x^{\infty}=0$，式(23-19) 又变成了 BET 二常数方程式。

BET 吸附等温式能较好地表达全部五种类型吸附等温线的中间部分，以 p/p^* 在 0.05～0.35 间为最佳。如使用 BET 三常数方程式，适用范围可扩展至 $p/p^*=0.60$。进一步改进还要考虑固体表面的不均匀性，同层吸附分子间的相互作用，以及毛细管凝结现象等。

BET 吸附等温式的最重要应用是测定吸附剂或催化剂的比表面，从所得 Γ_{∞} 值可以计算铺满单分子层的分子个数。若已知每个分子所占面积，即可得到界（表）面积。

例 23.1 40.0℃时用重量法测定不同压力下的甲醇蒸气在白炭黑（粉末状 SiO_2）上的吸附量，所得数据如下表（Γ 用吸附质的质量表示），样品质量 $m=0.2326\text{g}$，$p^*=35.09\text{kPa}$，甲醇分子所占面积 $A_0=0.25\text{nm}^2$。试求样品的比表面。

p/kPa	p/p^*	$\Gamma\times10^3/\text{g}$	$\{p/[\Gamma(p^*-p)]\}/\text{g}^{-1}$
1.653	0.0472	5.70	8.7
3.706	0.106	8.05	14.8
5.805	0.165	9.10	21.8
7.551	0.215	9.85	27.8

解： 以 $p/[\Gamma(p^*-p)]$ 对 p/p^* 作图，得直线，斜率$=118$，截距$=2.5$，按式(23-18)

$\Gamma_\infty=(\text{斜率}+\text{截距})^{-1}=(118+2.5)^{-1}=0.00829(\text{g})$

甲醇的 $M=32.0\text{g}\cdot\text{mol}^{-1}$，每个分子所占面积 $A_0=0.25\text{nm}^2$，样品总表面积 A_s 应为

$A_s=(\Gamma_\infty/M)N_AA_0=(0.00829/32.0)\times6.022\times10^{23}\times0.25\times10^{-18}=39(\text{m}^2)$

样品比表面 $A_m=A_s/m=39\text{m}^2/0.2326\text{g}=1.7\times10^2(\text{m}^2\cdot\text{g}^{-1})$

界面现象的研究日益重要。不仅是化学工业和石油工业中大量使用的吸附和多相催化技术，在食品、医药、染料甚至新能源开发、环境质量、材料以及生化技术的发展，都离不开界面现象规律的应用。界面现象对于生命科学更有其特殊意义。

本章提示

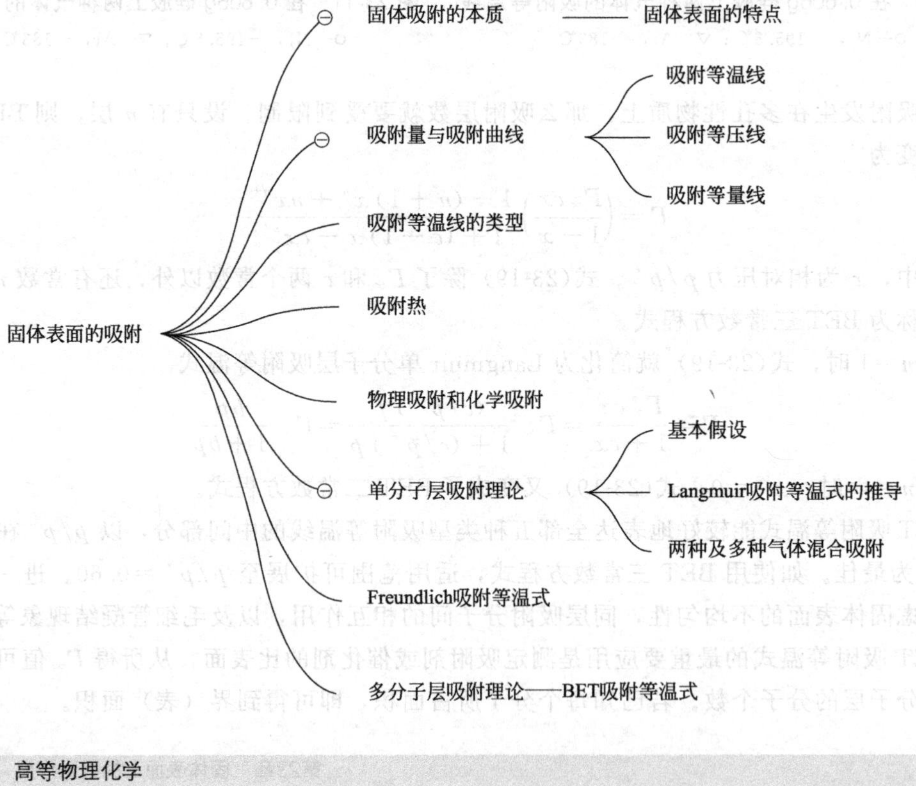

习 题

1. 293K 时汞的表面张力 $\gamma=4.85\times10^{-1}N\cdot m^{-1}$，求在此温度及 101.325kPa 的压力下，将半径 $R_1=1mm$ 的汞滴分散成 $R_2=10^{-5}mm$ 的微小汞滴至少需要做多少功？

2. 计算 298K，101325Pa 压力下使水可逆地增大 $2cm^2$ 表面积时，体系吸的热及做的功，并求体系的焓变。已知 298K 时水-空气的表面张力 $\gamma=0.07197N\cdot m^{-1}$，$(\partial\gamma/\partial T)_{p,A}=-1.57\times10^{-4}N\cdot m^{-1}\cdot K^{-1}$。

3. 已知 100℃时水的表面张力为 $0.05885N\cdot m^{-1}$。假设在 100℃的水中存在一个半径为 $10^{-8}m$ 的小气泡和 100℃的空气中存在一个半径为 $10^{-8}m$ 的小水滴。试求它们所承受的附加压力各为多少？

4. 设两个玻璃片中夹有一个扁圆形水滴（见图）。玻璃与水滴的接触角 $\theta=0°$，两个玻璃片被水吸得很紧，现已知 $R_1=1.0\times10^{-6}m$，$R_2=2.0\times10^{-2}m$，水的表面张力 $\gamma=7.3\times10^{-2}N\cdot m^{-1}$，求图上 M 点处的附加压力 p_s。

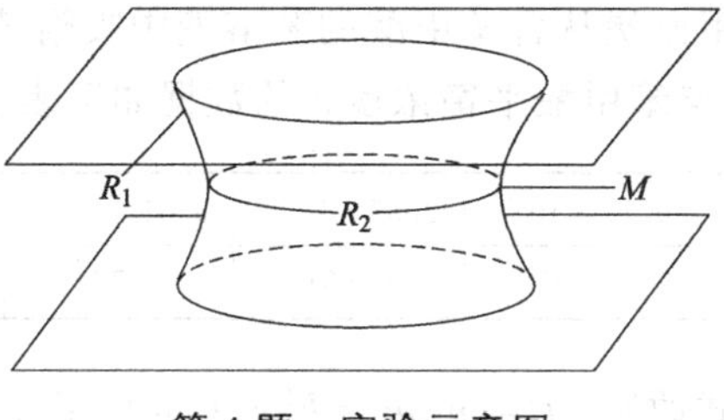

第 4 题　实验示意图

5. 将内径为 0.2608mm 的毛细管在 293K 时分别插入水及 $CHCl_3$ 溶液中，在水中液面在管内上升 0.114m，在 $CHCl_3$ 中液面上升 0.0286m，设两者的接触角相同，求 $CHCl_3$ 的表面张力。已知 H_2O 和 $CHCl_3$ 的密度分别为 $998kg\cdot m^{-3}$ 及 $1483.2kg\cdot m^{-3}$，纯水的表面张力为 $7.275\times10^{-2}N\cdot m^{-1}$。

6. 一个带有毛细管颈的漏斗，其底部装有半透膜，内盛浓度为 $1\times10^{-3}mol\cdot L^{-1}$ 的稀硬脂酸钠水溶液。若溶液的表面张力 $\gamma=\gamma^*-bc$，其中 $\gamma^*=0.07288N\cdot m^{-1}$，$b=19.62N\cdot m^{-1}\cdot mol\cdot L^{-1}$，298.2K 时将此漏斗缓慢地插入盛水的烧杯中，测得毛细管颈内液柱超出水面 30.71cm 时达成平衡，求毛细管的半径。若将此毛细管插入水中，液面上升多少？

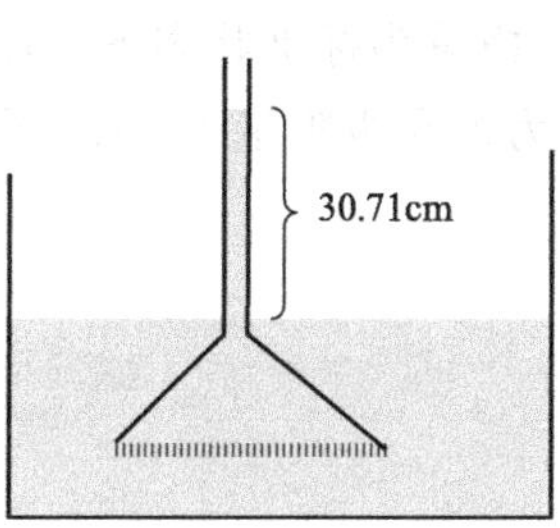

第 6 题　实验示意图

7. 20℃时，水的饱和蒸气压为 2.337kPa，水的密度为

998.3kg・m^{-3}，表面张力为 72.75×10^{-3}N・m^{-1}。试求 20℃时，半径为 10^{-9}m 的小水滴的饱和蒸气压为多少？

8. 开尔文公式也可用于固态化合物球形粒子分解压力的计算。已知 $CaCO_3$（s）在 773.15K 时的密度为 3900kg・m^{-3}，表面张力为 1.210N・m^{-1}，分解压力为 9.42Pa。若 $CaCO_3$（s）研磨成半径为 30×10^{-9}m 的粉末，求其在 773.15K 的分解压力。

9. 在 19℃时，丁酸水溶液的表面张力与浓度关系式为：$\gamma=\gamma_0-A\ln(1+Bc)$。$\gamma_0$ 为纯水的表面张力，c 为丁酸浓度，A 与 B 是常数。

(1) 计算丁酸溶液表面吸附量与浓度的关系式。

(2) 已知 $A=13.1\times10^{-5}$N・cm^{-1}；$B=19.62$L・mol^{-1}，计算丁酸浓度为 0.2mol・L^{-1} 时的吸附量。

(3) 丁酸在溶液表面的饱和吸附量为多少？

(4) 假定饱和吸附时，表面全部被丁酸分子所占据，计算每一个丁酸分子的截面积。

10. 在一定温度下，若溶质 B 在其水溶液表面的吸附量 Γ 既服从与 Langmuir 吸附等温式类似的经验式 $\Gamma=ac_B/(1+bc_B)$，又服从 Gibbs 吸附公式 $\Gamma=-(c_B/RT)(\partial\gamma/\partial c_B)_T$。试证明：

(1) 在一定温度下，此溶液的表面张力 γ 与 ln（$1+bc_B$）呈直线关系；

(2) 当溶液足够稀时，γ 与 c_B 呈直线关系。上式中 a 和 b 皆为与溶剂、溶质的性质及温度有关的常数。

11. 在 20℃、101.325kPa 的大气压下，将一滴水滴在面积 $A=1\times10^{-3}$m^2 水银的表面上。水在水银的表面上能否铺展？若水滴的表面积与 A 相比较可忽略不计，此过程的吉布斯自由能变为多少？已知 20℃时，水和水银的表面张力分别为 72.25×10^{-3}N・m^{-1} 和 470.0×10^{-3}N・m^{-1}，H_2O-Hg 之间的界面张力为 375.0×10^{-3}N・m^{-1}。

12. 恒温 291.15K 时，用血炭从含苯甲酸的苯溶液中吸附苯甲酸，实验测得每千克血炭吸附苯甲酸的物质的量 n/m 与苯甲酸平衡浓度 c 的数据如下表：

c/(mol・dm^{-3})	2.82×10^{-3}	6.17×10^{-3}	2.57×10^{-2}	5.01×10^{-2}	0.121	0.282	0.742
(n/m)/(mol・kg^{-1})	2.269	0.355	0.631	0.776	1.21	1.55	2.19

将 Freundlich 吸附等温式改写：$\Gamma=n/m=k[c/(\text{mol}\cdot\text{dm}^{-3})]^n$

上式即可用于固体吸附剂从溶液中吸附溶质的计算。试求此方程式中的常数项 n 及 k 各为多少？

13. 473.15K 时，测定氧在某催化剂表面上的吸附作用。当平衡压力分别为 101.325kPa 及 1013.25kPa 时，每千克催化剂的表面吸附氧的体积分别为 2.5×10^{-3}m^3 及 4.2×10^{-3}m^3（已换算为标准状态下的体积）。假设该吸附服从 Langmuir 吸附等温式，试计算当氧的吸附量为饱和吸附量 Γ_∞ 的一半时，氧的平衡压力为多少？

习题参考答案

第一篇　统计热力学

1. 解：氟原子的电子配分函数

由电子的光谱支项可知，简并度计算公式$=2j+1$，

$^2P_{3/2}$、$^2P_{1/2}$、$^2P_{5/2}$ 对应的简并度分别为：4、2、6

$q(\text{电子})=g_0\exp(-\varepsilon_0/kT)+g_1\exp(-\varepsilon_1/kT)+g_2\exp(-\varepsilon_2/kT)$

$=4\exp(-hc\tilde{\nu}_0/kT)+2\exp(-hc\tilde{\nu}_1/kT)+6\exp(-hc\tilde{\nu}_2/kT)$

$=4\times e^0+2\times\exp(-0.5813)+6\times\exp(-147.4)=5.118$

2. 解：(1) $q_{0,v}=1/[1-\exp(-\Theta_v/T)]=1/[1-\exp(-\Theta_v/1000)]=1.25$

$\exp(-\Theta_v/1000)=1-1/1.25=0.20$　　所以 $\Theta_v=3219\text{K}$

(2) $\dfrac{N_0}{N}=\dfrac{g_0 e^{-\varepsilon_0/kT}}{q_{0,v}}=\dfrac{1}{1.25}=0.80$

3. 解：(1) 写出 $q_r=8\pi^2 IkT/(\sigma h^2)$

$=8\times3.14^2\times1.89\times10^{-46}\times1.3806\times10^{-23}\times900/[1\times(6.626\times10^{-34})^2]$

$=421.5$

(2) 写出 $U_{R,m}=RT^2(\partial\ln q_R/\partial T)_{N,V}=RT^2\times(1/T)=RT$

写出转动对 $C_{V,m}$ 的贡献

$C_{V,m,R}=(\partial U_{m,R}/\partial T)_{V,N}=R=8.314\text{J}\cdot\text{K}^{-1}\cdot\text{mol}^{-1}$

4. 解：这是特殊的粒子，只有两个能级。

(1) $q=\sum\exp(-\varepsilon_i/kT)=1+\exp(-\varepsilon_1/kT)$

(2) $U=NkT^2\left(\dfrac{\partial\ln q}{\partial T}\right)_V=NkT^2\left[\dfrac{\exp(-\varepsilon_1/kT)}{1+\exp(-\varepsilon_1/kT)}\right]\dfrac{\varepsilon_1}{kT^2}=\dfrac{N\varepsilon_1\exp(-\varepsilon_1/kT)}{1+\exp(-\varepsilon_1/kT)}$

(3) 在极高的温度时，$kT\gg\varepsilon_1$，则 $\exp(-\varepsilon_1/kT)=1$，故 $U=\dfrac{N\varepsilon_1}{2}$。

在极低的温度时，$kT\ll\varepsilon_1$，则 $\exp(-\varepsilon_1/kT)=0$，所以 $U=0$。

5. 解：$S_m(\text{Na})=S_{m,t}+S_{m,e}$

$S_{m,e}=153.35-147.87=5.51(\text{J}\cdot\text{K}^{-1}\cdot\text{mol}^{-1})$

而 $S_{m,e}=R\ln(g_{e,0})$

所以 $g_{e,0}=1.94\approx2$

6. 证明：$q=q(平)q(电)q(核)=\left(\frac{2\pi mkT}{h^2}\right)^{\frac{3}{2}}\times\frac{RT}{p}q(电)q(核)$

依据 $S=k\ln\left(\frac{q^N}{N!}\right)+\frac{U}{T}=Nk\ln q-k\ln N!+\frac{U}{T}$，

$$\Delta S=S_2-S_1=Nk\ln q_2-k\ln N!+\frac{U}{T}-\left[Nk\ln q_1-k\ln N!+\frac{U}{T}\right]$$

$$=Nk\ln q_2-Nk\ln q_1=Nk\ln\frac{q_2}{q_1}=Nk\ln\frac{p_1}{p_2}$$

7. 证明：$S_i=k\ln\frac{q_i^N}{N!}+NkT\left(\frac{\partial\ln q_t}{\partial T}\right)_{V,N}=k\ln\frac{q_i^N}{N!}+\frac{U_i}{T}$

$q_t=[(2\pi mkT)^{\frac{3}{2}}V/h^3]$

$$\Delta S=S_2-S_1=k\ln\left(\frac{q_{t,2}^N}{N!}\right)+\frac{U_t}{T}-k\ln\left(\frac{q_{t,1}^N}{N!}\right)-\frac{U_t}{T}=Nk\ln q_{t,2}-Nk\ln q_{t,1}$$

$$=R\ln[(2\pi mkT)^{\frac{3}{2}}V_2/h^3]-R\ln[(2\pi mkT)^{\frac{3}{2}}V_1/h^3]=R\ln\frac{V_2}{V_1}=R\ln 2$$

8. 解：$q=1+\exp(-1)+\exp(-2)=1.503$

$N_0=N\exp(-0)/q=N/1.503=0.6653N$

$N_1=N\exp(-1)/q=N\times0.3679/1.503=0.2448N$

$N_2=N\exp(-2)/q=N\times0.1353/1.503=0.0900N$

由 $U=N_0\varepsilon_0+N_1\varepsilon_1+N_2\varepsilon_2$

$1000kT=N_0\varepsilon_0+N_1\varepsilon_1+N_2\varepsilon_2=0+0.2448N\times kT+0.0900N\times2kT$

$1000=(0+0.2448+0.0900\times2)N$

解得 $N=2354$

9. 解：Na(g) 是单原子分子，配分函数就是平动配分函数与电子配分函数，$V^{\ominus}=RT/p^{\ominus}$，电子配分函数 $q_e=2$

$$q=\frac{(2\pi mkT)^{\frac{3}{2}}}{h^3}\times V\times g_{e,0}=1.88\times10^{26}(M_rT)^{\frac{3}{2}}\times\frac{RT}{p^{\ominus}}\times2$$

$$=2\times1.88\times10^{26}\times(23\times298.15)^{\frac{3}{2}}\times8.314\times298.15/101325=5.223\times10^{30}$$

$$G_m^{\ominus}=-RT\ln\frac{q}{L}=-8.314\times298.15\ln\frac{5.223\times10^{30}}{6.022\times10^{23}}=-3.960\times10^4(\mathrm{J\cdot mol^{-1}})$$

$$=-39.60(\mathrm{kJ\cdot mol^{-1}})$$

10. 解：对双原子 NO 在 300K 时，$V_m=RT/p^{\ominus}=2.46\times10^{-2}(\mathrm{m^3})$

$I=m_1m_2/(m_1+m_2)r^2=1.651\times10^{-46}(\mathrm{kg\cdot m^2})$

$q(t)=(2m\pi kT)^{\frac{3}{2}}V_m/h^3=1.88\times10^{26}(M_rT)^{\frac{3}{2}}=3.944\times10^{30}$

$q(r)=8\pi^2IkT/(\sigma h^2)=122.8q(v)=[1-\exp(-hc\tilde{\nu}/kT)]^{-1}=1$

$q(e)=g_0+g_1\exp[-\varepsilon_1/(kT)]=2+2\exp(-1490/6.023\times1.38\times300)=3.101$

所以：$S(t)=R\left(\frac{3}{2}\ln M_r+\frac{5}{2}\ln T\right)-9.685=138.07(\mathrm{J\cdot K^{-1}\cdot mol^{-1}})$

$S(r)=Lk\ln q(r)+LkT[\partial\ln q(r)/\partial T]=R[\ln q(r)+1]=48.29(\mathrm{J\cdot K^{-1}\cdot mol^{-1}})$

$$S(\mathrm{v})=Lk\ln q(\mathrm{v})+LkT[\partial\ln q(\mathrm{v})/\partial T]=8.14\times10^{-3}(\mathrm{J\cdot K^{-1}\cdot mol^{-1}})$$

$$S(\mathrm{e})=Lk\ln q(\mathrm{e})+LkT[\partial\ln q(\mathrm{e})/\partial T]=R\ln q(\mathrm{e})+RT[\partial\ln q(\mathrm{e})/\partial T]$$

$$=R\ln[2+2\exp(-\varepsilon_1/kT)]+RT\frac{RT\times2\exp(-\varepsilon_1/kT)}{2+2\exp(-\varepsilon_1/kT)}\times\frac{\varepsilon_1}{kT^2}$$

$$=R(1.132+0.212)=11.17(\mathrm{J\cdot K^{-1}\cdot mol^{-1}})$$

体系的光谱熵 $S=S(\mathrm{t})+S(\mathrm{r})+S(\mathrm{v})+S(\mathrm{e})=138.1+46.29+8.14\times10^{-3}+11.17$

$=197.5(\mathrm{J\cdot K^{-1}\cdot mol^{-1}})$

第二篇　电化学基本原理与应用

1. $E_j=36.65\mathrm{mV}$

2. $E_甲=0.021\mathrm{V}$，$E_乙=0.059\mathrm{V}$

3. $E_甲=0.097\mathrm{V}$，$E_乙=0.059\mathrm{V}$

4. $0.15\mathrm{mA\cdot cm^{-2}}$，$0.75\mathrm{mA}$

5. $j_0=0.041\mathrm{mA\cdot cm^{-2}}$，$\alpha=0.75$

6. $j=0.135\mathrm{mA\cdot cm^{-2}}$

7. $j_0=0.019\mathrm{mA\cdot cm^{-2}}$

8. 平衡电势 $E_e\approx1200\mathrm{mV}$，表观电势 $E_e^0=1180\mathrm{mV}$，$j_0=1\mathrm{mA\cdot cm^{-2}}$，$\alpha=0.5$

9. $j_0=0.0794\mathrm{mA\cdot cm^{-2}}$，$\alpha=0.20$

10. (1) 64mV；(2) −1542mV

11. 略

12. 循环伏安曲线既出现阳极峰也出现阴极峰，两者都是对称的（暗示电化学过程涉及表面层的变化），峰下包围的面积看起来相似。这些结果与不清洁电极循环伏安曲线可以重现的事实表明在每个扫描循环的开始和结束时电极表面的状态相同，表面的变化是化学可逆的，即使不是电化学可逆的（氧化还原峰明显分离）。更定量地分析循环伏安曲线可得到以下结果。①峰电流密度与电势扫描速率成正比；②阳极峰和阴极峰所包含的电量非常相似；③在所有扫描速率下，阳极峰所包含的电量均约为 $0.8\mathrm{mC\cdot cm^{-2}}$。通常情况下，原子级光滑表面上的单层的单电子氧化/还原反应需要 $0.1\sim0.2\mathrm{mC\cdot cm^{-2}}$。因此，当 Ni 置入碱性溶液中时，化学变化涉及的是一个有点粗糙的表面上的单层或是一个相当光滑的表面上的几个单层。化学变化通常写作：$Ni(OH)_2+OH^--e^-\longrightarrow NiOOH+H_2O$。

13. 伏安图显示第一段为两个连续的还原；第一个还原不可逆，第二个还原近似是可逆的。第一个还原是步骤 a，第二个还原是步骤 c；步骤 b 消耗了 $ClC_6H_4CN^-$ 从而使步骤 a 不可逆。

第三篇　多相催化反应动力学

1. 答：常用的近似处理方法有两种。

(1) 稳态近似对于连串反应中的活泼中间产物（比如自由基等），当反应达到稳态之后，可以假定中间产物的浓度保持不变。

(2) 速率控制步骤与平衡假设在连串反应中，如果有一步的反应速率相较于其他步骤要慢很多，那么总反应速率就可以近似地由这最慢步骤的反应速率来代替。连串反应中如果存在速率控制步骤，那么可以认为在速率控制步骤之前的快平衡反应近似地处于平衡状态。

2. 答：物理吸附的特点：吸附作用弱，吸附热小，吸附速率快，吸附分子可以是单分子层也可以是多分子层，吸附不需要活化能。

化学吸附的特点：吸附质与吸附剂之间形成化学键，吸附作用强，吸附热大，吸附通常需要活化能，只发生单层化学吸附，吸附有选择性。

化学吸附是发生多相催化的先决条件，物理吸附对多相催化的影响很小。

3. 答：构型示意图如下

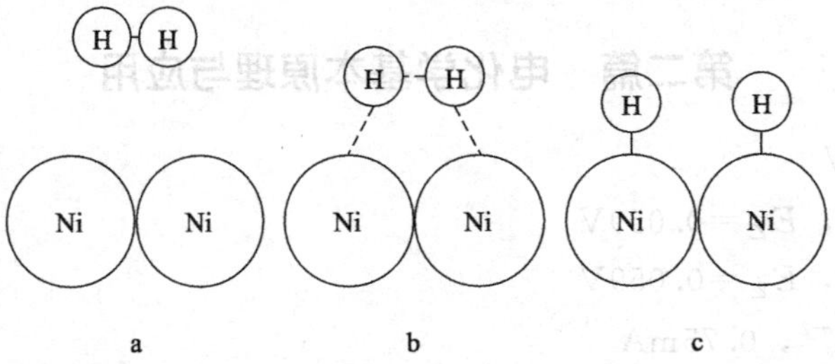

其中 a 构型代表物理吸附稳定构型，b 构型代表过渡态，c 构型代表化学吸附稳定构型。

4. 答：根据表面质量作用定律可以得到

吸附速率方程：$r_a = k_a p(1-\theta)^2$； 脱附速率方程：$r_d = k_d \theta^2$

5. 答：总反应速率可用表面反应速率表示：$r = k\theta_A \theta_0$

$$\theta_A = \frac{a_A p_A}{1 + a_A p_A + a_B p_B + a_C p_C}, \theta_0 = \frac{1}{1 + a_A p_A + a_B p_B + a_C p_C}$$

得到：$r = \dfrac{k a_A p_A}{(1 + a_A p_A + a_B p_B + a_C p_C)^2}$

6. 答：表面反应发生在两个表面吸附物种之间，所以属于 Langmuir-Hinshelwood 模型。总反应速率等于速率控制步骤的反应速率：$r = k\theta_A^2$

当吸附与脱附达到平衡时：$k_a p_A (1-\theta)^2 = k_d \theta^2$

解出：$\theta_A = \dfrac{(a_A p_A)^{\frac{1}{2}}}{1 + (a_A p_A)^{\frac{1}{2}}}$

代入得到：$r = \dfrac{k a_A p_A}{[1 + (a_A p_A)^{\frac{1}{2}}]^2}$

7. 答：可以在保持一种反应物压力不变的情况下，测量反应速率随另一反应物浓度的变化曲线。如曲线有极大值，则属于 Langmuir-Hinshelwood 模型；如曲线单调递增最终趋于极限，则属于 Eley-Rideal 模型。

8. 答：若外扩散是速率控制步骤，即在外扩散区进行的反应，则传质过程对催化反应的本征反应速率有掩盖作用，使得表观反应级数与扩散过程的级数一致，都是一级反应，与表面反应的级数无关。

9. 答：Thiele 模数的定义：$\phi = \sqrt{\dfrac{2k}{r_p D}} L$。

Thiele 模数反映了扩散阻力的大小。在扩散系数一定的前提下，孔径越大，孔道长度越短，表面反应越慢，则 Thiele 模数越小，其结果是孔道内浓度变化平缓，扩散阻力小。反过来，若 Thiele 模数很大，则浓度沿孔道下降速度快，扩散阻力大。

10. 答：对于 Knudsen 扩散，零级反应在实验观测时表现为 0.5 级反应，一级反应仍然表现为一级反应，二级反应则在表观上是 1.5 级反应。对于体相扩散，当真实反应级数分别是零级、一级与二级时，其表观反应级数分别等于零级、0.5 级与一级。

第四篇 表面化学

1. 解：$A_1 = 4\pi R_1{}^2$，　　$A_{2,0} = 4\pi R_2^2$

$N = (R_1/R_2)^3$，　　$A_2 = NA_{2,0} = 4\pi R_2^2 (R_1/R_2)^3$

$W = \gamma(A_2 - A_1) = 0.609\text{J}$

2. 解：$W' = \Delta G = \gamma \Delta A = 0.07197 \times 2 \times 10^{-4} = 1.439 \times 10^{-5}(\text{J})$

$\Delta S = \int -(\partial\gamma/\partial T)_{p,A} \text{d}A = 1.57 \times 10^{-4} \times 2 \times 10^{-4} = 3.14 \times 10^{-8}(\text{J} \cdot \text{K}^{-1})$

$\Delta H = \Delta G + T\Delta S = 1.439 \times 10^{-5} + 298 \times 3.14 \times 10^{-8} = 2.375 \times 10^{-5}(\text{J})$

$Q_\text{R} = T\Delta S = 298 \times 3.14 \times 10^{-8} = 9.36 \times 10^{-6}(\text{J})$

3. 解：100℃的水中，半径 $r = 10^{-8}\text{m}$ 小气泡的附加压力为：

$\Delta p_1 = 2\gamma_{\text{g-l}}/r = 2 \times 0.0585\text{N} \cdot \text{m}^{-1}/10^{-8}\text{m} = 11.770 \times 10^3(\text{kPa})$

100℃时的空气中，半径 $r = 10^{-8}\text{m}$ 的小水滴所承受的附加压力为：

$\Delta p_2 = 2\gamma_{\text{g-l}}/r = \Delta p_1 = 11.770 \times 10^3(\text{kPa})$

4. 解：该液滴在 M 处呈马鞍形，曲率半径对 R_1 为负，对 R_2 为正

由 Young-Laplace 方程得

$$p_\text{s} = \gamma\left(-\frac{1}{R_1} + \frac{1}{R_2}\right) = 7.3 \times 10^{-2}\text{N} \cdot \text{m}^{-1} \times (-1 \times 10^6 + 0.5 \times 10^2)\text{m}$$

$= 7.3 \times 10^{-2}\text{N} \cdot \text{m}^{-1} \times (-9.9995 \times 10^5)\text{m} \approx -7.3 \times 10^4\text{N}$ 负号表示指向液滴外部

5. 解：$\gamma/\gamma_0 = \rho h/(\rho_0 h_0)$

$\gamma(\text{CHCl}_3) = \gamma_0 \times \rho h/(\rho_0 h_0) = 2.712 \times 10^{-2}(\text{N} \cdot \text{m}^{-1})$

6. 解：毛细管内液面上升原因有两个：一是附加压力；二是渗透压

即 $\Pi + \Delta p = \rho g h$，而 $\Pi = cRT$，$\Delta p = 2\gamma R'$ 则

$2\gamma/R' = \rho g h - cRT = 1000 \times 9.8 \times 0.3071 - 1 \times RT = 530.6(\text{Pa})$

$\gamma = \gamma^* - bc = 0.07288 - 19.62 \times 10^{-3} = 0.05326(\text{N} \cdot \text{m}^{-1})$

$R' = 2 \times 0.05326/530.6 = 2.008 \times 10^{-4}(\text{m})$

7. 解：$T = 293.15\text{K}$ 时，水的表面张力 $\gamma_{\text{g-l}} = 72.75 \times 10^{-3}\text{N} \cdot \text{m}^{-1}$，

密度 $\rho = 998.3\text{kg} \cdot \text{m}^{-3}$，半径 $r = 10^{-9}\text{m}$ 小水滴的饱和蒸气压 p_r

可由开尔文公式计算，即

$$\ln\frac{p_\text{r}}{p} = \frac{2\gamma_{\text{g-l}}M}{RT\rho r} = \frac{2 \times 72.75 \times 10^{-3}\text{N} \cdot \text{m}^{-1} \times 18.015 \times 10^{-3}\text{kg} \cdot \text{mol}^{-1}}{8.314\text{J} \cdot \text{K}^{-1} \cdot \text{mol}^{-1} \times 293.15\text{K} \times 998.3\text{kg} \cdot \text{m}^{-3} \times 10^{-9}\text{m}} = 1.0773$$

$p_\text{r}/p = 2.9367$；

所以 $p_\text{r} = 2.9367 \times 2.337\text{kPa} = 6.863\text{kPa}$

8. 解：$\text{CaCO}_3(\text{s}) = \text{CaO}(\text{s}) + \text{CO}_2(\text{g})$

此分解反应在 897K 时，$p(\text{CO}_2) = 101.325\text{kPa}$。

在 $T = 773.15\text{K}$ 时，$p(\text{CO}_2) = 9.42\text{Pa}$。

$M(\text{CaCO}_3) = 100.089 \times 10^{-3}\text{kg} \cdot \text{mol}^{-1}$，$\rho = 3900\text{kg} \cdot \text{m}^{-3}$，$\gamma_{\text{s-g}} = 1.210\text{N} \cdot \text{m}^{-1}$，$r =$

30×10^{-9} m

$CaCO_3$(s) 在 773.15K 分解压力 p_r 可由开尔文公式计算，即

$$\ln\frac{p_r}{p}=\frac{2\gamma_{s\text{-}g}M}{RT\rho r}=\frac{2\times1.210\times100.089\times10^{-3}}{8.314\times773.15\times3900\times30\times10^{-9}}=0.32206$$

$p_r/p=1.37997$

$p_r=1.37997\times9.42\text{Pa}=13.0\text{Pa}$

这表明，固体粒子愈小，加热时愈易于分解。

9. 解：(1) $(\partial\gamma/\partial c)_T=[-AB/(1+Bc)]$ $\qquad\Gamma=-c/[RT(\partial\gamma/\partial c)_T]$

$\Gamma=-ABc/[RT(1+Bc)]$

(2) $\Gamma=13.1\times10^{-3}\times19.62\times10^{-3}\times0.2\times10^3/[8.314\times292\times(1+19.62\times0.2)]$
$=4.3002\times10^{-6}\text{mol}\cdot\text{m}^{-2}$

(3) 当 $c=0.1\text{mol}\cdot\text{L}^{-1}$ 时

$\Gamma=13.1\times10^{-3}\times19.62\times10^{-3}\times0.1\times10^3/[8.314\times292(1+19.62\times0.1)]$
$=3.574\times10^{-6}\text{mol}\cdot\text{m}^{-2}$

$\Gamma=\Gamma_\infty[Kc/(1+Kc)]$；$1/\Gamma=1/\Gamma_\infty+1/\Gamma_\infty K\times1/c$

而 $1/\Gamma=RT(1+Bc)/(ABc)=RT/A+RT/(ABc)$

比较两式知，$\Gamma_\infty=A/(RT)=5.396\times10^{-6}\text{mol}\cdot\text{m}^{-2}$

(4) $A_\infty=1/\Gamma_\infty\cdot N_A=1/(5.396\times10^{-6}\times6.02\times10^{23})=3.08\times10^{-19}\text{m}^2=30.8\text{Å}^2$

10. 证：(1) 由题给条件可知，B 在同一个液面上的吸附量可以表示为

$$\Gamma=\frac{ac_B}{1+bc_B}-\frac{c_B}{RT}\left(\frac{\partial\gamma}{\partial c_B}\right)_T$$

在一定温度下，上式可改为 $d\gamma=-[aRT/(1+bc_B)]dc_B$

当 $c_B=0$，$\gamma=\gamma_0$，γ_0 为纯水在同温度下的表面张力，对上式积分可得

$$\int_{\gamma_0}^{\gamma}d\gamma=-aRT\int_0^{c_B}\frac{dc_B}{1+bc_B}=\frac{-aRT}{b}\int_0^{c_B}d\ln(1+bc_B)$$

$\gamma-\gamma_0=-(aRT/b)\ln(1+bc_B)$

在一定温度下 γ_0、a、b 皆为常数

令 $aRT/b=K_1$，K_1 具有表面张力的单位，上式可写成下列形式：

$\gamma=\gamma_0-K_1\ln(1+bc_B)$

此式表明，在一定温度下 γ 与 $\ln(1+bc_B)$ 呈直线关系。

(2) 在一定温度下 $\gamma=\gamma_0-K_1\ln(1+bc_B)$

由上式可知，当溶液稀释至 $bc_B\ll1$ 时，

根据幂级数的展开式，略去高次方项，上式中的 $\ln(1+bc_B)\approx bc_B$

所以 $\gamma=\gamma_0-bK_1c_B=\gamma_0-K_2c_B$

式中 $K_2=bK_1$，在一定温度下 K_2 为常数，其单位为 $\text{N}\cdot\text{mol}^{-1}\cdot\text{m}^2$

上式表明，在一定温度下的稀溶液的范围内，溶液的表面张力 γ 与溶液的物质的量浓度 c_B 呈直线关系。

11. 解：水在汞表面的铺展系数：

$\gamma=\gamma(\text{Hg})-\gamma(\text{水})-\gamma(\text{Hg}-\text{水})=(470-72.35-375.0)\times10^{-3}\text{N}\cdot\text{m}^{-1}$
$=22.25\times10^{-3}\text{N}\cdot\text{m}^{-1}>0$

所以水能在汞的表面上铺展。此过程的表面吉布斯自由能变为

$\Delta_{T,p}G$(表面)$=-A\varphi=-1\times10^{-3}m^2\times22.25\times10^{-3}N\cdot m^{-1}=-2.225\times10^{-5}J$

12. 解：对题给方程式取对数可得：$\lg(\Gamma/mol\cdot kg^{-1})=\lg(k/[k])+n\lg(c/[c])$

式中 [k] 与 [c] 分别代表 k 和 c 的单位。

根据题给数据，算出$-\lg$ ($c/mol\cdot dm^{-3}$) 及 $\lg$ ($\Gamma/mol\cdot kg^{-1}$)，列表如下：

$-\lg(c/mol\cdot dm^{-3})$	2.55	2.21	1.59	1.30	0.971	0.550	0.130
$\lg(\Gamma/mol\cdot kg^{-1})$	−0.570	−0.450	−0.200	−0.110	0.0828	0.190	0.349

以 $\lg(\Gamma/mol\cdot kg^{-1})$ 对 $-\lg(c/mol\cdot dm^{-3})$ 作图如右附图所示。

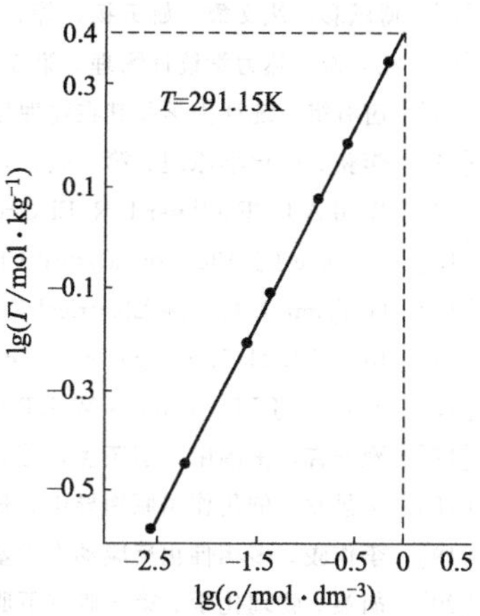

第 12 题附图

直线的斜率为：

$n=(-0.57-0.19)/[-2.55-(-0.55)]=0.38$

由图可查出，

当$-\lg$ ($c/mol\cdot dm^{-3}$) $=0$ 时，$\lg$ ($k/mol\cdot dm^{-1}$) $=0.40$

所以 $k=2.51mol\cdot kg^{-1}$

13. 解：$p_1=101.325kPa$，$\Gamma_1=2.5\times10^{-3}m^3\cdot kg^{-1}$，

$p_2=1013.25kPa$，$\Gamma_2=4.2\times10^{-3}m^3\cdot kg^{-1}$

根据题给数据可列出下列联立方程式：

$$\begin{cases}\Gamma_1=\Gamma_\infty bp_1/(1+bp_1)\\ \Gamma_2=\Gamma_\infty bp_2/(1+bp_2)\end{cases}$$

上述二式相除，整理可得吸附系数：

$$b=\frac{p_2\Gamma_1-p_1\Gamma_2}{p_1p_2(\Gamma_2-\Gamma_1)}=\frac{2.5\times10-4.2}{1013.25\times(4.2-2.5)}=12.075\times10^{-3}(kPa^{-1})$$

由式 $\Gamma=\Gamma_\infty bp/(1+bp)$ 可知，

当 $\Gamma=\Gamma_\infty/2$ 时，

在一定温度下吸附的平衡压力 p 与吸附系数之间的关系为：

$p=1/b=1/(120.75\times10^{-3})=82.814kPa$

参考文献

[1] Atkins P, Paula J, Keeler J. Physical Chemistry: 11th Edition. Oxford University Press, 2018.

[2] Davis W M, Dykstra C E. Physical Chemistry: A Mordern Introduction. 2nd ed. Taylor & Francis Group, LLC, 2012.

[3] Peter A, Julio de P. Phyical Chemistry for the Life Sciences. 2nd ed. Oxford University Press, 2011.

[4] Mortimer R G. Mathematics for Physical Chemistry. 4th ed. Elsevier Inc. , 2013.

[5] Nils D, Mariana D, Leonardo G. Introductory Statistical Thermodynamics. Elsevier Inc. , 2011.

[6] Johannes K F. Physical Chemistry in Depth. Springer, 2009.

[7] Metzger R M. The Physical Chemist's Toolbox. John Wiley&Sons Inc. , 2012.

[8] 傅献彩，沈文霞，姚天扬，等．物理化学．第5版（下册）．北京：高等教育出版社，2013.

[9] 汪志诚．热力学统计物理．第5版．北京：高等教育出版社，2013.

[10] 唐有祺．统计力学及其在物理化学中的应用．北京：科学出版社，2010.

[11] 李荻．电化学原理．第3版．北京：北京航空航天大学出版社，2008.

[12] Bard A J, Faulkner L R. Electrochemical Methods: Fundamentals and Applications. John Wiley & Sons, Inc. ,2001.

[13] Lingane J J. Electroanalytical Chemistry. New York: Wiley-Interscience, 1958.

[14] Grahame D C. The Electrical Double Layer and the Theory of Electrocapillarity. Chem. Rev. , 1947, 41, 441-501.

[15] Ross J R H. Heterogeneous Catalysis: Fundamentals and Applications. Amsterdam. Elsevier, 2012.

[16] Thomas J M, Thomas W J. Principles and Practice of Heterogeneous Catalysis. Weinheim: Wiley-VCH, 1997.

[17] 甄开吉，王国甲，李荣生，等．催化作用基础．第3版．北京：科学出版社，2005.

[18] 邓景发．催化作用原理导论．长春：吉林科学技术出版社，1984.

[19] 李作骏．多相催化反应动力学基础．北京：北京大学出版社，1990.

[20] 胡英．物理化学．第6版（下册）．北京：高等教育出版社，2014.

[21] 天津大学物理化学教研室．物理化学．第6版（下册）．北京：高等教育出版社，2017.

[22] 朱文涛．物理化学．北京：清华大学出版社，1995.

[23] 车如心．界面与胶体化学．北京：中国铁道出版社，2012.

[24] Birdi K S. Surface Chemistry Essentials. The Chemical Rubber Company Press, 2013.

[25] Yang Q, Sun P Z, Fumagalli L, et al. Capillary Condensation Under Atomic-scale Confinement. Nature, 2020, 588: 250-253.

[26] Dong J, Lu Y, Xu Y. et al. Direct Imaging of Single-molecule Electrochemical Reactions in Solution. Nature, 2021, 596: 244-249.

[27] 万洪文，詹正坤．物理化学．第2版．北京：高等教育出版社，2010.